国际时尚设计丛书 · 服装

美国针织服装设计与应用

从灵感到成衣

[美] 丽莎 · 多诺弗里奥–费雷扎 著
[美] 玛丽莲 · 赫弗伦
陈莉　匡丽赟 译

中国纺织出版社有限公司

美国针织服装设计与应用

从灵感到成衣

中国纺织出版社有限公司

内 容 提 要

本书立足于针织服装专业知识的讲解，从针织服装的历史、纱线和针织的基础知识、针织成形技术、样品开发、针织服装的展示等几个方面进行论述，为读者展示了针织服装从灵感到成衣的整个设计和制作过程。探讨了如何将设计师最初的灵感呈现为规定的样衣文稿形式，如何进行样品开发，如何选择计算机辅助设计软件，如何制作作品集以充分展示系列设计。

全书图文并茂，内容翔实丰富，配以大量的案例，实用性强，不仅适合高等院校针织与服装专业师生学习，也可供相关从业人员、研究者和爱好者参考使用。

原文书名：DESIGNING A KNITWEAR COLLECTION：FROM INSPIRATION TO FINISHED GARMENTS，SECOND EDITION
原作者名：Lisa Donofrio-Ferrezza，Marilyn Hefferen

著作权合同登记号：图字：01-2018-4909

图书在版编目（CIP）数据

美国针织服装设计与应用：从灵感到成衣 /（美）丽莎·多诺弗里奥-费雷扎，（美）玛丽莲·赫弗伦著；陈莉，匡丽赟译．--北京：中国纺织出版社有限公司，2021.1
（国际时尚设计丛书．服装）
书名原文：DESIGNING A KNITWEAR COLLECTION：FROM INSPIRATION TO FINISHED GARMENTS，SECOND EDITION
ISBN 978-7-5180-8141-7

Ⅰ．①美… Ⅱ．①丽…②玛…③陈…④匡… Ⅲ．①针织物—服装设计—美国 Ⅳ．①TS186.3

中国版本图书馆CIP数据核字（2020）第211423号

责任编辑：李春奕　特约编辑：籍　博　责任校对：王花妮
责任设计：何　建　责任印制：王艳丽

中国纺织出版社有限公司出版发行
地址：北京市朝阳区百子湾东里 A407 号楼　邮政编码：100124
销售电话：010—67004422　传真：010—87155801
http：//www.c-textilep.com
中国纺织出版社天猫旗舰店
官方微博 http：//weibo.com/2119887771
北京华联印刷有限公司印刷　各地新华书店经销
2021 年 1 月第 1 版第 1 次印刷
开本：889 × 1194　1/16　印张：18.25
字数：258 千字　定价：158.00 元

凡购本书，如有缺页、倒页、脱页，由本社图书营销中心调换

目录概要

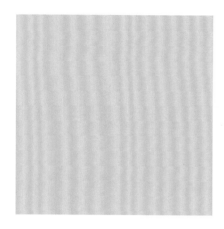

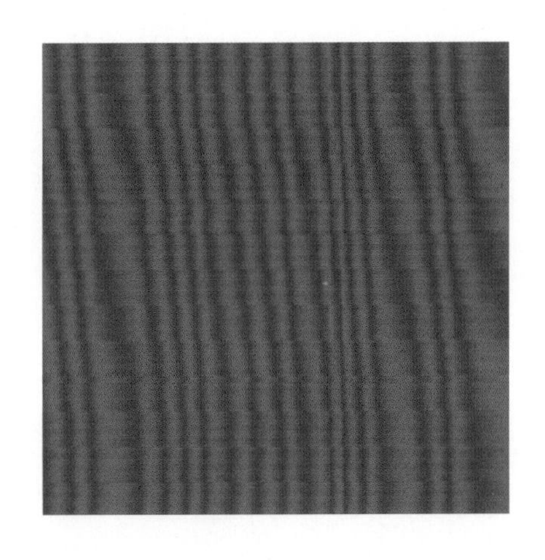

前言

在针织品中，设计师将纱线和技术巧妙地结合在一起，创造出色彩丰富、富有质感的服装，穿着轻松、舒适、灵活，符合现代生活的需求。本书可作为从事针织服装设计的学生、教师和专业设计师的综合性参考资料，用于教学或从中获取灵感，也可以作为针织服装生产的实施指南。

毛衫和针织服装的生产大部分采用离岸外包策略，但随着服装制造技术的进步，这种情况正在改变，近年来美国服装制造业呈现出较为明显的回归迹象。服装回到国内生产后，设计师就不需要出差去监督毛衫的设计和生产。新的生产方式要求设计师不仅精通专业，而且能够提供用于设计和生产的数字化文稿。本书不仅介绍了针织、设计和生产，还是一本参考书，可持续不断地用于您的整个设计生涯。

文本的组织

设计师从生活的方方面面汲取灵感，例如，从自然到建筑、从博物馆到跳蚤市场、从街头服饰到民俗服饰，用以确定主题，创作出一个个完整的有凝聚力的服装系列。本书为针织服装设计师提供了开展设计的方法和资源信息。在第一章中，追溯了从20世纪到新千年各个时代针织服装的发展历程，并对每个时代涌现出来的标志性针织服装设计师进行介绍，意图通过这几十年的灵感源泉来启发进一步的研究。接下来的每章都将介绍一些有影响力的设计师，以激发设计灵感。

第一章回顾了针织从诞生之初发展到现在拥有先进技术的整个历程。针织服装发展背后的故事与社会、政治以及经济的发展紧密连接。通过分析20世纪20年代以来发生的重大历史事件，对近几十年服装风格的变化进行了阐释。

第二章和第三章分别介绍了纱线类型和规格，以及针织基本组织的形成方法，并附有实例和线圈图。第四章从手工编织介绍到最新的整件服装的3D编织技术。第五章介绍了如何准备设计研发系列文稿，从最初的灵感日志和设计草图，到样品展示和规格说明，以及用于打样和生产的系列文稿，如系列款式图、规格表、服装细节表、颜色信息表、绘图和针织样片。此外，还讨论了服装生产的缝制和整理。

第六章介绍了如何使用多种方法完成针织样衣的制作。在第七章中，介绍了全球针织设计工作室中最常用的计算机软件。第八章讨论了如何在作品集和陈列室中准备和展示针织服装系列，本章内容还包括开发设计日志和趋势。

附录包括一系列文稿，在设计过程中可以根据使用情况选择并复制，还有一系列资源清单，包括网站资源、参考文献、行业杂志和期刊、贸易展览会、纱线来源，以及手工和机器编织的针织用品。

在我们所穿的服装中，针织服装约占85%，涵盖了成衣、运动服、睡衣和贴身内衣等服装类别，不难看出这种线圈结构的面料正在逐渐占领我们的衣柜。针织服装适合现代人的生活方式，能够满足我们对舒适、易护理、随身等多方面的需求。本书展示了针织服装设计师所需要的工具，旨在满足你的需求，帮助你成就职业生涯的梦想！

本版图书的新功能

- 新版“第六章样品开发”：包括使用传统的制板技术和缝合方法设计开发全成形服装，以及在设计和开发过程中使用回收再利用的可持续方法。
- 新版“第七章针织服装计算机辅助设计”：涵盖了最新的计算机设计软件，以及针织服装数字化3D打印技术的相关信息。
- 新版“第八章针织服装的展示”：已被重新修订，增加了对概念和日志开发的内容，并提供了一些新的案例。
- 针织服装设计师简介被重新组织到每个章节中，其中新增了一些设计师，如兄弟（英国）和拉杜玛·尼克塞库拉（南非）等品牌的设计师。

设计针织服装系列
工作室

仙童出版集团（Fairchild Books）在时尚教育教材出版方面有着悠久的历史。我们新开发的在线工作室是专门为本书补充设计的，以学生能够适应的视觉学习风格提供丰富的多媒体辅助学习功能。针织服装设计在线工作室提供的项目有：在线自测、评分结果和个性化学习技巧；带有术语/定义的抽认卡；可下载的模板、空白规格表以及附加信息，以帮助学生掌握概念并提高成绩。

工作室门禁卡在购买新书时免费赠送，也可以通过布鲁姆斯伯里时尚中心（Bloomsbury Fashion Central）（www.BloomsburyFashion-Central.com）单独购买。

作者简介

丽莎·多诺弗里奥-费雷扎（Lisa Donofrio-Ferrezza）是一名时装设计师，也是美国时装技术学院（Fashion Institute of Technology，简称FIT）服装设计系的副教授。

玛丽莲·赫弗伦（Marilyn Hefferen）是一名时装设计顾问，曾在德雷塞尔大学（Drexel University，简称DU）和美国时装技术学院教授服装设计。

出版说明

因原书中大量使用英制计量单位，例如：英寸、英支、磅、码、英尺等，出于尊重原著，故译文保留原计量单位，同时为了方便读者理解原计量单位与法定计量单位之间的关系，特在此注明相关的换算关系。

1英寸=2.54厘米
1码=0.9144米
1英里=1.609344千米
1磅=0.4536千克

Tt=1000/公制支数
Tt=583.1/英制支数
1tex=9旦

致谢

我们由衷地感谢以下人士的帮助和支持，感谢他们在相关专业知识方面提供的帮助，使这本书变得更加有意义。

感谢索尼娅·里基尔（Sonia Rykiel）的来信，她的来信为本书和娜塔莉·里基尔（Nathalie Rykiel）指明了意义和方向，感谢她一生为针织服装和所有设计师做出的贡献。感谢米歇尔·梅尔顿（Michelle Melton），是她的努力促使这封信成为可能。

感谢我们的合作伙伴,他们有: 时装技术学院的尼克·马特奥（Nick Matteo），阿内塔·肯尼（Arnetta Kenney），安·丹顿（Ann Denton），凯瑟琳·马利（Kathryn Malik），诺伯特·博格纳（Norbert Bogner）和布兰森·科马兰（W. Branson Kommalan）；德雷塞尔大学的凯西·马丁（Kathi Martin）；费城艺术学院的埃米尔·德约翰（Emil DeJohn）。

同时也要感谢我们的学生和校友们，感谢他们提供的精美艺术作品，他们是：时装技术学院的亚历山德拉·鲁索（Alessandra Russo），保拉·布埃索·瓦德尔（Paola Bueso Vadell），金妍儿（Yena Kim），莎妮娅·刘易斯（Shanya Lewis），埃里卡·舒斯特（Erika Schuster），宋熙邦（Sunghee Bang），特蕾西·里德（Traci Reed），莎恩·汤普森（Shane Thompson），罗尼·哈洛伦（Roni Halloren），哈雷·比菲尔德（Haley Byfield），尤利娅·阿泰－莫瓦（Yuliya Artemova），金娜·哈伊姆格（Kana Khaimug），戴加·辛普森（Daija Simpson），肯德尔·菲格雷多（Kendall Figueiredo），康振旺（Chan-wong Kang），金香农（Shannon King），杰西卡·朱丽叶·维拉斯奎兹（Jessica Juliet Velasquez）和诺米克·沙希赫（Nomiko Tsaschikher）。

对于业内人士和公司，我们衷心感谢：设计师乔·索托（Joe Soto）；斯麦龙（SML）运动品牌的凯西·达尔·皮亚兹（Cathy Dal Piaz）；岛精美国公司的布列塔尼·伯顿（Brittany Burton），萨拉·格林（Saraa Green）和艾米莉·亨（Emily Hung）；斯托尔美国公司的贝丝·霍夫（Beth Hofer）；斯托尔针织资源中心的卡罗尔·爱德华兹（Carol Edwards）；皮马棉（Supima）的巴克斯顿·米迪曳（Buxton Midyette）；蓝天羊驼（Blue Sky Alpacas）的琳达·尼迈耶（Linda Niemeyer）；贾格尔纺纱公司（Jagger Spun Yarn）；马尔特克斯纤维公司（Martex Fiber）；丝绸城纤维公司（Silk City Fibers）；迈克尔·西蒙设计公司的迈克尔·西蒙（Michael Simon）；李圣宇（Sung Woo Lee）；圣潘胡伊-汤纳（Stéphane Houy-Towner）；科切尼尔设计工作室的伊冯·李·乌雷纳（Yvonne Lee Urena），汤姆·斯科特（Tom Scott），苏珊·拉泽尔（Susan Lazear）和梅丽莎·法恩斯沃斯（Melisa Farnsworth）；Pointcarré纺织品设计软件；德国迈耶&西公司；意大利和中国的圣东尼公司；日本岛精公司和德国斯托尔公司。

非常感谢仙童出版集团/布鲁姆斯伯里出版社（Bloomsbury Publishing）的优秀员工，在他们的帮助和支持下，本书得以顺利完成。他们有：仙童出版集团的编辑阿曼达·布雷西亚（Amanda Breccia），艾米·巴特勒（Amy Butler）和伊迪·温伯格（Edie Weinberg）。

感谢出版商选择的审稿人，他们的建议对本书的形成有很大的帮助，他们是：玛丽蒙特大学的安妮特·艾姆斯（Annette Ames）；伍德伯里大学的彭妮·柯林斯（Penny Collins）；玛丽斯特学院的苏·德萨纳（Sue deSanna）；玛丽山学院的桑德拉·凯瑟（Sandra Keiser）；费城艺术学院的谢丽尔·利昂（CheryI Leone），以及鲍德尔学院的科塔维·威廉斯（V. Kottavei Williams）。

本书完成之际，作者玛丽莲·赫弗伦希望对她的父亲文森特（Vincent）和母亲埃德娜·赫弗伦（Edna Hefferen）表示感谢，感谢他们无条件的爱和支持；感谢乔安娜·赫弗伦-爱泼斯坦（Joanna Hefferen-Epstein）和安·史托维尔（Ann Stovell）对本书的编辑；感谢丽莎·多诺弗里奥-费雷扎分享写这本书的历程；感谢乔·索托的幽默和他在专业方面的帮助；感谢凯瑟琳·莫里斯（Kathleen Morris）以及我的同事和学生们，我将继续与他们一起学习和成长。

丽莎·多诺弗里奥-费雷扎向她的家人，特别是她的丈夫安东尼（Anthony）和他们的孩子安东尼和索菲亚（Sofia）表示衷心的感谢，感谢他们在另一本书的写作过程中所给予的持续耐心、爱和支持；感谢她的合著者和朋友玛丽莲·赫弗伦，感谢她在修改本书时始终如一的友情；感谢她的同事和学生们，感谢他们过去、现在和未来提供的帮助，使她的教育之旅如此不同寻常。

布鲁姆斯伯里出版社非常感谢参与本书出版的编辑团队：

策划编辑：阿曼达·布雷西亚

开发编辑：艾米·巴特勒

助理编辑：凯利·库德娜（Kiley Kudrna）

美术编辑：伊迪·温伯格

视觉设计师：埃莉诺·罗斯（Eleanor Rose）

制作编辑：克莱尔·库珀（Claire Cooper）

项目经理：摩根·埃瓦尔德（Morgan Ewald），拉奇纳（Lachina）

索尼娅·里基尔——推荐序

我很早就爱上了编织，当我看到母亲编织时，就感觉很着迷。对我来说，编织真是一件有情趣的事。然而，我也希望我的设计不仅仅是体现一种风格，更是表达一种生活方式。这些服装是为我设想的那种20世纪60年代的女性设计的。我的编织允许我用自己的方式来改变事物的既定顺序。我的整体毛衫造型从头到脚都是针织风格，这样我设计的裤子永远不会被误认为是男装长裤；而我的毛衫也常常会让胸部显得不那么突出，使臀部显得更为突出一点。针织衫在很多方面是我对60年代那些有争议性话题进行的回应。

对我来说，家庭一直是我生活的核心。生活赋予我最珍贵的礼物是我的女儿娜塔莉和我一起和谐地工作。这勾起了我对童年的记忆——坐在母亲旁边编织的那些日子。的确，针织服装对我们许多人来说保持着如此宝贵的记忆，这就是它如此迷人的原因。

如今，索尼娅·里基尔毛衫在五大洲各地出售和穿着，能够了解这些地方的女性让我感到无比满足。我的设计理念和我选择的针织品创意表达方式继续传达着我在当代的愿景。

我设计的服装呈现了女人的精致优雅，适合在任何场合穿着，且自我感觉良好。这些服装既适合一个瞬息万变的世界，同时也能唤起你个人生活的稳定感。针织服装给人带来极大的乐趣，因为这种服装适合运动、工作，对身体束缚小，可以让着装者更好地与孩子们一起玩耍，简单舒适。它们将身体柔软地包裹着，如同第二层皮肤，令人充满暖融融的爱意。

同时我也希望，在您追求针织服装设计的职业生涯中，能实现您的激情和梦想。

您真诚的朋友，
索尼娅·里基尔
（1930—2016年）

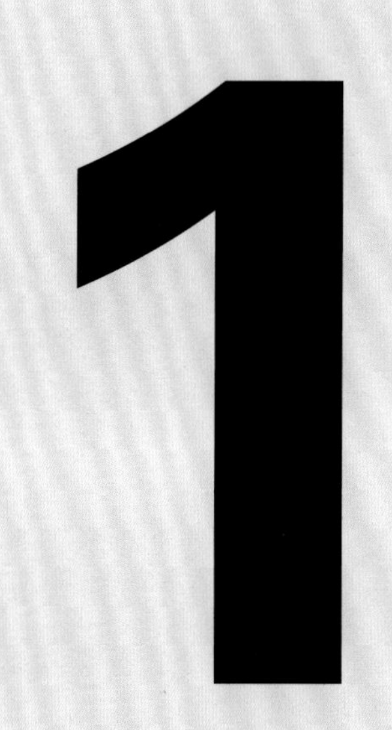

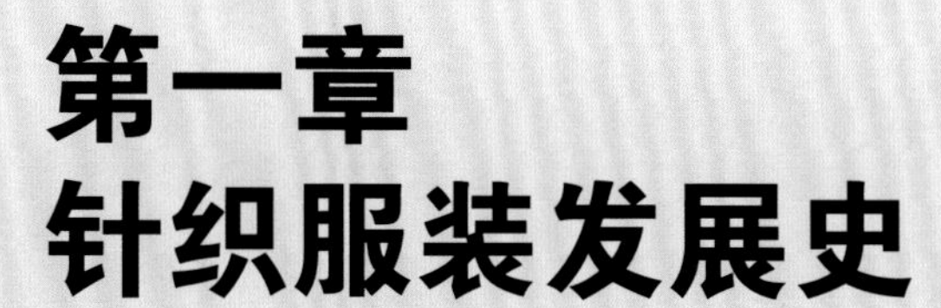

第一章 针织服装发展史

了解时装历史知识有助于培养设计师的创造性思维。本章将考察针织时装历史的时尚周期，以及在此期间时尚潮流是如何推动技术进步的。通过分析时尚趋势和技术创新之间的相互影响，我们将更加深入地了解社会经济条件是如何促使技术创新不断地推动行业向前发展的。

本书从20世纪20年代到现在新千年的第二个十年，对每一个十年的风格趋势进行了深入的分析。时装设计师和针织服饰专家跟随设计周期，通过廓型、图案和色彩来定义一个特定的十年。这些信息被用作他们系列设计的灵感来源。接下来的内容不仅可以为进一步研究提供参考，而且也是解读过去、设计和开发当前趋势的资料来源。本章中的设计师简介，将向您介绍标志性的针织服装设计大师，正是他们促进了针织服装设计的风格演变和技术发展。

阅读本章后，您就会明白为什么针织服装会是当今乃至未来时尚界中最具活力和发展潜力的领域之一。

针织的定义

针织可以被定义为“用针把一根纱线弯曲成一系列相互连接的线圈从而形成织物的艺术”。很难想象在公元3世纪，手工编织者是用4~5根针进行编织的，而不是采用我们现在熟知的双针编织法。现代技术可以在一个针床上放置多达1000枚电脑控制的织针，有的甚至使用4个或更多的针床同时进行编织，从而实现快速生产。那样就有4000枚织针可以同时进行编织。今天的先进设备已经将历史上劳动密集型的手工编织工艺转变为一种无缝编织的过程，一件衣服几乎不需要人的参与就可以制作而成。

针织早期发展史

针织是一种“为制作人类发明的最后一个服装部件，也就是袜子，而发展起来的制作过程”。机织物的历史可以追溯到公元前6000年，需要大型织布机来完成。已知最早记载的针织物是公元256年制成的。与机织物相比，这个时期针织服装的制作工艺相当简单。然而，由于历史资料的缺乏，针织历史很难解读。

1933年，在位于幼发拉底河畔叙利亚东部的杜拉·欧罗巴城，耶鲁大学的鲁道夫·菲斯特（Rudolf Pfister）发现了历史上最早的针织物碎片。在这三件针织物碎片中，其中两片是罗纹组织（参见第三章）。

袜子：最早的针织服饰

埃及发现了公元5世纪用于鞋袜的针织物。袜子至少要用4根针才能编织成圆筒形。袜子的结构是将大脚趾和其余脚趾分开，以适应当时人们穿的人字拖。12世纪的袜子上有些织有阿拉伯纹样，这显示了文化对手工编织发展产生的影响。

中世纪欧洲的编织艺术

贸易与战争将编织技术传遍欧洲

编织技术是如何在世界范围内传播开的，对此人们还不是很清楚。可以推断，活跃于公元前1600年至公元前1200年的贸易路线有助于推动包括针织在内的服装制作技术向外传播。早在公元4世纪，以君士坦丁堡为中心的拜占庭丝织工业就得到空前发展。

丝绸之路是7世纪地毯、纺织品和服装的贸易交换路线，它起自中国，一直延伸到罗马。这个时期，来自东方的设计图案开始出现在欧洲的纺织品上，其中也包括针织制品。

公元641年，阿拉伯人征服了埃及，在希腊和埃及文明的基础上，开创了新的文明。公元712年，被称为摩尔人的穆斯林征服了西班牙大部分地区，定居在安达卢西亚平原。公元756年，西班牙中南部的科尔多瓦城已经成为中世纪早期最大的文化中心之一。人们认为西班牙是第一个从事编织艺术的欧洲国家。

双针法手工编织技术的发展

直到公元1200年以后，人们才开始采用双针法进行编织。15世纪，当钢首次被制造出来的时候，织针被称作“杆”（Rods）。早在1580年，织针在英国被称作“针”（Pins）。1598年，意大利的一本词典首次收录了“针织用织针（Knitting Needles）”这个词。

在本文中，很重要的一点是插入了当代设计师借鉴历史服饰并从中汲取灵感的内容。如图1.1中阿格尼丝·德·洛伊斯（Agnes de Loisy）的服饰，她是生活在14世纪中叶法国的一位贵族。将图1.1中花缎袍的线条与2014年亚历山大·麦昆系列设计中的毛衫（图1.2）进行对比。

图1.1
来自14世纪服装的设计灵感

图1.2
亚历山大·麦昆2014秋/冬服装系列毛衫

丝织袜业成为一项国际业务

中世纪15世纪后期欧洲开始崛起，西班牙和意大利手工编织的丝袜在当时是最好的，这使得丝袜行业成为一项国际业务。威尼斯已发展成为手工编织袜的主要生产中心。16世纪末至17世纪中叶，米兰已成为国际市场手工编织丝袜的主要产地，商品主要运往伦敦。

工业化前的针织品

男装时尚催生了针织产业

商业针织品的发展源于16世纪和17世纪人们对男袜的需求。整个欧洲贵族阶层流行穿着一种绑在腿上的过膝长袜。这种袜子大部分出自于欧洲和英国，由妇女们手工编织而成，她们精力充沛、技艺精湛。

亨利八世（Henry VIII）意识到手工编织的商业利益

英国编织工业的创建归功于亨利八世（图1.3）。1509年西班牙国王赠送给英国国王亨利八世一双丝织长袜作为礼物，这一举动促使编织业扩张到英国，满足了男人对长袜的需求，这种需求一直持续了200年。

图1.3
亨利八世的肖像，穿着典型的16世纪服饰，画于1539年

伊丽莎白时代的英国发展成为世界手工编织中心

在亨利国王的女儿伊丽莎白一世（Elizabeth I）统治时期（1558—1603），手工编织逐渐成为袜子生产的主要生产力。这个时期，编织进入了英国各个阶层的家庭生活。

威廉·李（William Lee）发明了第一台木架针织机

威廉·李是针织史上非常重要的人物。1564年，威廉·李出生于英国的诺丁汉，在历史悠久的舍伍德森林附近长大。通过使用舍伍德森林的木材并利用当地铁匠的专业技艺，1589年，威廉·李发明了木架针织机（图1.4）。

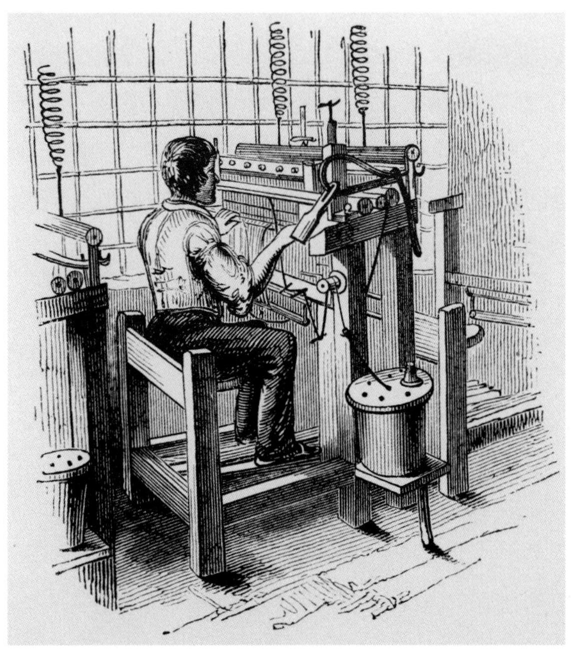

图1.4
威廉·李的针织机

伊丽莎白一世推迟了针织机的专利受理

遗憾的是，威廉·李用他的机器协助生产袜子的努力，在他的有生之年并未得以实现。他曾向伊丽莎白女王申请专利，希望能生产用于商业的木架针织机，但遭到了拒绝。理由是女王认为这项发明会从手工编织工那里抢走工作，从而威胁到国家社会经济的稳定。这些编织工主要是用羊毛编织的农村妇女。女王建议威廉·李设计一种编织丝袜的机器。她认为这样能够保障羊毛编织者的生计。

在不到9年的时间里，威廉·李对机器进行改进，制作出一台能够编织精细丝线的机器。然而，由于担心社会动荡，1599年女王再一次拒绝了他的专利申请。

实际上，伊丽莎白女王使针织业的发展又停滞了50年。后来威廉·李移居法国，他相信法国国王亨利四世会授予他专利。不幸的是，专利还没有授予，亨利四世国王就去世了。1610年，威廉·李还没有实现他的事业就过世了。

在他去世之后，这台可生产丝袜的新型针织机在欧洲得到了认可。在威尼斯、热那亚和都灵的市场，这种新型机器被认为是提高意大利针织品产量的一个机遇。遗憾的是，在威廉·李的有生之年，并未经历过这样的成功。

木架针织机在17世纪被授予专利

最终在1657年，奥利弗·克伦威尔（Oliver Cromwell）颁布法令，认定针织机是由英国人威廉·李发明的（值得注意的是，此时英国的政治体制已经从皇室统治的政府转变为议会制度）。通过授予这项专利，克伦威尔使英国成为全欧洲手工编织和机器编织针织袜的主要制造商。

木架针织机同业公会的成立

1657年，根据克伦威尔宪章成立了“木架针织机同业公会”，旨在保护贸易，规范和控制针织行业。通过控制价格和数量阻止国外竞争。

1663年，所有生产丝袜或羊毛袜的木架针织机编织工都必须成为“木架针织机同业公会”的会员。这种对密德兰编织工人独立作业的干涉，引起了许多不满。幸运的是，该宪章于1730年终止。

英国密德兰成为世界针织生产中心

编织工从伦敦向密德兰地区的迁移，牢固地确立了密德兰作为世界针织生产中心的地位。诺丁汉（Nottingham）、莱斯特（Leicester）和德比（Derby）成为该地区以编织闻名的主要城镇。时至今日，这些城市仍然是重要的针织生产中心。

手工编织工和木架针织机编织工之间的对抗

手工编织工和木架针织机编织工之间的一个重要区别是手工艺与工业化生产之间意识形态的对抗。手工编织工以其高品质、全成形的编织方式而闻名。木架针织机编织工则被认为在大量生产低品质的产品。机器首先按码数织出针织面料，然后将织物“裁剪缝合”成服装。这种机器生产的方法称作“裁剪缝制”法（参见第四章）。在英国针织界，手工编织服装就是品质的代名词。他们非常重视这个标识，就好像是他们个人的品行一样。早在伊丽莎白时代（1550—1603），手工编织保护主义就在手工编织工和机器编织工之间滋生出敌意和不信任的风气。

在整个17世纪和18世纪初期，手工编织一直是最流行的生产方法。图案设计灵活多变，产品多样化，可制作背心、手套、帽子以及袜子，这些大大丰富了手工编织品的种类。木架针织机编织者则缺乏这种能力，因为改变机器设置需要耗费大量的人力和时间。虽然手工编织和木架针织机编织共存了200多年，但是由于所编织产品的多样化，手工编织一直是一种更为赚钱的方法。

针织在美洲殖民地的发展

在大西洋彼岸，美国殖民地的重点是脱离英国获得独立。到17世纪，殖民地的经济逐渐独立。高昂的价格和不公平的关税使英国商品远远超出了早期美国移民的经济承受能力。他们开始意识到，如果要在这片新的土地上生存下去，就必须自给自足，创办自己的纺织业。

1642年，美国城镇下令殖民者自己养羊，种植亚麻，纺纱、织棉布。围绕着新大陆的东海岸涌现出许多编织中心。宾夕法尼亚州的日耳曼敦成为当时美国最大的编织中心。

18世纪的英国是世界上最繁荣的经济强国

直到18世纪末期，英国一直是世界上经济和社会发展最稳定的国家。长期良好的政治局面促进了劳动力市场的发展，从而推动了纺织和服装领域的技术进步。政府大力支持贸易保护主义政策。受经济飞速发展的推动，英国在这个时期引入了最先进的营销策略，促进了工业的迅速发展。但在大多数欧洲国家，情况却并非如此。

受许多因素的影响，欧洲大陆的工业增长缓慢。法国陷入了社会经济的动荡之中，这引发了1789年的法国大革命。德国还没有统一，直到19世纪末在俾斯麦（Bismarck）的统治下才成为一个强大统一的国家。意大利是由几个独立的城邦组成，这段时间意大利还处于城邦混乱的状态。西班牙正在发生内战。与此同时，在新大陆，殖民地人民在美国独立战争中为了自由与英国人作战。这些国家都在为生存而挣扎，此时它们的工业水平还无法与英国进行竞争。

18世纪标志着英国针织业进入黄金时代

18世纪具有划时代的进步，技术进步提升了英国针织产品的生产效率和设计水平。

德比式罗纹针织机（Derby Ribber）

1758年，杰迪戴亚·斯特拉特（Jedediah Strutt）申请了德比式罗纹针织机的专利，这是针织史上第二个重要的机器。斯特拉特将他设计的机器与威廉·李最初设计的木架针织机结合在一起，制造出一台可以编织罗纹织物的双针床机器。

这种罗纹组织（参见第三章）做成的衣服更合身。德比式罗纹针织机可以将织针设计成不同的排列方式，从而能够创建更多的花型图案。双针床针织机的出现大大提高了针织机的编织能力。

1740年，斯特拉特开发了集圈组织（参见第三章）。这类针织花型开创了新的风格，导致针织产品的销量增加。

舌针

1847年，马修·汤森（Matthew Townsend）在英国申请了舌针的专利，这种织针至今仍在使用。舌针有利于圆型针织机平稳运转。

电子驱动式针织机

英国著名机械师威廉·柯登（William Cotton）对全成形针织的发展做出了巨大贡献。1864年，柯登先生取得蒸汽动力驱动细针距针织机的专利。他被认为是第一个规模化生产全成形服装的人。后来，他又开发了以旋转为动力的经编机。柯登先生负责了100多台针织机的设计，其中包括圆型针织机。

经编

1775年，英国发明家约西亚·克莱恩（Josiah Crane）发明了针织的第二种编织方法——经编。必须指出的是，许多其他发明家对这台机器的研发也做出了贡献。克莱恩经编方法是在特定织针上沿垂直和对角线方向形成多个线圈，通过机器上织针的不同排列生成不同的花型。经编机在美国很快被接受，并有助于费城和新英格兰各州针织业的壮大。在英国，人们认为经编机生产的织物质量较差，需要采用裁剪缝制法加工成服装。

工业时代：从经济冲突走向繁荣

从18世纪末到19世纪初，针织业经历了一段艰难的时期。人们对男式针织袜的需求大幅下降，手工编织工和机器编织工之间产生了很大的敌对情绪。手工编织工试图通过破坏他们讨厌的针织机来阻止机器编织的发展。

裤装对针织业的影响

1789年，法国大革命带来了一段动荡不安的时期。“民主、平等和自由”的呼声接踵而来。叛乱对法国政府、人民和整个欧洲大陆产生了长期的影响。

裤子的出现是法国大革命的众多成果之一。用裤子遮住了男人的腿，男式服装的这种变化彻底摧毁了针织业。经历两个世纪的生产后，人们对男式针织长袜的需求从此消失了。针织行业面临着开发新产品的挑战。

卢德运动（Luddite Revolts）

1810~1812年，爆发了针对针织机企业主和工厂的暴乱。当时生产全成形袜子的市场日益萎缩，手工编织工认为企业主的压迫和这些机器威胁着他们的生存。这场运动被称为“卢德运动”，运动期间，英国工人捣毁了1000多台针织机，企业受到严重袭击，许多机器被毁坏，房屋被夷为平地。

工厂制的引进

18世纪时，密德兰的编织工人依靠家庭手工业足以维持他们的生活。他们的劳动条件不像伦敦那么恶劣。密德兰地区的编织工人、袜商和银行家共同合作取得共赢。到了19世纪，发生了一系列复杂的事件，其中包括：①袜子不再流行了；②蒸汽被用作针织机的动力源；③一种新的营销方法，仓储营销法被引入。

商品的批量生产正在取代手工制作。19世纪末，随着针织业的自我革新，工厂生产制成为生产的重要组成部分，从而取代了家庭手工业。

编织世家的出现

那些拥有自己的企业，经过几代人的沉淀且财力雄厚的家族被称为世家，他们开始控制针织行业。在当时经济困难的背景下，规模较小的企业难以生存。经济上比较稳定的编织者，通常是商人，会去收购这些破产的企业，并将这些编织者纳入他们的同业公会。

摩利服饰公司（I&R Morley Company）

针织工业的中心从乡村转移到伦敦。1791年，约翰（John）和理查德·莫利（Richard Morley）成立了摩利服饰公司。创立于诺丁汉的摩利公司坚持只做最好的针织品，并与王室签约成为其袜子的供应商。

摩利服饰公司成为伦敦首屈一指的袜子批发商，销售手工编织和针织机编织的袜子。它们以高品质的产品和创新做法而闻名，这些做法包括给予工人公平的工资，并提供清洁高效的工作条件。1866年，摩利服饰公司开办了第一家商业蒸汽动力工厂。

纳撒尼尔·科拉父子公司（Nathaniel Corah & Sons）

纳撒尼尔·科拉父子公司是1815年成立的家族企业，一直以来是莱斯特最大的针织企业，直到20世纪80年代被关闭。他们的创业精神有别于他们的竞争对手。在19世纪末，男士内衣成为针织品市场新的增长点（图1.5），占据了三分之一的市场份额。公司在利润丰厚的内衣业务之外，寻求产品的多样化，除内衣外还销售毛衣、手套和帽子。他们还开创了针织童装市场（图1.6），这大大增加了他们的业务量。

图1.5
男式内衣是19世纪末生产数量最大的针织品

图1.6
19世纪以销售儿童针织服装为目的的明信片

20世纪的生活方式带来了新的机遇

20世纪，大西洋两岸迎来了一个繁荣的新纪元。针织服装随意自然、便于活动的特性，正适应这个新的时代要求。爱德华（Edwardian）时代的束身服装几乎被废除，取而代之的是新时代摩登女郎的自由风范和20世纪20年代无拘无束的生活方式。

20世纪初，裁缝开始被称为设计师。可可·香奈儿和让·巴杜引领了这股潮流，先前在家中穿着的针织服装成为20世纪的主流时尚。人们追求轻松随意的生活方式也促进了对休闲服装的需求。

美国针织业

1908年，美国人发明了棉毛机，并由斯科特·威廉姆斯（Scott & Williams）公司申请了专利。这种双面织物不易变形，通过裁剪缝合制作成泳衣和内衣。1912年的奥运会上，罗纹针织泳衣第一次出现在游泳比赛中。这次赛事结束不久，人们就在公共海滩上看到了这种泳衣。网球、高尔夫、滑雪和徒步旅行等运动针织服装迅速进入市场。在新的需求背景下一个创新的针织服装业应运而生。

美国的针织业专注于针织生产的高速自动化，通过使用圆机大大提高了针织品的产量。在英国，人们的观念仍然是重品质轻数量。与美国的批量生产相比，欧洲的工厂则偏向于使用较小的机器生产，产品设计多样，品质水准高。

第一次世界大战期间的爱国编织

1914年7月，第一次世界大战在欧洲爆发，直到1918年11月结束。由于战争主要在英国和欧洲的领土上进行，这给他们带来很多困难。1917年，美国也加入了这场战争，派遣军队出国作战。在国内，美国红十字会发起了一场全国性的编织运动以支持盟军作战。红十字会成为继美国政府之后最大的纱线供应商。美国妇女、儿童和留在家中的男人聚集在一起编织急需的保暖衣物，主要是为士兵们织袜子和手套。

第一次世界大战结束之后，在20世纪“兴旺的20年代”（Roaring Twenties）中，经济实力雄厚的中产阶级确立了自己的地位。经历了战争的苦难后，他们开启了无忧无虑的生活方式。在定量配给制取消后，针织业能够迅速作出反应，蓬勃发展。纱线和织物再次向公众开放，可供大众使用。随着汽车的出现，社会的流动性增强，时尚潮流也随之发生改变。

20世纪20年代

喧嚣的20世纪20年代，也被称为“摩登女郎的十年”（Decade of the Flapper），或被称为“爵士时代”（Jazz Age），预示着在时尚、音乐、艺术上自由的一种新生活方式的到来。巴黎首次出现“男孩般样貌”（Garçons）的新时尚造型，以短发波波头为特色。20世纪20年代，女性扔掉束缚了几十年的紧身胸衣，穿上宽松的连衣裙。女装的重点不再是轮廓分明的胸部和腰部（图1.7）。时尚界第一次把焦点放在了隐藏的脚踝和长腿上。裙子长度缩短，下摆被剪到膝盖处。那些被公认为时尚催化剂的设计师们，决定了当时的“新风貌”造型——三件套针织套装，包括开襟羊毛衫、羊毛上衣和针织裙，并搭配针织袜和钟形女帽。

可可·香奈儿是第一批最有名的设计师之一。她的天才设计彻底改变了当时的针织面料和时尚。她改造了库存的厚棉毛针织面料，当时这种面料专用于生产男式内衣。香奈儿将这种面料设计成大号的开襟针织衫，搭配一条长长的百褶裙。这些开襟针织衫很快成为当时“必备”的时尚单品。正是可可·香奈儿和她同时代的让·巴杜等几位顶尖设计师，将这种轻松奢华的理念推向大众。设计师和手工编织者一样，采用以装饰艺术为主题的嵌花图案，使毛衫的风格发生了许多变化，定义了20世纪20年代针织服装的流行趋势。在这十年中，重要的设计师还有约瑟夫·帕奎因（Joseph Paquin）、珍妮·朗万（Jeanne Lanvin）、让·雷米（Jean Remy）和卢西恩·勒隆（Lucien Lelong）等。

图1.7
香奈儿设计的带有嵌花艺术图案的三件套针织服装

设计师简介：让·巴杜（Jean Patou）

b. 1887年，出生于法国诺曼底
d. 1936年在法国巴黎去世

www.jeanpatou.com

针织设计之父

巴杜最初设计的针织品一览表：

- 网球开衫——白色绞花V领毛衫，在V领和衣服下摆处配有两条紫红色和绿色的横条纹
- 带字母图案的毛衣——毛衣上手工缝制了主人姓名的首字母
- 毛衫两件套——通常是图案与款式协调统一的羊毛开衫和针织紧身上衣

让·巴杜的针织服装在整个20世纪20年代都很流行。他是休闲针织服装的顶尖设计师。他的毛衣搭配双绉百褶裙、钟形帽，再配上一个手袋，是20年代后期的标志性装扮（图1.8、图1.9）。

巴杜在20世纪20年代为网球职业选手苏珊·朗格伦（Suzanne Lenglen）设计的毛衣，直到今天，仍然是网球运动员的官方统一着装。他被认为是第一个设计运动装的设计师。

20世纪30年代，巴杜的财富出现下滑，一些评论家将其归因于经济大萧条、他的赌博成性以及在美国市场的亏损。*

* 梅瑞迪斯·埃塞林顿-史密斯（Meredith Etherington-Smith）著，《巴杜》（*Patou*），纽约：圣马丁出版社（St. Martin' s/Marek），1983年。

图1.8
大约1925年的让·巴杜

图1.9
1926年，暗裥裙、带有运动条纹边的收腰针织上衣，搭配时尚的帽子和鞋

设计师简介：
可可·香奈儿（Coco Chanel）

加布里埃·可可·香奈儿
b. 1883年，出生于法国索米尔
d. 1971年在法国巴黎去世
www.chanel.com

"奢华的目的只是为了对抗庸俗。"

——香奈儿

"香奈儿使普通面料彰显高贵。"

——瓦莱丽·斯蒂勒（Valerie Steele）

香奈儿是第一个把当时只用于男式内衣的针织面料改换用途后制作成女装的设计师。通过将这种大量库存的针织面料设计成时尚的宽松开衫，香奈儿将针织服装引入了当时的主流时尚。

20世纪20年代，可可·香奈儿穿着松松垮垮的毛衣，带着长长的珍珠项链和珠宝，仿佛要去参加舞会。她在材料和廓型上的独特创新直到今天仍然保持着她的独特风格（图1.10）。香奈儿创造了双C作为她的品牌标识，这个标识一直延用至今。*

20世纪50年代，香奈儿在第二次世界大战后东山再起。她在自己标志性的香奈儿套装中找到了新的自我，这款套装中上衣是一件无领夹克，沿着领口和前中开口处饰有一条扁平丝带。这款套装在20世纪80年代被改用针织面料制作，成为南希·里根（Nancy Reagan）的日常着装。

图1.10
1929年，可可·香奈儿的针织三件套：带有Z字形提花图案的羊毛开衫及针织裙，搭配横条纹针织上衣

* 埃德蒙·查理-鲁斯（Edmonde Charles-Roux）著，香奈儿：她的人生，她的世界（*Chanel: Her Life, Her World and the Woman Behind the Legend She Herself Created*），南希·安富（*Nancy Amphoux*）译，纽约：克诺普夫出版社（Knopf），1975年。

20世纪30年代

1929年股市崩盘后，20世纪30年代世界性经济危机迅速蔓延。随之而来的金融灾难深深影响了这十年的生活方式。好莱坞电影对20世纪30年代的着装风格有很大影响，人们用电影来逃避现实中遇到的困境。20世纪40年代，电影对毛衫设计产生了极大的影响（图1.11），诉诸女性的柔美气质。受银幕上好莱坞电影明星的影响，时尚女性紧跟潮流，手工编织变得相当流行。珍·哈露（Jean Harlow）、金格·罗杰斯（Ginger Rodgers）、琼·克劳馥（Joan Crawford）、丽塔·海华斯（Rita Hayworth）、克劳黛·考尔白（Claudette Colbert）和游泳运动员索尼娅·赫妮（Sonja Henie），这些明星的着装可以作为20世纪30年代服装设计灵感的研究资源。服装设计师吉尔伯特·阿德里安（Gilbert Adrian）通过为男、女演员设计服装，影响着当时的服装造型。

与20世纪20年代无忧无虑、宽松的时尚形成鲜明对比的是，在这10年，随着服装款式变得更加适体，一条鲜明的腰围线又回归大众视野。注重结构和纹理的设计，如用桂花针编织的毛衣、裙子两件套。用于束腰的橡筋线和主纱同时喂入针织机编织成衣，增加了织物的弹性和强力。

色调柔和、适身的针织套衫是这个时代的典型造型。女款毛衫多运用荡领口、蕾丝衣领、荷叶边或蝴蝶结做装饰，突出女性风格。在晚会中流行的针织晚礼服，刺绣精美，用金银线和丝绒线加以点缀。20世纪20年代以后，裙子的长度下降到小腿中间。流行的针法被织入到毛衣的各种色块拼接、条纹和Z字形图案中（图1.12）。

图1.11
20世纪30年代的收腰毛衣款式

图1.12
20世纪30年代具有几何图案的紧身毛衣

沙滩装，即泳衣和沙滩外套的设计，成为当时一个新的市场领域（图1.13）。随着弹力橡筋线Lastex®的推出，20世纪30年代贴身的针织泳衣比以往任何时代都令人着迷。美国泳衣公司詹森（Jantzen）、柯尔（Cole）和卡特琳娜（Catalina）在加利福尼亚和俄勒冈的西海岸崛起。受好莱坞时尚和加州积极的生活方式的影响，这些泳衣公司蓬勃发展，并续存至今。

尼龙的发明

经济大萧条几乎摧毁了袜业。20世纪30年代末，尼龙的发明使袜业重新复兴。1937年，美国杜邦公司的职员华莱士·休姆·卡罗瑟斯（Wallace Hume Carothers）博士发明了尼龙并将其推向市场，这是第一种真正的合成纤维。这使美国成为合成纤维的生产基地。尼龙袜代替了丝袜，使女袜成本降低、物美价廉，需求量很大。

图1.13
20世纪30年代泳装成为一种时尚宣言

设计师简介：
艾尔莎·夏帕瑞丽（Elsa Schiaparelli）

b. 1890年，出生于意大利罗马的科尔西尼宫
d. 1973年在法国巴黎去世
www.schiaparelli.com

夏帕瑞丽的设计灵感包括：

- 非洲主题
- 人体骨骼
- 达达主义艺术风格
- 马戏团主题：小丑、大象和马

夏帕瑞丽以她的独创性、想象力和幻想而闻名（图1.14）。她认为时装设计是一门艺术，并与许多朋友进行合作。其中，芭蕾舞团和剧院的合作者包括：

- 艺术家：让·谷克多（Jean Cocteau）、萨尔瓦多·达利（Salvador Dalí）、马赛尔·韦尔特斯（Marcel Vertes）、凯斯·凡·东根（Kees Van Dongen）
- 摄影师：乔治·霍宁根-华内（George Hoyningen-Huene）、霍斯特·P.霍斯特（Horst P. Horst）、塞西尔·比顿（Cecil Beaton）、曼雷（Man Ray）
- 时装设计师：爱德华·莫林诺克斯（Edward Molyneux）和卢西恩·勒隆

夏帕瑞丽认为，女性服装应该既能体现其功能性又能给予女性自由，她还为许多服装甚至是晚礼服添加了口袋。她设计的服装涵盖飞行服、高尔夫服、网球服和泳装（图1.15）。"疯帽子"（Madcap）是由夏帕瑞丽推出的一种小型针织帽，适合任何头部形状。"令人震惊的粉红色"（Shocking Pink）是夏帕瑞丽的标志性颜色，其名来自她的香水"震惊"*。

她的知名客户有：玛琳·黛德丽（Marlene Dietrich）、克劳黛·考尔白、劳伦·白考尔（Lauren Bacall）、格洛丽亚·斯旺森（Gloria Swanson）、葛丽泰·嘉宝（Greta Garbo）、查理·卓别林（Charlie Chaplin）等。

* 艾尔莎·夏帕瑞丽著，《令人震惊的生活》（*Shocking Life*），纽约：杜登出版社（Dutton），1954年。

图1.14
夏帕瑞丽的画像

图1.15
1935年艾尔莎·夏帕瑞丽设计的蝴蝶结领针织衫

设计师简介：
阿丽克斯·格蕾夫人（Madame Alix Gres）

b. 原名杰曼·艾米莉·克雷布斯（Germaine Emilie Krebs），1903年，出生于法国巴黎
d. 1993年在法国南部去世

由于家人不支持阿丽克斯·格蕾夫人成为雕塑家的梦想，她选择做一个女装裁缝，后来她成为有名的服装设计师，擅长将羊毛针织物用立体裁剪方式做成服装。她的礼服具有希腊风情，小而多的褶裥加上不对称的立体裁剪成为她独特的风格（图1.16）。她耗费好几码（1码=0.9144米）的针织面料制作长袍和连帽斗篷。独特的多尔曼式衣袖与和服袖、深至腰部的V字领和宽松领口，使她成为一位富有远见的设计师。格蕾夫人利用来自合作工厂的面料，开发出独特的真丝汗布褶裥工艺。2012年格蕾夫人位于巴黎的最后一家门店关闭。*

获奖

1947年，被授予法国荣誉军团勋章

1976年，获得由巴黎时尚编辑评出的“年度最美服装系列”金顶针奖

* 理查德·马丁（Richard Martin）著，《格蕾夫人》（*Madame Grès*），纽约：美国大都会艺术博物馆（The Metropolitan Museum of Art），1994年。

图1.16
格蕾夫人设计的有多层细密褶皱的优雅针织连衣裙

20世纪40年代

1939年，第二次世界大战在欧洲爆发。在整个战争期间，由于物资紧缺必须限量配给，纱线变得稀缺且昂贵。20世纪40年代军服盛行，战争时期人们更强调服装的实用性。“二战”期间，人们所做的一切都是为了守护生命、保卫国家。为了保证国家经济秩序的正常运行，妇女们第一次穿上裤子和连体裤去上班。由于许多产品供给不足，很少有多余的面料或辅料用来制作服装。当时染料也极为短缺，服装的颜色以单调的土绿色和米黄色为主。造型很简单，通常是由方形领口和直袖组成，没有衣领、纽扣、褶边或任何多余的装饰（图1.17）。

手工编织的复兴，不但鼓励了人们加入“为军队编织你的那一份”的编织运动，为军队提供针织毛衫和物品，而且还可以使后方的人们一直保持时尚感。由于定量配给，许多产品供应不足，很少有多余的面料或辅料用来制作服装。旧衣服被重新利用，衣服拆掉后剩余的少量纱线重新被编织成袖子，人们将这些部件与现成的机织夹克或另外一件旧毛衣组合，形成所谓的组合夹克。在这个物资被严格控制的时代，将毛衣拆掉重新编织成新的图案，也是人们保持崭新面貌的另一种方法。

图1.17
20世纪40年代战争时期流行的有简单衣领的定制毛衣

“二战”期间法国被占领，大多数法国时装公司被迫关闭，使得法国设计师无法工作。克莱尔·麦卡德尔（Claire McCardell）、曼波彻（Mainbocher）、诺曼·诺雷尔（Norman Norell）等美国设计师首次被公认为美国和欧洲时装界的中坚力量。曼波彻以其精致的珠饰设计而闻名，他将其放在一件简单的羊毛开衫上，以打造精致的晚装造型。克莱尔·麦卡德尔的设计因其美国特色和实用性而受到认可。她的运动装设计简单，外观休闲，因此赢得了“美国运动衣之母”的称号。战时，诺曼·诺雷尔将裙子和毛衫搭配在一起用于晚礼服设计。

设计师简介：克莱尔·麦卡德尔（Claire McCardell）

b. 1905年，出生于美国弗雷德里克，马里兰州
d. 1958年卒于美国纽约州纽约市

美国运动装创始人

第一位被选为美国杰出女性的时装设计师。

克莱尔·麦卡德尔与三个兄弟一起长大的经历，促使她从男装的舒适、休闲和实用性中获得灵感。这些元素引导她定义了有别于法国时装的美式风格（图1.18）。

克莱尔·麦卡德尔的设计贡献：

- 1942年设计了“烤松饼式（Popover）”服装——具有多种用途的裹身裙，可用于：泳衣外披罩袍、家居服、浴袍，或礼服
- 流线型羊毛针织泳衣
- 适合日常穿着的芭蕾舞鞋
- 织物悬垂和打褶裥以突出人体的自然曲线
- 将普通的天然纤维织物（如格子布、牛仔布和纬平针织物）用于各种服装，而不仅仅是日装
- 摒弃紧身胸衣、衬裙和束腰带，使泳装和休闲装看起来更自然*

嘉奖

1925年，就读于美国纽约帕森斯设计学院

1940年，因克莱尔·麦卡德尔服装品牌汤利（Townley）被公认为第一位获得知名度的美国设计师

1944年，两次获得温妮奖（Winnie），美国时装设计师协会的前身

1950年，被授予杜鲁门总统颁发的全国妇女新闻俱乐部奖

1955年，登上《时代》杂志封面

1958年，被纳入科蒂名人堂（Coty Hall of Fame），这是美国时尚界的最高奖项，直到1985年被解散

图1.18
克莱尔·麦卡德尔于1945年在*Vogue*杂志上设计的灰色V形中号泳衣

---

* 科勒·约汉南（Kohle Yohannan），南希·诺尔夫（Nancy Nolf）著，《克莱尔·麦卡德尔：现代主义的重新定义》（*Claire McCardell: Redefining Modernism*），纽约：艾布拉姆斯出版社（Abrams），1998年。

设计师简介：曼波彻（Mainbocher）

b. 曼·罗梭·波彻（Main Rousseau Bocher）

1891年，出生于美国伊利诺伊州芝加哥

d. 1976年卒于美国纽约州纽约市

曼波彻的女客户包括美国上层社会的女性有：阿尔弗雷德·格温·范德比尔特夫人（Alfred Gwynne Vanderbilt）、温莎公爵夫人［Winston（C. Z.）Guest］、科尔·波特夫人（Cole Porter）、亨利·福特二世夫人（Henry Ford II）、威廉·佩利夫人（William Paley）和威廉·冯·弗斯滕伯格男爵夫人（Baroness Wiltraud Von Furstenberg）。他曾为女演员玛丽·马丁（Mary Martin）、林恩·方塔娜（Lynn Fontanne）、露丝·戈登（Ruth Gordon）和埃塞尔·默曼（Ethel Merman）等人设计服装。他因要求近乎苛刻而出名，只有少数经过挑选的人才会被邀请参观他的季节性时装系列。他的设计侧重于晚装，采用奢华材料，注重高品质，并收取相应的高价。曼波彻设计的毛衫只选用最好的羊绒纱进行编织，并用恰当的装饰手法加以点缀。他还为军队及各种服务性组织设计女式制服。

曼波彻是法国巴黎高级时装公会第一位美国籍会员，2002年设计师拉尔夫·鲁奇（Ralph Rucci）紧随其后成为该公会会员（图1.19）。*

* 霍莉·阿尔福德（Holly Alford），安妮·斯特格梅耶（Anne Stegemeyer）著，《时尚界的名人》（*Who's Who in Fashion*），第6版，纽约：布鲁姆斯伯里出版社（Bloomsbury Publishing），2014年。

图1.19
曼波彻是第一位获准加入法国巴黎高级时装公会的美国人

20世纪40年代出现的“紧身衣女孩”成为军队里炙手可热的海报女郎。“紧身衣女孩”所穿着的毛衣被认为是一种短袖套头毛衣，通常与较短的齐腰紧身开襟羊毛衫搭配（图1.20），毛衣里面搭配这个时期的锥形文胸，更加突出了女性的胸部。40年代流行的这种女式两件套毛衣非常合身。在这段时间里，拉娜·特纳（Lana Turner）、简·拉塞尔（Jane Russell）和玛丽莲·梦露（Marilyn Monroe）穿着这样的毛衣为军队振作士气。市场上卖的“速编”（Jiffy Knit）毛衣用具可用来编织配套的毛衣和袜子，用具里还配有说明书和纱线。

电子技术提高了编织能力

随着第二次世界大战的结束，人们越来越关注科学技术的进步。在1945~1955年的十年间，电子技术作为一种新技术应运而生。从蒸汽动力到液压驱动，再到电机驱动，这些改变最终都提高了机器的效率。通过改进纬编针织机选针技术，使得针织花型设计更加多样化。这些电子设备的发展为20世纪70年代电脑横机的发展铺平了道路。

图1.20
20世纪40年代的宝石领口短袖毛衫

20世纪50年代

“二战”后新的希望为人们带来美好的未来

1932~1982年，杜邦的座右铭是“利用化学改善产品，实现更美好的生活……”在此期间，合成纤维彻底革新了美国和欧洲的纺织与针织工业，为20世纪50年代的经济繁荣创造了条件。

“神奇的50年代”孕育了这十年的新希望，反映出战后人们的乐观情绪。克里斯汀·迪奥（Christian Dior）的“新风貌”（New Look）为战后时尚注入了清新的气息。战后，他的设计立即对时尚产生了直接影响。他的款式凸显腰部，裙摆宽大，自腰部以下向外“炸”开。配上帽子、手袋、鞋子和手套，整套服装营造出一种全新的富裕和优雅的感觉，这在过去的十年是不被接受的。迪奥设计的毛衣经常用貂皮或其他皮草来搭配，更加体现出这种富裕的感觉。

在50年代，手工编织是妇女们非常流行的消遣方式。战争结束时，大多数妇女都是高级的编织师，她们很容易就可以仿制巴黎时装的两件套设计。家用手工编织机随之推向大众，可供家庭使用。“二战”后，妻子和母亲们都是技艺高超的编织师，她们给丈夫和孩子们制作的菱形花纹毛衣在当时非常流行。

毛衣的款式变得更加精致和生动。宽大的多尔曼袖毛衫、垂褶的领口以及长及臀部的羊毛开衫，定义了50年代的时尚。在这十年中，宽松的两件套针织衫搭配珍珠项链，看起来光彩照人、优雅奢华（图1.21）。毛衣设计中引入了精致的细节设计，如锁孔领口、七分袖在50年代非常流行（图1.22）。电影院里放映的法国和意大利电影将欧洲的大陆风情引入美国市场。卡普里（Capri）长裤、芭蕾舞鞋，再搭配略大一点的V领马海毛毛衣，成为周末着装的流行款式。

时尚意识渗透到男装领域，男人们轻松地接受了战后宽松的生活方式。三粒纽扣的羊毛开衫搭配翻领T恤成为当时流行的休闲服装，取代了机织衬衫和夹克。高尔夫球手们在高尔夫球场上身穿羊毛开衫和马球衫，这种针织服装组合是周末男装的普遍搭配。

常春藤联盟（Ivy Leaguers）定义的优雅高尚的纯美国形象，被称为"预科生"（Preppy）风格，在美国掀起了男装的新潮流。苏格兰毛衫制造商普林格（Pringle）和巴兰缇妮（Ballantyne），向美国市场提供了由优质羊绒纱线制成的羊毛开衫和圆领毛衣，采用经典的平针和菱形花纹编织而成。

邦妮·卡辛是50年代最受欢迎的美国设计师。作为一名旅行爱好者，她为自己设计了简洁易搭的针织毛衫，适合搭配卡普里长裤或裙子。混搭运动服成为美国实用时尚的代名词。在这种简洁风格的引领下，20世纪80年代丽资·克莱本（Liz Claiborne）和唐纳·卡兰合作设计的运动装推出后大获成功。

图1.21
20世纪50年代的两件套毛衫

图1.22
20世纪50年代的锁孔领口

设计师简介：
邦妮·卡辛（Bonnie Cashin）

b. 1908年，出生于美国加利福尼亚州弗雷斯诺
d. 2000年卒于美国纽约州纽约市
www.bonniecashinfoundation.org

邦妮·卡辛在她的针织服饰系列中展示了来自世界各地的设计灵感和面料，因此，她被称为“一个女人的联合国”。

卡辛将她对美国人创造力的理解带到了时尚界，她将机器零件重新利用，作为服装的拉链。她热衷旅行并在其中受到启发，她收集了一些中式外套、印度纱丽和当地的帽子，她对这些服饰的颜色很感兴趣。她的行装舒适而层次分明，用的面料有羊毛针织物、普通针织物、粗花呢、羊绒、帆布和皮革。单品叠穿是卡辛为女式运动装所做的主要贡献，这源自她个人的旅行经验（图1.23）。1943年，卡辛与20世纪福克斯公司签订了一份为期6年的合同，为60多部电影设计服装。

卡辛在针织服装方面的创新包括：

- 双层厚羊绒束腰羊毛衫，大到可以套在另一件毛衣上，营造出层次感
- 系带或不系带的长袖束腰外衣
- 无袖针织背心
- 滑雪用针织秋裤
- 针织和服和作为外套的大衣*

嘉奖

1950年、1960年、1961年、1968年，分别获得科蒂美国时尚评论家奖

1972年，入选科蒂名人堂

2001年，在纽约市第七大道时尚名人匾上展出

邦妮·卡辛基金会保管她的遗产并赞助设计创新。

图1.23
邦妮·卡辛在1950年的时装表演中与模特交谈

*《仙童档案》（*Fairchild Archives*），《女装日报》（*WWD*），1969年、1972年、2000年。

十几岁的青少年自豪地穿着校队毛衣，以他们的大学生身份为荣（图1.24）。穿这款毛衣成为美国的一项传统，从哈佛等常春藤盟校流传下来，并作为从纽约到加州所有州立大学的一项传统。20世纪50年代的英国和欧洲，橄榄球毛衣在年轻人中流行起来。在这段时间里，为了表达对情侣的忠诚，年轻的女孩们穿着男生的校队毛衣，配上百褶裙、马鞍鞋和短袜。

20世纪50年代末，美国出现一个文学流派“垮掉的一代”（Beat Generation）。“二战”后的美国表面上风平浪静，终于，对现实极为不满的一代青年人起来“嚎叫”了，他们反对理想化的富裕、无忧无虑的生活。新时代的知识质疑、对另类艺术文化和音乐的兴趣开始渗入到年轻一代的生活方式中。奥黛丽·赫本（Audrey Hepburn）在电影《甜姐儿》（*Funny Face*）中饰演的角色，体现了这一新的变化周期。她所穿着的反时尚服装（黑色高领毛衣、黑色修身裤和系带运动鞋）描绘了“垮掉的一代”时期的社会经济发展趋势。

图1.24
20世纪50年代穿的校队毛衣

合成纤维

第二次世界大战后，对军用产品的需求逐渐减少。这使得杜邦（DuPont）、科道尔兹（Courtalds）和塞拉尼斯（Celanese）等纤维公司将其重心转向国内的产品开发。在50、60和70年代，合成纤维和混纺织物不断地进入市场，被大众所接受，从而促使纺织服装行业繁荣发展。

战争结束后，通过使用合成纤维，服装具有了可洗和免熨的性能。广告营销策略将这些品质提升为他们为消费者提供的自由舒适的生活方式。聚酯纤维、腈纶和尼龙混纺织物被用于针织面料。班纶丝（Banlon®）和奥纶（Orion®）、涤纶（Dacron®）等纤维纺纱后编织做成男式马球衫，在欧美十分流行。腈纶和腈纶/羊毛混纺纱作为一种较便宜的羊毛替代品，成功地被推广到男、女式毛衣中。经编针织机编织的尼龙经编面料被设计成贴身服装、睡衣和运动服。由于回弹性好、价格实惠，这些服装得到了客户的认可。这种新的弹力丝被用于紧身衣、露肩领口毛衣和连衣裙的设计中。20世纪50年代末期，随着针织机械、合成纤维、混纺纱、高弹纱技术的飞跃发展，加上合成纤维价格优惠，适合大众消费，使人们对手工编织毛衣几乎失去了兴趣。

20世纪60年代

20世纪60年代，震惊全球的“年轻风暴”浪潮席卷了巴黎的时装品牌，时尚界随着年轻一代的崛起也发生了变化。从巴黎的左岸，到伦敦的国王路，再到纽约的华盛顿广场公园，青年运动重新定义了时尚，并威胁着那些一直引领潮流的时装设计师。潮流的引领者由过去的高级时装设计师转变为朝气蓬勃的年轻人。这个新兴青年市场的购买力如此之大，以至于使得巴黎世家（Balenciaga）时装屋在1968年被迫关闭。

设计师玛丽·奎恩特（Mary Quant）在伦敦，索尼娅·里基尔在巴黎，贝琪·约翰逊等人在纽约定义了“摩登派”风格。1964年，里基尔推出的“穷男孩毛衣”(Poor Boy Sweater)，一种U型领口的紧身罗纹针织衫，成为60年代最流行的毛衣。该针织衫需求之大，以至于几乎不可能同时在巴黎和纽约的零售货架上销售。1969年，意大利设计师泰·米索尼（Tai Missoni）和罗莎塔·米索尼（Rosita Missoni）首次在纽约展示了他们的服装系列，由此进入了美国时尚界。在当时担任《时尚》（*Vogue*）杂志的编辑戴安娜·弗里兰（Diana Vreeland）的引荐下，欧洲设计师首次进入美国的高档百货商店。

20世纪60年代初，被色彩鲜艳的迷你裙搭配紧身罗纹针织上衣和彩色花纹针织袜定义的清爽造型，充斥着时尚市场（图1.25）。

图1.25
20世纪60年代的“穷男孩毛衣”

图案多样的针织迷你裙搭配长筒袜（图1.26），是当时的另一种时尚选择，与称作摇摆靴（Go-Go Boots）的漆皮过膝长靴搭配。

流行的迷幻色彩针织图案与大胆的艺术和平面设计相呼应，抓住了经济繁荣时期的乐观态度。60年代，男装时尚也经历了一场革命，高领毛衣被认为是当时男士的“新衬衫”。在纽约大都会艺术博物馆（Metropolitan Museum of Art）的一次正式活动中，演员理查德·伯顿（Richard Burton）在无尾礼服下穿着一件白色高领毛衣出席宴会。不久之后，《今夜秀》（*Tonight Show*）的主持人约翰尼·卡森（Johnny Carson）、政治家罗伯特·肯尼迪（Robert Kennedy）和英国公主玛格丽特的丈夫斯诺登勋爵（Lord Snowden）都穿上了这种新装扮。这种休闲趋势改变了时尚潮流和社会生活方式，在男装市场中建立了一个强大的针织品利基市场。然而，这一时尚潮流却给机织衬衫市场带来了严重的冲击。

精品店成为新的体验式服装零售场所。商店营造了一种生活方式体验，就好像顾客在自家的客厅里一样。这是60年代在时装、室内和平面设计方面相融合的设计风格。服装、珠宝、书籍、杂志、艺术和音乐在同一家商店出售，表明了社会对基于年轻消费市场的崭新观点的支持。

随着航空旅行在大众中的普及，文化也随之到处传播。来自英国、欧洲的影响迅速渗入到美国的时尚潮流中。英国模特崔姬（Twiggy）和披头士乐队（Beatles）的美国之行将音乐和时尚融为一体，点燃了大西洋两岸青年人的热情。巴黎设计师索尼娅·里基尔、安德烈·库雷热（André Courrèges）和皮埃尔·卡丹（Pierre Cardin），以及意大利米索尼等设计的服装，涌入美国时装市场。裁剪缝制的针织服装几乎取代了机织上衣，成为服装市场的主流。在意大利、日本、德国和美国，机器方面的技术进步使得产量的提高成为可能。

图1.26
20世纪60年代，花型两件套针织衫和高领毛衣很受欢迎

设计师简介：
索尼娅·里基尔（Sonia Rykiel）

b. 1930年5月26日，出生于法国巴黎塞纳河右岸
d. 2016年8月25日在法国巴黎去世
www.soniarykiel.com

“针织女王，毛衫服饰的化身。”

——《世界时装之苑》（*Elle*），1967年

索尼娅·里基尔设计的“穷男孩毛衣”风靡20世纪60年代。1962年，里基尔的第一家店，坐落在通往奥利（Orly）机场的路上，被来自美国纽约的亨利·班德尔百货公司（Henri Bendel）和布鲁明戴尔百货商店（Blooming-dale）的买手发现。这些“穷男孩毛衣”非常受欢迎，以至于刚到百货公司的货架上就被抢购一空。自1968年以来，里基尔的公司不断发展壮大，从巴黎的一家精品店发展成为一家价值3000万美元的企业，在全球拥有24家专卖店。

索尼娅·里基尔被誉为“针织女王”，从60年代开始她就为成熟女性设计从头到脚的针织服装（图1.27、图1.28）。她的针织服装风格以独特的条纹、亮片、字母和黑色而闻名（图1.29）。作为女性企业家、法国文化和生活方式的倡导者，她以优雅的风格和文采而著称。她的女儿娜塔莉·里基尔在1995年到2012年间担任其公司的首席运营官。

2009年，索尼娅·里基尔与H&M合作推出了名为“索尼娅·里基尔·普尔H&M”（Sonia Rykiel pour H&M）的针织内衣。2016年8月25日，索尼娅·里基尔因帕金森病并发症而去世，享年86岁。*

图1.27
索尼娅·里基尔的画像

嘉奖

1986年，在纽约举行的第三届巨星之夜，国际时尚集团因其对时尚行业的杰出贡献授予其荣誉奖

1996年和1997年，被任命为法国荣誉军团军官

2001年，被法国经济、财政和工业部长授予国家荣誉勋章

2001年，与女儿娜塔莉·里基尔一起获得由国际时尚集团颁发的全球时尚产业贡献奖

2012年，中国香港利丰集团收购了索尼娅·里基尔80%的股份

2014年，朱莉·德·利班（Julie de Libran）被任命为索尼娅·里基尔的艺术总监，以恢复该品牌所呈现的带有巴黎风情的优雅的针织设计风格

图1.28
20世纪60年代的索尼娅·里基尔

*《索尼娅·里基尔：时尚与风格》（*All About Sonia Rykiel: Fashion and Style*），Essortment.com，检索日期：2010年4月21日。

图1.29
索尼娅·里基尔从头到脚的优雅针织女装设计

设计师简介：
芭芭拉·玛丽·奎恩特夫人（Dame Barbara Mary Quant）

b. 1934年，出生于英国威尔士的阿伯腊斯特威思

www.maryquant.co.uk

玛丽·奎恩特就读于伦敦大学金史密斯学院，毕业于艺术教育专业。在60年代，玛丽·奎恩特通过她的高级成衣店和零售商店，在设计和零售领域创新，描绘着正在发生的青年革命。1966年，她开始制作其标志性的60年代时尚系列。尽管一些设计师存有异议，玛丽·奎恩特还是被公认为是20世纪60年代推出并命名超短裙（亦称迷你裙）的设计师，她也是20世纪70年代热裤的创造者（图1.30）。

在整个60~70年代，玛丽·奎恩特都是时尚设计的引领者，时尚潮流第一次从伦敦而不是巴黎产生。玛丽·奎恩特在伦敦国王大道开设了第一家商店，名为芭莎（Bazaar）。她的服装系列中混合了各种各样的配饰和珠宝（图1.31）。这家店被认为是世界上第一家销售生活理念的零售店。

在20世纪70年代和80年代，她专注于销售有雏菊图形标志的家居用品和化妆品。2000年，她把自己的化妆品公司卖给了一家日本公司，如今在日本有200多家玛丽·奎恩特彩妆店，她的化妆品仍在那里销售。*

嘉奖

1966年，因其在时尚界的杰出贡献，被授予大英帝国官员勋章（OBE）

1990年，获得英国时装协会颁发的名人堂奖

2015年，被授予大英帝国爵级司令勋章（DBE），以表彰她为英国时尚做出的贡献

* 玛丽·奎恩特著，《玛丽·奎恩特自传》（*Quant by Quant: The Autobiography of Mary Quant*），伦敦：V&A出版社（V&A Publishing），2012年。

图1.30
玛丽·奎恩特，20世纪60年代最具摩登风格的英国设计师

图1.31
长及脚踝的长裙搭配针织上衣、长筒袜和高跟厚底凉鞋，再配上一顶帽子

玛丽·奎恩特和彼芭（Biba）的芭芭拉·芙朗尼基（Barbara Hulanicki）等英国设计师带来了新颖的设计，这些年轻设计师的自由表达第一次超越了巴黎时装设计师的影响。著名的法国设计师安德烈·库雷热，被称为太空时代的设计师，把现代元素融入服装设计；皮埃尔·卡丹为他60年代设计的针织服装赋予了简洁的现代感。马里于卡·曼代利、艾米里欧·璞琪（Emilio Pucci）、米索尼家族和贝纳通集团等品牌的设计师不仅影响了这十年，而且在随后的几十年里仍是颇具影响力的设计标杆。

20世纪60年代随着纱线染料和织物染料的改进，设计师们将鲜艳的色彩引入设计，设计出彩色渐变的霓虹条纹图案，以及夸张的波普图案和霓虹灯嵌花图案（图1.32）。鲜明醒目的黑白图形源自当时的欧普艺术，在时尚界也很流行。欧普的几何图案被编织在毛衣上，也被醒目地涂在车库和精品店的入口处，以色彩、艺术性和图形设计大胆地表达了其对60年代的定义。

1959年，杜邦公司将莱卡和莱卡/氨纶织入面料中，制成腰带。由此，设计师们推出了一系列新型运动服装，如由莱卡和彩色纱线混合编织而成的紧身衣。这种新的弹力纱首次应用于运动装的设计中。

全球化的60年代

从20世纪60年代起，全球化发展对针织行业产生了巨大影响。随着通信技术的发展，欧美之间的旅行变得越来越实惠，来自英国、法国、意大利、日本和美国的设计师共同影响了60年代的设计，而主流趋势还是来自英国。

在生产方面，意大利、日本、瑞士和德国在针织机和配件的生产上处于领先地位。先进的针织设备被全球各地的针织厂用来生产针织品，许多针织机制造商，包括岛精（Shima Seiki）和斯托尔（Stoll），现在依然存在。

图1.32
20世纪60年代璞琪设计的滑雪衫

意大利

20世纪60年代，针织机械在质量、速度和产品的多功能性方面取得了巨大的技术进步。1961年，意大利公司比利（Billi）推出的苏地亚（Zodiac）圆型纬编针织机系列，具备世界上最高效的生产技术。生产速度的提高、染料的改进、自动化程度的增强，以及为消费者不断降低的价格，为市场带来了色彩斑斓的针织品。

20世纪60年代，染色技术的进步满足了人们在眼花缭乱的迷你裙下穿着鲜艳长筒袜的需求。

日本和其他亚洲国家

日本机械制造公司岛精进军针织领域，其具体目标是开发和生产能够自动编织手套的机器。1965年，岛精实现了这一目标。然后，该公司开始生产全自动横机，这种机器在编织服装时可以同时编织衣领、口袋和扣眼。这种编织方法被称为整体编织（参见第四章）。

瑞士和德国

亨利·爱德华·杜比德（Henri Edouard Dubied）创建了瑞士杜比德（Dubied）公司，海因里希·斯托尔（Heinrich Stoll）创建了德国斯托尔公司，这两家公司分别是19世纪60年代成立的横机制造公司。“二战”以后，这两家公司在全球纬编针织业的发展中发挥了主导作用。

20世纪70年代

20世纪70年代，在越南战争、民权运动、妇女解放、学生骚乱以及美国特有的水门事件的阴影下，世界各地进入了一段动荡时期。1975年又发生了一次全球性的经济衰退。

在这种政治和社会动荡的背景下，一场名为“嬉皮士运动”（Hippie Movement）的崇尚返璞归真的运动在美国兴起。从意识形态上讲，这被认为是对一种更简单、更原始的生活方式的回归，在着装、生活和环境保护方面都融入了自然和全新的模式。手工艺复兴运动随之而来，运用编织、钩织、编结和刺绣等手工艺，营造出这十年的波西米亚风格。伴随着人们对纤维艺术的兴趣，手工编织重新回归时尚（图1.33）。

从伊夫·圣·洛朗（Yves Saint Laurent）和高田贤三的高级定制到大众消费的平价市场，各种各样的设计标识都采用了带有民族和民俗主题的刺绣。艺术家、设计师和编织技师凯

图1.33
20世纪70年代玛丽·奎恩特设计的长袖连衣裙

菲·法瑟特（Kaffe Fassett）写了许多书籍，这些书是当时针织设计师重要的灵感来源和参考资料。今天的波西米亚风格就是受70年代潮流的启发而来的。

20世纪70年代早期，热裤取代了迷你裙（图1.34）。这些短裤通常穿在针织开衫下面，开衫的长度到脚踝或小腿中部，分别被称为长裙或中长裙。人们公认是玛丽·奎恩特将这种穿着方式引入了市场。

图1.34
20世纪70年代玛丽·奎恩特设计的热裤

设计师简介：史蒂芬·巴罗斯（Stephen Burrows）

b. 1943年，出生于美国新泽西州纽瓦克市

www.stephenburrows.com

史蒂芬·巴罗斯于1961年至1962年在费城博物馆艺术学院学习并获得学位，1966年在纽约时装技术学院继续深造并获得时装设计学位。20世纪70年代，巴罗斯用色块棉毛面料设计的裁剪缝制针织服装系列，颜色和图案千变万化。他捕捉到了70年代的迪斯科风格，为迪斯科场景，尤其是为他的54号俱乐部（Studio 54）的追随者们，制作出流畅性感的连衣裙和针织单品。巴罗斯客户中的名人有法拉赫·福塞特（Farrah Fawcett）、瑞莉·霍尔（Jerry Hall）、戴安娜·罗斯（Diana Ross）、劳伦·白考尔和丽莎·明尼里（Liza Minnelli）。

从1970年到1973年，他在纽约创立了自己的巴罗斯公司（Burrows）。

1973年对巴罗斯来说是辉煌的一年，他被邀请参加“凡尔赛时装秀之战”（Battle of Versailles），成为受邀到巴黎展示其服装设计的五名美国设计师之一。这群美国设计师包括奥斯卡·德拉伦塔（Oscar De La Renta）、比尔·布拉斯（Bill Blass）、安妮·克莱因（Anne Klein）、候司顿和巴罗斯，他们受到了国际的认可。这次时装展在巴黎的凡尔赛宫举行，巴黎设计师包括皮埃尔·卡丹、克里斯汀·迪奥、休伯特·德·纪梵希（Hubert de Givenchy）、伊夫·圣·洛朗和伊曼纽尔·温加罗（Emanuel Ungaro）。

从1973年到1976年，巴罗斯一直在纽约市第57街著名的亨利·班德尔百货公司经营自己的精品店。2013年，巴罗斯在纽约市立博物馆举办了一场个人回顾展“当时装在跳舞”（When Fashion Danced）（图1.35、图1.36）。2013年巴罗斯在纽约梅赛德斯·奔驰时装周期间停止了他的T台系列展示。2015年春天，巴罗斯在众筹网站Kickstarter发起一项活动，希望能把自己的设计系列拿回来。*

嘉奖

2006年，获美国时装设计师协会（CFDA）评委会特别奖

2007年，受邀参加巴黎高级时装工会举办的卢浮宫旋转木马春夏系列时装展

* www.Fashionencyclopedia.com/Bo-Ch/Burrows-Stephen.html

图1.35
史蒂芬·巴罗斯和伊曼·鲍伊（Iman Abdulmajid）在纽约市立博物馆展览“当时装在跳舞”期间的合影

图1.36
2013年，巴罗斯在纽约市立博物馆举办的个人回顾展“当时装在跳舞”

设计师简介：
贝琪·约翰逊（Betsey Johnson）

b. 1942年，出生于美国康涅狄格州韦瑟斯菲尔德

www.betseyjohnson.com

"生活中最快乐的时光就是穿着紧身衣和裙子翩翩起舞。"

——《印第安纳波利斯星报》，1987年3月

贝琪·约翰逊从小就学跳舞，直到今天，60多岁的她在T台上仍以侧空翻的方式谢幕，永不服老（图1.37）。从一开始，她的服装就定位在以年轻人为导向的反主流文化风格上，具有鲜明的色彩和令人兴奋的图案。她的服装系列总是有弹力莱卡面料，以及明亮、有趣、年轻的毛衣，搭配带有衬裙的连衣裙和短裙（图1.38）。

贝琪的职业生涯起始于为曼哈顿时尚精品店Paraphernalia设计服装，该店在60年代末和70年代位于曼哈顿下城的市中心附近。伊迪·塞德格威克（Edie Sedgewick）是她的试身模特，朱莉·克里斯蒂（Julie Christie）经常顺道来购买她的服装。1969年，贝琪和她的两个朋友合伙在纽约市上东区开了一家名为贝琪·邦克·妮妮（Betsey Bunky Nini）的精品店。这家店于1999年售出，但仍以原来的名字运营。贝琪继续为流浪猫（Alley Cat）品牌设计针织品，并因其嵌花设计获得科蒂奖。1972年，贝琪推出了她的个人品牌"贝琪·约翰逊"。她与模特香塔尔·培根（Chantal Bacon）合伙创建了这家公司，后来在全球开设了60家精品店。1999年贝琪获得了美国时装设计师协会终身成就奖，至今她仍然在设计自己的服装，并且在她的精彩时装秀上玩得很开心。*

嘉奖

1968年，获颁"小姐"（Mademoiselle）奖

1972年，获得科蒂美国时尚评论家奖

1999年，获得美国时装设计师协会CFDA永恒人才奖

2005年，获得美国国家艺术俱乐部终身时尚成就奖

* 霍莉·阿尔福德，安妮·斯特格梅耶著，《时尚界的名人》，第6版，纽约：仙童出版社（Fairchild Books），2014年。

图1.37
设计师贝琪·约翰逊在纽约梅赛德斯·奔驰时装周上走秀

图1.38
贝琪·约翰逊在2009年纽约梅赛德斯·奔驰时装周上展出其春夏系列毛衫

迪斯科音乐是70年代流行的舞曲，由此产生了迪斯科舞蹈场景特有的服装。史蒂芬·巴罗斯是美国顶尖的设计师，他设计的针织色块服装在舞池里随处可见。

他以知名迪斯科表演者为研究对象寻找设计灵感，诸如至上女声合唱团（The Supremes），唐纳·莎曼（Donna Summers），大卫·鲍威（David Bowie）的梦幻杰基（Ziggy Stardust）时期，杰克逊五人组（The Jackson Five），地球、风与火（Earth, Wind and Fire），布吉仙境（Boogie Wonderland），还有比吉斯（Bee Gees）。电视音乐舞蹈综艺节目《灵魂列车》（*Soul Train*）描述了这个时代的舞蹈、服饰和音乐，于1971年首次播出。1977年，由约翰·特拉沃尔塔（John Travolta）主演的电影《周末夜狂热》（*Saturday Night Fever*）是这一时期风格和着装的绝佳参考。

70年代后期，简·方达（Jane Fonda）的有氧健身视频将运动服引入主流市场（图1.39）。从20世纪70年代开始到今天，运动服逐渐发展成为一个主要的市场领域。阿迪达斯、耐克和其他运动品牌逐渐发展成为功能性有氧运动服装的主要供应商。

在男装领域，宽松针织衫是这十年中标志性的外穿毛衣。这是一件超大号青果领毛衣，用蓬松的纱线编织而成，毛衣边缘带有提花图案，且系有腰带（图1.40）。

费尔岛图案（Fair Isle）、鹰图案嵌花毛衣、条纹或绞花针织衫都大胆地融入这种毛衫风格中。费尔岛毛衣是以苏格兰北部的一个小岛命名，

图1.39
简·方达在20世纪70年代后期推出的有氧运动服装，包括针织保暖袜和弹力针织运动服

图1.40
20世纪70年代，电视节目《警界双雄》（*Starsky and Hutch*）中出现的男式宽松针织羊毛开衫很受欢迎

成为这十年中必备的时尚单品（图1.41），它是这个岛上渔民的传统毛衣。20世纪20年代，费尔岛针织毛衫通过英国高尔夫球手首次进入公众的视野。几十年来，这种图案一直被广泛应用于毛衫上。70年代，这种传统的毛衫尺寸被改造，女士们穿的这种超大号毛衣，被称为“男朋友毛衣”（Boyfriend Sweater）。

V领或U领罗纹紧身针织背心套在衬衫外面，或者搭配当时流行的喇叭裤。这种毛衣成为70年代女性穿厚底鞋、大长裙的最佳搭配。在这十年中，这种款式的针织衫一直很受欢迎。

嘻哈音乐是在70年代由非洲裔美国音乐制作人在街头发现的。阿迪达斯品牌运动服被认为是70年代男装时尚的着装典范。集中在城市的消费人群，促进了针织运动品牌和其他特定产品的销售和生产。

计算机技术对针织业的影响

1971年，微芯片的出现开始了人类将智能内嵌于电脑设备的历程。以前保存在卡片、链条、提花轮和滚筒上的针织机械花型，现在可用电子选针机构存储。由于需要采用计算机操作这些机器，机器的实际工作过程得到了简化。然而，为了保证机器的顺利运行，操作人员必须在计算机技术和编程方面接受培训。在这项先进技术出现之前，编织过程总是被中断，当变换花型时需要停机，采用手工设置花型。新技术使得针织面料的生产变得更加容易，人们对针织服装的舒适性、款式和合身性的需求持续激增。针织品正在成为年轻一代的主要服饰，取代了很大一块机织服装市场。

图1.41
传统的费尔岛毛衣

20世纪80年代

20世纪80年代华尔街的崛起带来了时尚的黄金时代。越来越多的女性进入职场，这引发了对职业女装的需求。时装潮流如“强人装”（Power Dressing）等纷纷进入职场，成为这十年的主流。风靡一时的电视节目《豪门恩怨》（*Dynasty*）影响了女性的穿着方式，如配有大垫肩的夹克、连衣裙和毛衣，以及大波浪发型。大量的珠宝装饰凸显了奢华、富裕。像《朝九晚五》这样的电影描绘了一种新的办公室着装风格。80年代最受欢迎的装扮是穿一件长及大腿、超大号套头外穿毛衣，带有夸张肩部的大垫肩（图1.42），里面配有色彩协调的打底裤或弹力短裙。这种造型打造了80年代V型或Y型的强力外观，通过紧身短裙以及宽肩上衣体现出职业女性内在的阳刚之气。这些毛衣装饰有大片的嵌花图案和贴花，上面通常镶有华丽的塑料宝石。多尔曼袖的袖窿更深，并改名为“蝙蝠袖”（Batwing Sleeve）。

80年代，名模如克里斯蒂·特林顿（Christie Turlington）、克劳迪娅·西弗（Claudia Schiffer）、娜奥米·坎贝尔（Naomi Campbell）和辛迪·克劳馥（Cindy Crawford）都在时装秀上推广过这些毛衫。从高级定制到大众消费市场，许多毛衫上都印有动物嵌花图案，包括斑马、狮子、老虎、热带鸟类以及花卉图案，此外还有人脸、风景、城市风光等（图1.43）。克里琪亚（Kri-

图1.42
20世纪80年代米索尼设计的有大片嵌花图案的大号毛衣外套

zia）的设计师马里于卡·曼代利以“猫女”而闻名，在70年代末和80年代设计了许多带有猫图案的针织毛衣（参见第三章）。

20世纪80年代，媒体成为引领时尚潮流的强大资源。MTV诞生于这十年。这家电视台通过音乐视频宣传音乐和时尚，让人们可以直观地了解迷惑摇滚、迪斯科、重金属、麦当娜（Madonna）的《物质女孩》（*Material Girl*）等音乐风格。流行趋势从高端定制转向直接从街头时尚获取灵感。

朋克摇滚乐队通过反主流文化的音乐俱乐部渗透进时尚界，他们穿着破衣烂衫，尤其是T恤和破洞牛仔裤更是他们的标配穿着，上面装饰了许多安全别针。英国设计师薇薇恩·韦斯特伍德开始为丈夫的乐队“性手枪”（Sex Pistols）设计服装，给T恤赋予了新的意义，即通过服装表达他们的政治诉求。薇薇恩·韦斯特伍德和日本的川久保玲是前卫设计的领军人物，其设计灵感源自80年代叛逆青年的朋克造型。

图1.43
20世纪80年代流行的由迈克尔·西蒙（Michael Simon）设计的宽肩绣花毛衣

设计师简介：
薇薇恩·韦斯特伍德（Vivienne Westwood）

b. 1941年，出生于英格兰柴郡 Tintwhistle

www.viviennewestwood.com

时装界的“朋克之母”

“薇薇恩·韦斯特伍德以叛逆的设计引领地下时尚，将70年代和80年代的英国设计推向活力巅峰。”

——克里斯塔·沃辛顿（Christa Worthington），《女装日报》，1983年11月17日

韦斯特伍德被认为是有史以来最具天赋的时尚怪才之一，有人说她是英国当今在世的最伟大的设计师。她和丈夫马尔科姆·麦克拉伦（Malcolm McLaren）在伦敦的国王路上开设了一家时装店，并由此让她成为反主流设计师和朋克运动的反叛领袖。麦克拉伦是著名的英国朋克乐队“性手枪”的一名乐手。1972年，韦斯特伍德和麦克拉伦把他们的店名改为“活得太快，死得太早”（Too Fast to Live and Too Young to Die）。她的70年代和80年代的服装融合了摇滚、街头和传统文化元素，她把这些带进了她颇具政治挑衅的T台秀场（图1.44）。1979年，韦斯特伍德以自己的名义在伦敦国王路开设了一家名为“世界尽头”（World' s End）的时装店。

20世纪80年代末，韦斯特伍德的设计脱离了朋克风格，开始重视精细的英式剪裁，并从传统的历史服装中取材。韦斯特伍德不断地改进菱形针法及其穿法，给她的针织品带来新的活力。她将经典的针织服装风格，如开襟羊毛衫和两件套，与她的激进风格相结合并加以演绎（图1.45）。*

嘉奖

1990年、1991年和2006年，分别获得英国时装协会颁发的年度英国时装设计师奖

1992年，获得大英帝国官员勋章

自1990年开始设计男装，1996年推出男装品牌“男人”（Man）

2004年，伦敦博物馆在维多利亚和阿尔伯特博物馆举办“薇薇恩·韦斯特伍德回顾展”

2006年，由大英帝国官员勋章晋升为大英帝国女爵士司令勋章

* 克莱尔·威尔科克斯（Claire Wilcox）著，《薇薇恩·韦斯特伍德》（*Vivienne Westwood*），伦敦：V&A出版社，2004年。

图1.44
T恤被提升为自我表达和政治信念的载体

图1.45
薇薇恩·韦斯特伍德将传统的英式格子斜裁设计，搭配两件套毛衣和撞色橄榄球条纹长筒袜

设计师简介：
川久保玲（Rei Kawakubo）

b. 1942年，出生于日本东京

www.comme-des-garcons.com

“我只有等待，等待一个全新的东西在我内心诞生。”

——川久保玲，《时装商业评论》，2013年10月31日

川久保玲从建筑中汲取灵感，特别是来自柯布西耶（Corbusier）和安藤忠雄（Tadao Ando）的作品。她以理性的设计著称，探索超现实主义、异国情调和佛教。1982年，她第一次在巴黎时装周（Paris Fashion Week）上展示自己的服装系列，开创了反时尚的声明，拒绝将服装作为装饰品。当大多数设计师都在展示紧身衣设计并搭配色彩鲜艳的大号上衣时，川久保玲推出了新的服装比例关系，融入了日式美学中的不对称设计，通过将身体完全隐藏在服装中的设计表达自己的观点（图1.46）。她的服装通常采用沉稳的黑色、深蓝色和红色基调。川久保玲是第一个将极简主义引入时尚潮流的设计师，这股潮流一直延续到20世纪90年代。比利时设计师安特卫普六君子（Antwerp Six）认为，川久保玲的设计系列是20世纪80年代开发的解构主义服装的先驱。*

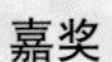

嘉奖

1993年，获得法国艺术及文学勋章

2000年，获得哈佛大学设计学院优秀设计奖

2006年，在第三届巨星之夜被国际时装集团授予奖项

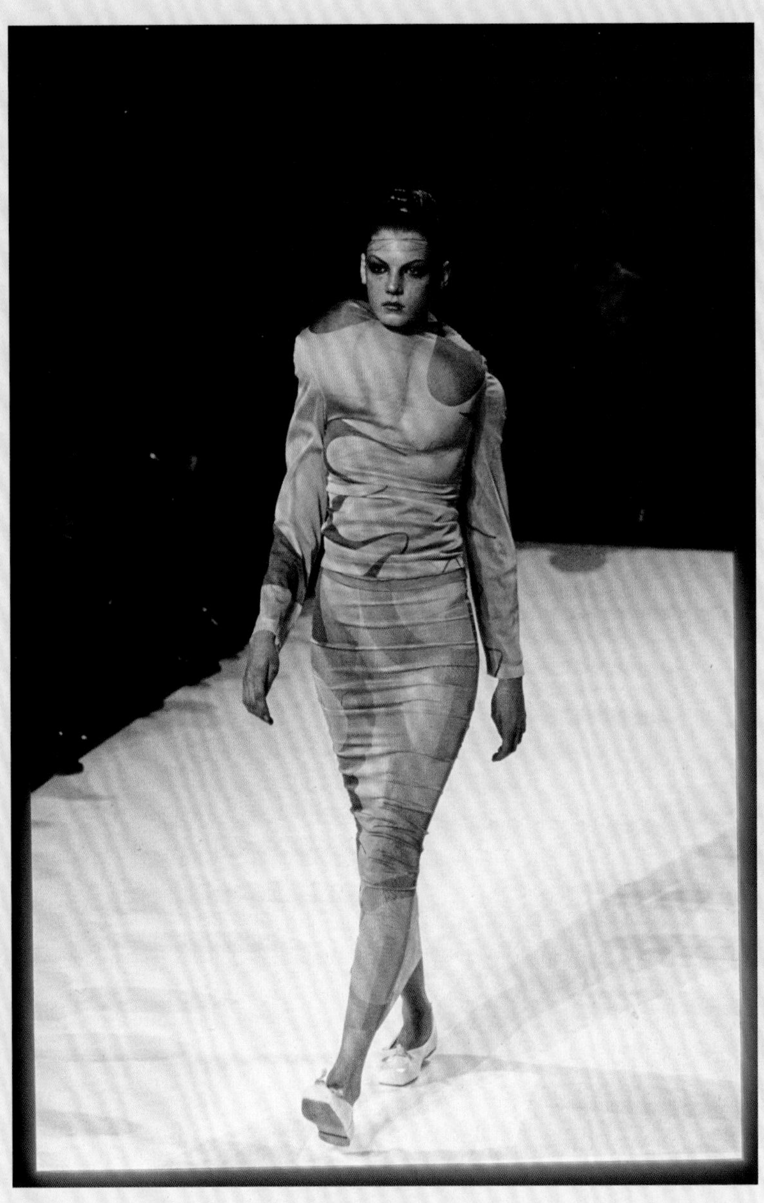

图1.46

川久保玲为其品牌“像个男孩”（Comme des Garcon）设计的1997年春夏“凹凸系列”（Bumps Collection）

* businessoffashion.com/reikawakubo

设计师简介：高田贤三（Kenzo）

b. 1939年，出生于日本兵库县
www.kenzo.com/en

1958年，高田贤三开始在日本东京文化服装学院学习时装。1964年毕业后，他移居巴黎。1970年，他在巴黎开设了第一家时装店"日本丛林"（Jungle Jap）。第二年，高田贤三在纽约和东京展示他的作品系列。1993年，他把同名品牌高田贤三（Kenzo）卖给奢侈时尚品牌路易威登（LMVH）。

高田贤三用亮丽鲜艳的嵌花毛衣定义了20世纪70年代和80年代的毛衣风格，这被认为是他的标志性设计（图1.47）。他在秘鲁、希腊、印度、巴西、泰国以及非洲各国和迪士尼乐园旅行期间接触了不同的文化，这些经历帮助他从多元文化中获得灵感，并将民俗主题和当代流行文化融合在一起。他的毛衣和针织服装设计旨在与其机织时装混搭。他以其美丽的色彩组合和亚洲服装设计风格而闻名。1999年，高田贤三宣布退出时装设计界。2013年，他加入亚洲高级定制公会（Asian Couture Federation），担任首届名誉会长。*

图1.47
1984年春夏时装周上，模特身穿高田贤三设计的针织毛衫和针织花卉图案上衣，搭配条纹哈伦裤

* 吉内特·塞德林奇（Ginette Sainderichin）著，《高田贤三》（*Kenzo*），纽约：里佐利出版社（Universe/Rizzoli），1999年。

1982年，日本设计师首次在巴黎时装周上展示他们的系列设计。川久保玲和高田贤三移居到巴黎，推出他们独特的系列，并受到广泛好评。当时，欧洲和美国的设计师们使用莱卡纤维增强服装的弹力，以创作出色彩缤纷的紧身服装，其中最引人注目的是宝石色调。阿瑟丁·阿拉亚就是这样一位设计师，他以其精致裁剪的紧身衣而闻名（参见第二章）。川久保玲和山本耀司（Yoji Yamamoto）等前卫设计师在时尚界掀起了一股被称为中性化服装的新潮流，这种潮流下的衣服男女都可以穿。这些服装一般都很宽大，颜色采用低纯度的黑色和藏青色为基调，配有红色作为挑色（图1.48）。

日本设计师引入了传统和服的元素，如不对称的领口和剪裁，将新的风格带入了市场。受到日本宽腰带的影响，这种传统的束紧腰部的宽腰带现在成为新的时尚配饰。和服袖子被设计在毛衣外套上。灵感来自和服的裹身上衣，在法国的T台上展出，并在此期间进入市场。

同年，薇薇恩·韦斯特伍德推出了自己的品牌——薇薇恩·韦斯特伍德红标（Vivienne Westwood Red Label）。韦斯特伍德以其精湛的剪裁而闻名，她为传统的格子图案以及诸如菱形等经典的针织图案赋予了新的含义。最引人注目的是，韦斯特伍德利用她的T台来表达她的政治信念和事业，她本人的设计常常也是反复无常的。

图1.48
20世纪80年代流行歌手雪儿（Cher）穿的露肩毛衫

20世纪90年代

索尼娅·里基尔通过其设计的优雅而休闲的全身针织服饰引领了20世纪90年代的时尚潮流（图1.49）。随着一些女性外出工作，另外一些人需要边工作边养家，对过渡性服装的需求成为必然。不对称的色彩布局、具有一定功能性的裹身上衣是里基尔在20世纪90年代创作的时尚造型。她的技术纯熟，设计的针织服装简洁、舒适、优雅，造型上具有鲜明的法国时装风格。

极简主义是这十年的主要趋势，这也许是90年代早期经济衰退导致的结果。极简主义设计强调造型的干净利落、优雅和功能性，避免过多的装饰。这期间，古驰（Gucci）的汤姆·福特（Tom Ford）、普拉达（Prada）的缪西娅·普拉达（Miuccia Prada）和卡尔文·克莱恩（Calvin Klein）设计了时尚精致的羊绒毛衣和针织连衣裙。毛衣设计中，20世纪70年代候司顿式线条简洁的风格重现时装舞台（参见第二章）。

唐纳·卡兰为职业服装市场带来了一种新的着装方式。她为女性打造衣橱的公式是只需5件单品，就能够满足女性从白天在办公室

图1.49
索尼娅·里基尔造型精致的全身针织服装

到晚上下班的全天候服装的需要。当时，女性职业装遵循男装的基本模式，即西装配裤子或裙子。认识到这一市场的空白，卡兰以精致职业装设计为基础创建了自己的标志性品牌（图1.50）。她从一件弹力紧身衣开始，第一次在下摆开口处添加了按扣，配上一条针织褶裥裙，外面再套上一件羊毛针织开衫。通过添加一件奢华的羊绒针织毛衣和由其丈夫斯蒂芬·韦斯（Stephen Weiss）设计的具有现代感的珠宝，女人可以毫不费力地把自己的装扮从白天转换到夜晚。

街头服饰潮流“垃圾摇滚”（Grunge）系列最初是由设计师马克·雅可布在20世纪90年代赋予其意义的（参见第五章）。“垃圾摇滚”源于西雅图音乐圈的街头潮流。是由旧衣服或二手衣服叠穿打造的“垃圾摇滚”风格，是经济衰退时期的缩影。其整体造型是穿一件超大号毛衣或格子衬衫并用它们围着腰部打个结。不久之后，在唐纳·卡兰、卡尔文·克莱恩、薇薇恩·韦斯特伍德和意大利时装设计师詹尼·范思哲（Gianni Versace）等主要设计师的时装展中，高端“垃圾摇滚”系列频频亮相。

唐纳·卡兰创办了她的品牌唐可娜儿（DKNY），目标客户是90年代的现代都市女性（图1.51）。她的灵感来自纽约街头，在她的第一套系列设计中，有一个灵感就来自纽约市骑自行车的邮递员。该设计造型采用了一条短及大腿的裙子搭配打底裤，上穿弹力紧身针织衫，外套一件功能齐全的毛背心，脚穿一双工作鞋。在接下来的20年里，这个品牌取得了非常大的

图1.50
唐纳·卡兰为20世纪90年代女性彻底改造的女式职业装

图1.51
20世纪90年代，唐可娜儿（DKNY）推出的超短裙加厚底鞋的动感装扮

成功。

受全球化的影响，设计师们在毛衫设计和制作中混合了多元文化设计元素。比利时设计师德赖斯·范诺顿以其理性设计组合而闻名，包括高品质的材料和专业的刺绣、嵌花、提花设计和制作加工技术。他的精品针织衫巧妙地将多种纱线和先进的工艺混合在一起，通过一系列整合，将颜色和图案融合在一起（参见第三章）。

20世纪90年代，音乐和电影继续影响着针织服装的风格。英国女子“辣妹组合”（Spice Girls）就是其中之一，她们的服饰装扮常常受到粉丝们的追随，从而引领了时尚潮流。在这个乐队里，成员定义了5种不同的风格，即高贵辣妹（Posh Spice）的高档造型，运动辣妹（Sporty Spice）的运动造型，恐怖辣妹（Scary Spice）的前卫造型，宝贝辣妹（Baby Spice）的甜美娃娃造型，姜汁辣妹（Ginger Spice）的少女造型（图1.52）。

图1.52
20世纪90年代“辣妹组合”身穿的露腰毛衣、毛外套和超短裙成为当时的服装潮流

设计师简介：安娜·苏（Anna Sui）

b. 1955年8月4日，出生于美国密歇根州底特律市
www.annasui.com

"活出梦想。"
——安娜·苏

安娜·苏4岁时就梦想成为一名时装设计师（图1.53）。当她获得帕森斯设计学院的奖学金时，这个梦想终于实现了。安娜·苏从她自己创作的设计日志中开发系列设计的概念，并从中获取灵感。她把这个设计日志称为她的"天才档案"。安娜苏的灵感来自街头时尚、复古、维多利亚时代的设计和音乐，尤其是摇滚乐。紫色和黑色是她的标志性颜色（图1.54、图1.55）。1991年，她在纽约举行了首次时装发布会，并推出了自己的品牌。同年，她在纽约苏豪区（Soho）的格林街113号开设了旗舰店。这家商店至今仍在营业。目前，她在纽约、洛杉矶、东京和大阪等地拥有32家精品店。*

嘉奖

1993年，获美国时装设计师协会最佳设计新秀奖

2009年，获美国时装设计师协会终身成就奖*

* 霍莉·阿尔福德，安妮·斯特格梅耶 著，《时尚界的名人》，第6版，纽约：布鲁姆斯伯里出版社，2014年。
* 安德鲁·博尔顿（Andrew Bolton）著，《安娜·苏》（*Anna Sui*），纽约：美国编年出版社（Chronicle Books），2013年。

图1.53
设计师安娜·苏

图1.54
安娜·苏2011年秋季系列概念：60年代中期的摩登风邂逅嬉皮风，毛衫由詹姆斯·科维络为安娜·苏设计

图1.55
安娜·苏2014年秋季系列概念：装饰艺术中国风，毛衫由詹姆斯·科维络（James Coviello）设计

受电影《独领风骚》(*Clueless*)的影响，这段时间“预科生风格”(Preppy Look)在高中女生中风靡一时。紧身羊毛开衫和20世纪50年代的两件套造型，色彩夸张的针织衫搭配修身裤或短裙，在各大时装系列中随处可见。拉夫·劳伦、汤米·希尔费格(Tommy Hilfigei)和迈克·高仕(Michael Kors)是美国名牌大学常青藤风格设计的代表人物。更时髦的款式来自马克·雅可布和贝琪·约翰逊等当代设计师，经常会搭配一些基本款，例如，金可如(J. Crew)等预科生风格的羊毛开衫。

20世纪90年代，无论在家里还是工作场所，计算机技术都成为日常生活的一部分。由于工作能够在家进行，员工们开始体验灵活的生活方式。随着必须到工作现场进行的面对面会议的减少，休闲时尚变得流行起来，宽松着装规范被人们所接受和采纳。这导致星期五便装日(Dress-down Fridays)开始进入美国各大公司。这为服装设计，尤其是男装，开辟了一个新的市场。大多数男性把西装当作他们的商务服。针织马球衫和羊毛开衫搭配斜纹棉布裤成为他们周五的新装扮。

都市男装市场潜力巨大且具有持续的购买力，特别是在针织品方面。品牌得到了嘻哈族的认可，这大大增加了拉夫·劳伦、汤米·希尔费格和阿迪达斯品牌的营业额。20世纪90年代，成功的说唱歌手给“穿超大号衣服”这个概念赋予了新的含义，他们的裤子会一直垂到臀部以下，又大又松，至少比正常尺码大两个码。超大号的毛衣和橄榄球毛衣也被穿成这样。创建于20世纪80年代的品牌斯图西(Stussy)，在21世纪初为滑板爱好者、说唱歌手和嘻哈爱好者等小众市场设计“制服”(图1.56)。

图1.56
20世纪90年代都市装扮成为男装的新市场

整件服装编织技术简化了针织服装制作过程

1995年，日本岛精公司推出了第一台“整件服装编织”（Whole Garment Knitting）的商业化电脑横机，通过大幅减少后期制作服装的劳动力，简化了针织品的生产，从而彻底改变了纬编的生产方式。该机生产的产品质量高，生产运行平稳。这是第一台真正意义上的整体编织，能够编织整件服装。在编织整件服装的过程中，同时可以直接在衣服上编织领子、口袋和扣眼（参见第五章）。

21世纪

新千年为针织业带来了新的发展方向

新世纪的头十年，从米兰、巴黎、东京到纽约的T台上，几乎每一个系列中毛衫都是主要的服饰。在这十年里，服装的风格并不像以前那样清晰独特。21世纪，设计师们参照20世纪20~90年代的时尚风格，重新诠释、相互融合。贯穿21世纪的头十年，流行趋势从20世纪70年代的波西米亚风到垃圾摇滚，以不同的方式不断地在T台上重复诠释着。然而，正是新工艺、新技术地不断涌现，使得21世纪头10年的这些系列与前几十年有所不同（图1.57、图1.58）。

21世纪的头十年，纱线和机械技术的发展，大大提高了生产能力。三宅一生是一位致力于产品创新设计和制作的日本设计师（参见第四章）。亚历山大·麦昆和米索尼系列中针织品和毛衫设计的复杂性，体现了迄今为止机械领域方面技术的进步。技术的创新发展，诸如无缝编织的实现、图案变化多样、编织轻薄针织服装的纱线等定义了这十年的风格。

图1.57
米索尼的波西米亚风在2009年秋冬米兰时装周上风靡一时，成为21世纪头十年的高端时尚

图1.58
2006年秋季，马克·雅可布在他的时装展中将垃圾摇滚风格重新带入21世纪头十年的高端时尚

设计师简介：
米索尼（Missoni）：新一代

维托里奥·米索尼（Vittorio Missoni）
b. 1954年，出生于意大利米兰
d. 2013年，在委内瑞拉去世
卢卡·米索尼（Luca Missoni）
b. 1956年，出生于意大利加拉拉泰
安吉拉·米索尼（Angela Missoni）
b. 1958年，出生于意大利米兰
www.missoni.com

20世纪90年代，泰·米索尼和罗莎塔·米索尼于1996年把生意转交给了三个孩子维托里奥、卢卡和安吉拉，米索尼家族企业获得了新的成功。新一代米索尼为家族品牌注入了新的活力，以满足当代消费者的需求（图1.59）。

大儿子维托里奥·米索尼担任营销总监，他曾担任米索尼美国公司和米索尼法国公司的总裁。在担任这些职务期间，他在东京和香港开设了精品店，负责艺术展示和陈列。在一次与家人和朋友的度假中，他的飞机在委内瑞拉海岸上空神秘失踪。他于2013年1月被宣布死亡。

二儿子卢卡·米索尼负责针织品的研发。“一个技术员，永远的完美主义者，同时也是一个诗人，一个熟练的工匠，一个严谨的科学家，一个以他的摄影和对天文学的兴趣而闻名的充满激情的创意者。”2008年，他成为档案部门的主管，目前负责米索尼博物馆的活动。

安吉拉·米索尼是米索尼女装的创意艺术总监。2008年，她的业务扩大到米索尼男装系列，同时还是米索尼所有一线品牌、二线品牌、童装配饰特许经销商的主管。安吉拉的女儿玛格丽塔（Margherita）负责设计米索尼的配饰和泳装系列。罗莎塔·米索尼，这个品牌的创始人，是米索尼家居的设计总监。

2011年，塔吉特百货（Target Stores）与米索尼家居（Missoni Home）合作，推出了以米索尼服饰和配饰为特色的胶囊系列，由塔吉特百货赞助，在美国和澳大利亚销售。

2016年伦敦时尚与纺织博物馆举办“米索尼艺术色彩”（Missoni，Art，Color）回顾展，由意大利加拉拉泰MA*GA美术馆主办（图1.60）。

图1.59
米索尼家族创始人罗莎塔·米索尼与女儿安吉拉·米索尼和儿子卢卡·米索尼

图1.60
2016年米索尼米兰春/夏时装周

品牌识别为消费者打造了一种生活方式的想象，在21世纪头十年推动了市场的发展。精心策划的市场营销活动吸引着消费者购买服装，并成为一种与服装本身同等重要的潮流。卡尔文·克莱恩、拉夫·劳伦、普拉达和古驰是当时世界上最成功的四家时装公司。大西洋两岸的设计师们继续创作针织服装并销往全球，同时，在全球范围内出现了销售同质化的现象。先进的通信技术使潮流在某种程度上过时了，因为人们可以随时获得时尚信息，这就削弱了设计师们时装系列设计的独特性。与过去几十年一样，设计师们继续研究针织服装的发展趋势。在风格上，新的造型和比例才会使消费者有购买意愿，而不再是由于特定的流行趋势（图1.61）。尼古拉斯·盖斯奇埃尔曾于1997~2012年担任巴黎世家的创意总监，他在设计中引入了高科技和新的几何造型，让这家曾经举步维艰的时装品牌重获生机。

图1.61
马克·雅可布2005年秋季系列中的新款束腰长毛衣

设计师简介：
尼古拉斯·盖斯奇埃尔（Nicholas Ghesquière）

b. 1971年，出生于法国科米讷
www.louisvuitton.com

盖斯奇埃尔在法国农村长大，十几岁时就意识到了自己拥有设计天赋。年轻时，他练习骑马和击剑等运动，这影响了他早期为巴黎世家设计的服装。他以创新的设计美学与技术先进的材料和面料的使用而闻名，这也是他成功复兴巴黎世家品牌的原因。

1990~1992年，盖斯奇埃尔是让·保罗·高缇耶（Jean Paul Gaultier）的设计助理。当时他还在卡拉汉意大利公司（Challaghan）担任针织品设计师。1997~2012年，盖斯奇埃尔担任巴黎世家的创意总监（图1.62）。2013年，他接替马克·雅可布成为路易威登的创意总监。*

嘉奖

2001年，荣获美国时装设计师协会年度女装设计师奖

2014年，荣获英国时尚大奖年度设计师奖

* www.businessoffashion/nicholas-ghesquiere.com

图1.62
2011年，巴黎世家针织品设计总监尼古拉斯·盖斯奇埃尔设计的用皮革编织的夹克

设计师简介：
黛安·冯芙丝汀宝（Diane von Furstenberg）

原名黛安·西蒙娜·米歇尔·哈芬（Diane Simone Michelle Halfin）
b. 1946年12月31日，出生于比利时布鲁塞尔

"生活不是一帆风顺的。风景变化，人来人往，计划的行程总被阻碍打断，但有一件事可以肯定，那就是你永远拥有你自己。"

——黛安·冯芙丝汀宝，《我想成为的女人》

黛安·冯芙丝汀宝曾在瑞士、西班牙和英国学习，并在瑞士日内瓦大学获得经济学学位（图1.63）。她曾在阿尔伯塔·菲尔蒂（Alberta Ferreti）处当学徒，在那里她学会了面料和服装的制作。1972年，在《时尚》杂志编辑戴安娜·弗里兰的鼓励下，冯芙丝汀宝凭借其标志性的"裹身裙"（Wrap）设计涉足美国时尚界。1974年，她创办了自己的化妆品公司和香水公司。到1976年，她已经售出了数百万条裹身裙，这些服装成为整整一代女性权力和自由的象征。通过她的时装运动，她鼓励女性成为自己，她的口号是"穿上裙装，感受女性"。她的服装设计遵循她的信条，即讨人喜欢、女性化、实用。1997年，冯芙丝汀宝重新组建服装公司，最初重点仍是她标志性的裹身裙。以后她的公司逐渐成长为一个非常成功的服装/生活方式品牌，她的设计办公室位于纽约市的肉库区（图1.64）。*

嘉奖

2005年，荣获美国时装设计师协会终身成就奖

2006年，担任美国时装设计师协会主席

2008年，被授予美国第七大道时尚名人匾之星

2014年，作为"禁止专横"（Ban Bossy）运动的倡导者，促进女孩担任领导角色

* 黛安·冯芙丝汀宝 著，《我想成为的女人》（*The Woman I Wanted to Be*），纽约：西蒙与舒斯特出版公司（Simon & Schuster），2015年。

图1.63
设计师黛安·冯芙丝汀宝，摄于2014年

图1.64
2014年洛杉矶郡艺术博物馆（LACMA）展出的裙装之旅

这十年里，名人时尚品牌应运而生。电视节目《欲望都市》（*Sex and the City*）在造型师帕特里夏·菲尔兹（Patricia Fields）的精心策划下，在千禧年之初发布了时尚宣言。从那时起，女主角莎拉·杰西卡·帕克（Sarah Jessica Parker）创立了自己的同名品牌专为都市年轻女性设计服装。同样，音乐偶像格温·史蒂芬妮（Gwen Stefani）创立了自己的时装品牌L.A.M.B.，其他许多名人也纷纷效仿。许多说唱歌手和嘻哈艺术家也通过开发自己的服装品牌打入时尚市场。肖恩·科里·卡特（Jay Z）推出了服装品牌洛卡薇尔（Rockawear），吹牛老爹（Puff Daddy）创立了服装品牌肖恩·约翰（Sean John）。纽约、伦敦、巴黎、米兰和东京的传统时装公司不再是时尚和风格的唯一掌门人。

科技通过互联网让时尚民主化。2007年6月，第一部iPhone或称“智能手机”问世。它可以显示照片、播放视频和音乐，也可以打电话。来自纽约、伦敦、米兰和巴黎国际时装周的T台秀场引领了时尚潮流，现在只要有智能手机，任何人都可以观看时尚发布会。

自拍是智能手机的一项拍照功能，它记录了人们的日常活动，并通过“脸书”（Facebook）页面让所有人都能看到。这是一个极好的时尚潮流记录工具，并由此诞生了时尚博客。博主拥有强大的网络“朋友”圈，能够通过人物、地点和事物的图片把握趋势，这是一种非常有价值的新的营销方式。

快时尚（Fast Fashion）是指在6~8周的时间内将T台上展示的服装铺货到卖场的模式，且价格适中，在消费者的预算范围内，创造了一种让消费者在紧追流行的同时还能以十分低廉的价格购买到时装的机会。是与像卡尔·拉格菲尔德（Karl Lagerfeld）、米索尼和吉尔·桑德斯（Jil Sanders）这样的设计师合作，由优衣库（Uniqlo）、塔吉特（Target）和H&M等零售商销售，为平价零售商店设计奢侈品牌的风格。无论是快时尚还是协同设计，都能在市场上创造出令人轰动的效应。这种高价位和低价位混搭的趋势让精明的时尚消费者在购买时有了更多的选择。

这十年的市场趋势是一种新的休闲舒适风格，由此也成为毛衫和针织时装的十年。品牌识别允许消费者即时体验快捷的生活方式，这在21世纪头十年推动了市场的发展。当消费者购买服装时，精心策划的营销活动会吸引他们进行体验，这与服装本身同等重要。卡尔文·克莱恩、拉夫·劳伦、普拉达和古驰是现在全球财务状况最好的四家时装公司。大西洋两岸的设计师们继续创作面向全球销售的针织服装，从而为全球消费者带来同质化的购物体验。21世纪头十年，炫耀性消费成为主要的趋势，在全球范围内，消费者趋于购买设计师品牌服装，并在显眼的地方炫耀其品牌标识。

2010年代

针织面料的基本特性，如弹性、延伸性、舒适性和保暖性，仍然是使这种面料令人满意并适用于不同市场领域的关键因素。运动、健身、休闲服饰推动了这一服装领域在纤维和织物加工技术上的不断改进。此时，运动休闲市场继续保持增长，紧随其后的是高性能服装（图1.65）。

纱线和设备的发展大大改善了新型纱线的弹性和功能性，这些新型纱线具有很好的反光特性、金属特性和尺寸特性，由有远见的设计师们将其创作成具有三维针织结构的适身产品。这些适身服装是由机器采用无缝编织和变换线圈结构制作而成。简单的T恤和袜子现在是高度工程化的服饰，设计时花型图案和多根纱线的放置更符合人体工程学（参见第三章）。

2010年1月，苹果公司的史蒂夫·乔布斯（Steve Jobs）推出了iPad，这是一款平板/书籍形式的触摸屏移动电脑，可以上网，并提供图像、视频、音乐、电影和电视。这种新设备进一步改变了人们交流和研究趋势的方式。它具备多种功能，并引入了新的经营方式，为学生提供了新的教学方法。不受时空限制、具有大容量存储信息的能力，创造了其与互联网无缝连接的可能性。该设备改变了信息传递的方式和速度，进一步影响着时尚潮流和对趋势的研究。

图1.65
2014年秋/冬系列香奈儿高级定制诠释了20世纪10年代运动休闲服饰的主流风格

在这十年里，博物馆开始展出知名设计师的作品。服装在人体模型上展示的同时，还以视频或电影、电视、音乐短片的形式实时展出。2016年美国大都会艺术博物馆举办的“手工×机器”（Manus×Machina）展览展示了时尚与博物馆之间的新关系，参观者可以将其定义为一种趋势，可以与出席现场的名人一起观看盛大的开幕仪式。美国《时尚》杂志主编安娜·温图尔（Anna Wintour）与展览策划人安德鲁·博尔顿（Andrew Bolton）合作，将此次展览定义为“人与机器、高级定制与成衣、手工缝制与批量生产之间的对立”。这与编织的历史在很多方面都极为相似。

2015年，时尚趋势继续发展，一些人反对将制造技术和企业转移到海外。在纽约布鲁克林和美国西海岸俄勒冈州波特兰市兴起了“工匠运动”（Artisanal Movement），手工制作的回归得到了认可。这一潮流被称为嬉皮士或创客运动。手工毛衣是在“独一无二”（One-of-a-kind）的商店而不是在连锁店里出售的，这些连锁店还出售包括手工制品、家具、艺术品、服装和食品等的生活方式。“买本地货”（Buy Local）是他们的口号（参见第三章）。

设计师简介：古又文（Johan Ku）

b. 1979年，出生于中国台湾台北市
www.johanku.com

在台北上完设计学校后，2005年古又文成立了自己的设计工作室。取得了一些成就后，他决定进入中央圣马丁艺术与设计学院（Central Saint Martin's School of Art and Design）攻读时装硕士学位。

2009年，古又文的作品《情绪雕塑》（Emotional Sculpture）在美国最大的艺术机构Gen Art举办的国际时装大赛中获得一等奖。他用大棒针手工编织，创造出独一无二的厚实的针织雕塑作品，他一直在伦敦的新工作室/家中以这种形式工作（图1.66）。2014年，他创立了品牌"古又文·金"（Johan ku Gold Label），推出自己的女装系列。

古又文曾登上《世界时装之苑》、美国《时尚》杂志、《智族》（*GQ*）、《女装日报》、《嘉人》（*Marie Claire*）等多家国际刊物的封面，得到了媒体的广泛认可。*

* www.johanku.com/biography.com

图1.66
2009年，古又文的手织雕塑针织品推出了一种手工编织工艺

设计师简介：
杰瑞米·斯科特（Jeremy Scott）

b. 1975年，出生于美国密苏里州堪萨斯城

www.jeremyscott.com

杰瑞米·斯科特在印第安纳州的一个农场长大，最大的愿望就是设计服装。他曾就读于纽约布鲁克林的普瑞特艺术学院（Pratt Institute in Brooklyn）。1990年，他与先锋派歌手比约克（Björk）合作，开始了自己的设计生涯。2008年，他与阿迪达斯合作，为Adidas+Keith Haring系列设计运动鞋和服装。2015年，他为通俗歌手凯蒂·佩里（Katy Perry）设计了参加第49届超级碗（Super Bowl）的服装，并在前一年为麦当娜的中场表演设计了伴舞服装（图1.67、图1.68）。

1997年杰瑞米·斯科特推出了自己的系列，设计了一些造型古怪的卡通嵌花毛衣，紧跟时尚界的动漫（Cos-play）潮流。他以充满活力的设计而闻名，这些设计表达了他对流行文化的理解，深受千禧一代的欢迎。2013年，斯科特成为意大利奢侈品牌莫斯奇诺（Moschino）的创意总监。2014年他推出了自己的第一个秋冬系列。

杰瑞米·斯科特为许多明星做独立设计，如蕾哈娜（Rihanna）、嘎嘎小姐（Lady Gaga）、麦莉·赛勒斯（Miley Cyrus）、布列塔尼·斯皮尔斯（Brittany Spears）和妮琪·米娜（Nicki Minaj）。他负责组织科切拉（Coachella）音乐节——在加利福尼亚州棕榈泉举行的有关音乐、艺术、时尚和生活的盛会。*

* www.businessoffashion/jeremyscott.com

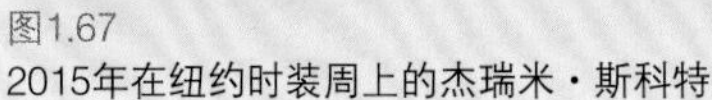

图1.67
2015年在纽约时装周上的杰瑞米·斯科特

图1.68
2015年春/夏纽约时装周展示的伽玛·拉幅（Gamma Rapho）系列

动漫展掀起了服装的新潮流。动漫展开始于20世纪70年代的美国圣地亚哥，涉及漫画书、科幻小说、奇幻电影和电视文化。动漫大会如今在全球多个城市已经演变为一种流行文化，渗透到服装领域。千禧一代将这些活动推广开来，与会者聚集在一起，不仅可以装扮成他们最喜欢的漫画和奇幻英雄，还可以欣赏音乐、电影、动画、玩具和电子游戏。流行音乐明星麦莉·赛勒斯以卡通人物为灵感，为其舞台和电视表演设计服装。美国设计师兼意大利奢侈品牌莫斯奇诺的创意总监杰瑞米·斯科特，曾在2014年和2015年设计“签名款”毛衣，上面就带有诸如尼克国际儿童频道（Nickelodeon）的卡通人物海绵宝宝这样的卡通嵌花图案。这一造型与21世纪初在东京出现的日本甜美洛丽塔造型（Sweet Lolita Look）有相似之处。这种来自孩童时期的理想装扮得到千禧一代的认同，受到他们的追捧（图1.69）。

生活方式而非品牌定义了2010年代的流行趋势。英国人类学家泰德·波西莫斯（Ted Polhemus）发现，那些在某个特定行业工作的人，他们的穿着具有特定的风格，拥有相似的意识形态。瑞克·欧文斯（Rick Owens）和伦敦时装品牌圣女合唱团（All Saint Spitalfields）的极简主义设计风格，可以说是为一个特定的群体打造的时尚风格。这不仅仅是一种潮流，更是一种特定的穿衣方式。那些穿这些品牌的人，购买的是通过这种特定的服装设计所表达的身份。在时尚界，截然不同的风格一季又一季地呈现，例如，波西米亚风格和预科生风格。每一种风格的服装都与特定的生活理念或生活方式有关。最后，《纽约时报》时尚杂志编辑黛博拉·尼德勒曼（Deborah Needleman）极好地总结了我们对2010年代流行趋势的看法：“我们被铺天盖地的概念淹没着，以至于当任何一种流行趋势在商店上架时，我们都会对之感到厌倦。现在你可以自由地选择喜欢的衣服，穿着适合自己身体、体现自己品位的服装。”

图1.69
2015年纽约时装周德根（Degen）的针织系列展示了2010年代的时尚趋势：拥抱纯真的童年

设计师简介：
雷恩·罗彻（Ryan Roche）

雷恩·罗彻女装的设计理念是以极简主义为主题，采用羊绒针织衫打造优雅和奢华（图1.70）。

罗彻致力于通过可持续、低影响生产理念支持负责任制造。在过去的十年里，她一直与尼泊尔的一个妇女合作社合作，并支持美国的制造业。她获得了美国时装设计师协会以及巴黎时尚精英们的认可。2014年获得美国时装设计师协会/《时尚》颁发的时尚基金二等奖。

雷恩·罗彻的作品曾刊登在美国《时尚》、英国《时尚》、《纽约时报》的“周日时尚”和“周四时尚”栏目、《纽约时报》风格版、美国《嘉人》（*Marie Claire*）和《时尚芭莎》（*Harpers Bazaar*）等杂志上。

雷恩·罗彻品牌在巴尼百货（Barney）、颇特网（Net a Porter）、首尔科索科莫10号（10 Corso Como Seoul）、伊势丹（Isetan）、潮店“开幕式”（Opening Ceremony）、爱丽丝·沃克（Elyse Walker）等商店都有出售，全球共有60多家专卖店。*

* www.ryanroche.com

图1.70
雷恩·罗彻为2016年春季纽约时装周设计的极简主义风格的针织毛衫

针织技术不断进步。2008年，耐克公司率先将飞织（Flyknit）面料引入鞋类市场，拓展了针织技术的应用领域。"使用纬编横机编织不同细度的纱线，编织时可以变换织物的花型。在编织脚趾处时加入莱卡纱线增加织物的延伸性，在脚后跟处变化花型增加织物的强力。编织运动鞋面时，没有任何浪费，符合耐克的可持续发展标准。"*2015年，这项技术被用于许多职业足球和足球队的官方装备。这款运动鞋真真实实地改变了游戏的规则（图1.71）。

合作研究

工程师、时装设计师、科学家、建筑师、医生以及来自其他各行各业的人们共同努力，扩大针织产品的种类，改善我们的日常生活。

织物功能性整理可以改善针织物的服用性能。2000年初，智能织物（Smart Fabric）进入市场，这类织物具有特殊的功能，如抗菌、除臭、吸湿排汗、防紫外线等，到2010年这些织物在市场中已经很常见了。它们被用于运动服，如图中所示的足球服。在赛场上，运动员们带的压力袖套与医疗用的压力袖套一样。采用针织方式编织的符合人体工学的袜子，增加了对腿部的支撑作用，从而改善了运动员在赛场上的表现（图1.72）。

消防队员、警察和急救医务人员需要具有耐热功能、纬编编织的安全防护面料，能够承受高达1292℉（约718℃）的高温。这些

* www.nike.com

图1.71
2012年耐克推出的飞织运动鞋，将纬编针织面料用作鞋面

图1.72
基于新型针织技术制造的"智能面料"做成高性能运动服，将时尚与医疗相结合，增强了服装的功能

耐热的纱线通常被编织成头罩和内衣，以便在极端条件下为身体提供保护。复合材料在专业防护工作服和工业市场上的应用越来越广泛。

纳米技术关注的是“原子层面上的材料制造技术”。针织结构被应用于医用产品，如心脏支撑装置、压力服装、人工器官和外科植入性纺织品等。目前，人们可以将纳米纤维与特殊的针织技术相结合来构建组织工程材料。

土工布

土工布是采用高性能纤维、纱线和针织物制成的，用于工程和特殊领域。纱线的强力和弹性需满足工程要求，且织物的重量轻、密度小。间隔织物是一种双面经编或纬编针织物，为针织产品在建筑和室内设计方面开创了新的发展空间。土工布应用广泛，如土壤加固、过滤、隔离、建筑设计及复合结构等。

关于高端针织技术在研究和生产方面的进展如下：

- 压力服，用于医疗目的，如压力袖套、压力袜、创可贴和压力绷带等，仍在不断地改进和发展。
- 外科植入性针织物，用于疝修补网、心脏支撑装置、人工器官和外科植入物。
- 可穿戴技术，嵌入到服装中，例如：加入生物信号监测系统，以保护婴儿、老年人和体弱者，以及监测运动期间的心率和呼吸。
- 光纤用来制作发光针织物，用作运动、时尚和工装。
- 传感器被织入到服装中，这种服装可对雷达、运动和化学战做出反应，可用于军事、太空计划、科技方面的研究。
- 纺织复合材料行业，包括针织复合材料在内，在航空航天、汽车、海事和建筑等工业方面的应用领域不断扩大。

可持续性发展

可持续性发展是新千年消费者购物的一个主要购买动机。采用全成形方式编织的服装一直被认为是可持续性产品，浪费极少。用有机生长的动、植物纤维制成的天然纱线支持可持续发展，因为它们可以再生更新，不会耗尽自然资源。目前已经制定了一些标准并成立了相关的监督机构，纤维和纱线必须满足这些标准才能被视为符合有机和可持续标准。全球有机纺织品标准（GOTS）和纺织服装全球回收标准（GRS）是制定这些标准的两个著名组织。

制造业技术的改进继续保护着我们的环境、健康和福祉。在设计、制造、生产和运输过程中，能源消耗、水质和水量、污染和减少废弃物都是一些值得关注的问题。可持续发展还包括改善工厂内部的条件，以达到员工工作场所环境的标准，以及减少与供应链中运输和交货相关的碳排放量。许多针织品企业努力达到认证标准，以贴上可持续发展的产品标签。

设计师简介：斯特拉·麦卡特尼（Stella McCartney）

b. 1971年，出生于英国伦敦诺丁山
www.stellamccartney.com

"如果你留心自己是如何对待生活的，那么你就会看到一种连接关系。你无法避免食物、疾病和环境之间的连接关系。我想把每件事都看作一个整体，这就是我对待生活的方式，也是它进入我事业的方式。"

——斯特拉·麦卡特尼
《时尚商业评论》

斯特拉·麦卡特尼，披头士乐队成员保罗·麦卡特尼的女儿，因其成功打造的奢侈品牌斯特拉·麦卡特尼而备受赞誉。她的母亲，琳达·麦卡特尼（Linda McCartney），出生于美国，是一名摄影师和音乐家，生前是一名狂热的动物权利活动家。受母亲思想的影响，斯特拉·麦卡特尼从不使用任何动物制品或皮革制作服装。

斯特拉·麦卡特尼1995年毕业于中央圣马丁艺术与设计学院，1997年一跃为巴黎奢侈品牌Chloe（蔻依）的创意总监。2001年，她与古驰集团联合，推出了自己的同名品牌。麦卡特尼继续扩大公司业务，2008年扩大到内衣领域，并在2010年成立了自己的童装部。

2004年，麦卡特尼以品牌"斯特拉·麦卡特尼"与阿迪达斯展开合作，推出女装运动系列，涵盖健身、跑步、瑜伽、网球、高尔夫和游泳6个领域，为运动服装和配饰市场带来了全新的设计和审美体验（图1.73）。英国奥林匹克委员会任命麦卡特尼为设计创意总监，她与阿迪达斯合作为2012年奥运会所有部门设计并制作服装。

凯特·摩丝（Kate Moss）、麦当娜、卡梅隆·迪亚茨（Cameron Diaz）、格温妮丝·帕特洛（Gwyneth Paltrow）和娜奥米·坎贝尔等名人都是她的创作女神，帮助她产生灵感。她们在麦卡特尼设计生涯的早期给予过她支持，在她的中央圣马丁艺术与设计学院时装展中，她们为其担任时装模特。*

在她众多的奖项中，斯特拉·麦卡特尼获得的最醒目的奖项如下：

2005年，获得纽约"有机生活"（Organic Style）年度女性奖

2007年，获英国风尚大奖（British Style Awards）"年度最佳设计师奖"

2013年，获大英帝国官员勋章，以表彰她对时尚的贡献

图1.73
斯特拉·麦卡特尼的嵌花针织毛衣

* www.businessoffashion/stellamccartney.com

公平贸易是一种促进可持续发展的社会运动，由一些设计师、企业家和世界公民倡议，希望帮助土著人民改善其生活条件，或与这些少数民族群体达成协议从而保护其古老的手工技艺。该协议确认，土著人将获得公平的报酬，经常资助这些群体，以改善他们的生活水平或引入更好的教育设施。传统手工艺和针织艺术一直备受关注，尤其是在中美洲和南美洲国家（图1.74）。

基于过去，迈向未来

今天，针织业在设计、生产和销售方面拥有最先进的技术。纱线和设备的技术进步使得时装和工作服的快速反应生产成为可能。新的研究提案支持开发和拓展医用与环境类的针织产品。针织产业从一开始只是一只不起眼的袜子，经历了不断地改造和创新，成为我们生活中不可或缺的面料，并且继续蓬勃发展。

图1.74
南美洲倡议全球关注针织品和手工艺品

本章总结

针织史讲述了针织生产技术的发展状况，从公元前256年至17世纪和18世纪针织技术发展的黄金时期，直到21世纪的科技进步。考虑到社会经济方面的因素，针织服装在整个20世纪和21世纪的风格发展是以十年为一轮的形式呈现的。此外，“设计师简介”定义了为针织服装行业的发展做出贡献的标志性设计师。

关键词和概念

中性服装
菱形花纹
装饰艺术
手工艺
运动休闲
班纶丝
蝙蝠袖
波西米亚
宽松针织衫
开衫
名人时尚品牌
女式无袖衬衫
动漫展
炫耀性消费
复合材料行业
压力服用品
宽松领口
剪裁缝合方法
多尔曼袖
涤纶
德比式罗纹针织机
费尔岛毛衫
快时尚
光纤
全成形的方法
男孩子
全球化
垃圾摇滚
摩利服饰公司
外科植入性针织物
整体编织
杰迪戴亚・斯特拉特

约西亚・克莱恩
卢德运动
马修・汤森
极简主义
疯帽子
时尚造型
纳米技术
纳撒尼尔・科拉父子公司
英国诺丁汉
尼龙
欧普艺术
奥纶
波普艺术
预科生
罗纹组织
橄榄球毛衣
无缝针织
传感器
智能织物
合成纤维
可持续性
紧身衣女孩
木架针织机同业公会
编织工人
集圈组织
两件套
校队毛衣
经编
可穿戴技术
纬编
整件服装编织
威廉・柯登
威廉・李

工作室活动

访问针织服装设计工作室网址www.bloomsburyfashioncentral.com。关键要素是：

- 多项选择
- 带有关键词和定义的抽认卡
- 年代的视觉抽认卡
- 历史上的重要事件

项目

1. 从历史上看，编织一直被认为是“女性的手艺”；然而，对男式针织品的需求是针织业发展的基础。追溯针织服装的历史，考察性别在针织服装发展中所处的角色。

2. 商业设计和手工设计的历史划分可以贯穿整个针织史。讨论这两种意识形态的对立如何继续影响现代的针织时尚。比较分析服装艺术设计师和服装商业设计师。

3. 时尚市场的波动受到特定风格需求的影响，这种风格是某个时代、某个季节、某个时刻的理想造型。流行趋势的周期是随着年代的发展而加速的，且在过去的十年里，流行趋势对技术和设备的发展产生了巨大影响。

4. 纳米技术在近十年来广泛应用于功能性针织物的开发。研究新产品并说明其用途。总结在医学、建筑和时尚领域中，哪些面料符合社会的需求？

第二章 纱线基础知识

2

本章探讨了如何使用纤维制造纱线。通过实例展示，介绍了纱线的名称、性能以及鉴别方法。接着依次讨论了纱线整理和染色的方法，以及针织设备适用纱线的细度范围。本章结论部分阐述了针织服装设计师如何利用对纱线基础知识的理解为其季节性系列设计提供灵感来源，并讨论了智能纤维的创新和可持续性环保纤维的开发。

纤维

纱线是针织生产的基本材料。纱线由纤维制成，纤维分为短纤和长丝。短纤可以是天然纤维也可以是切短的长丝，用纤维捻在一起纺成纱线。长丝是长度连续的纤维。纱线的种类繁多，根据纱线的来源可分为天然纤维、再生纤维、合成纤维以及混纺纤维。随着纤维加工技术和生产工艺的不断进步，纱线品种千变万化，具有广阔的拓展空间。了解纱线与机器的适用关系、如何使用纱线，以及如何设计纱线，是针织服装设计师走向成功所必备的技能。

天然纤维

天然纤维来源于动物纤维和植物纤维。动物纤维的主要成分是蛋白质（图2.1），它们来自动物的皮毛或毛发，每种动物纤维都有其独自的特性。通常，动物纤维具有良好的弹力回复性能，这是一种天然具有的拉伸后恢复原状的能力。羊毛包括羔羊毛、雪特兰（Shetland）羊毛和美利奴羊毛，还有南美大羊驼毛、羊驼毛和小羊驼毛。马海毛来自山羊或小山羊，羊绒来自喜马拉雅山羊。安哥拉毛是来自安哥拉兔的长毛。蚕丝是蚕茧上的一根长丝，它是唯一可用的天然长丝纤维。传统上，动物纤维被用于制作奢华面料，因此通常比植物纤维或合成纤维的价格昂贵。

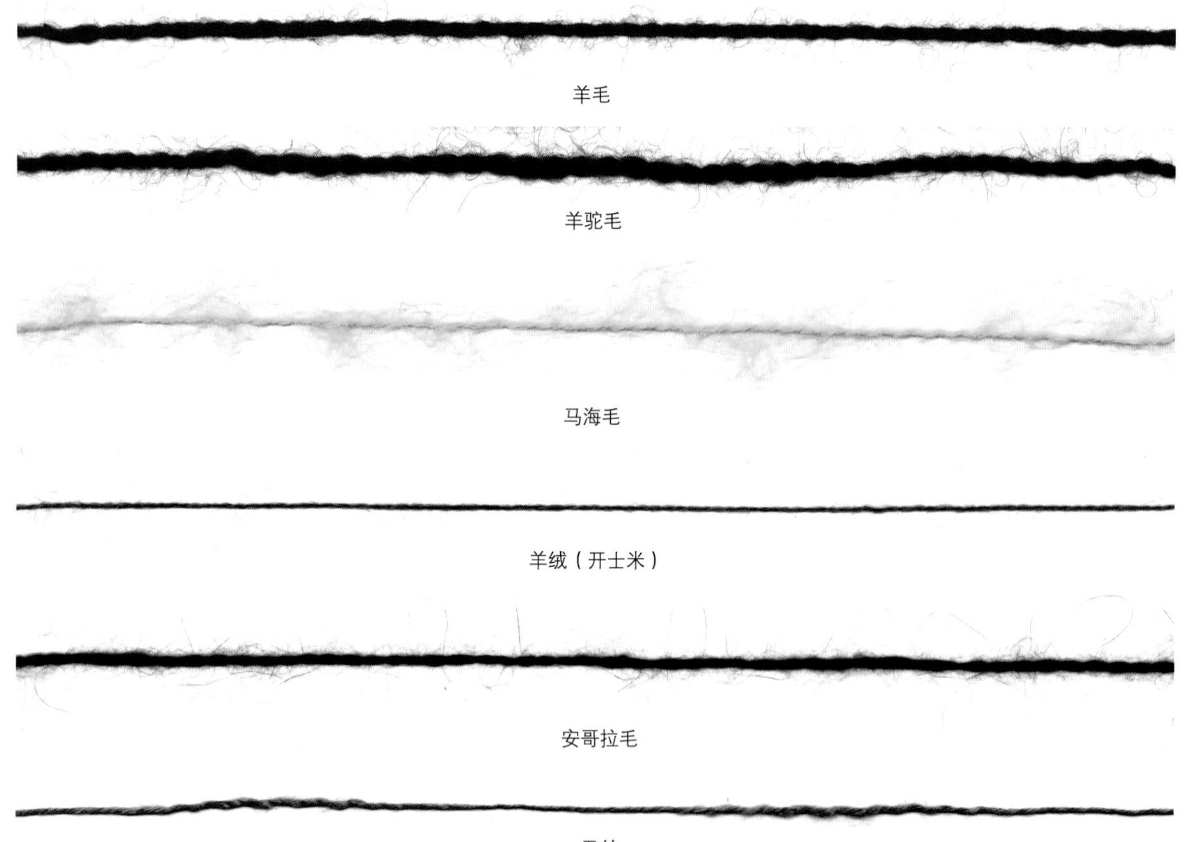

图2.1
动物纤维

植物纤维（图2.2）是从植物中获取的。棉花是喜温作物，开花后结出棉铃（图2.9），生长在世界各地温暖的气候中。美国皮马棉（长绒棉）和埃及产的棉花质量最好。亚麻来自亚麻植物的茎；苎麻，一种类似亚麻的纤维，来自荨麻状灌木的茎，通常与棉花混合可以使其变得柔软。

人造纤维

人造纤维可以是由化学混合物制成的合成纤维（图2.3），也可以是天然材料溶解后重新加工制成的再生纤维（图2.4）。尼龙是第一种完全合成的纤维，于1937年问世，是聚酰胺纤维（锦纶）的一种叫法。紧随其后开发出来的是腈纶（丙烯酸），一种用于仿羊毛的长链聚合物；还有聚酯纤维，另一种长链聚合物。其他合成纤维还有金属纤维、金银丝以及薄膜纤维等。人造丝是第一种人造纤维，是由木浆或棉浆再生的天然纤维素制成。黏胶、莱赛尔纤维和天丝也是用木浆中的纤维素和棉混合制成的，其中莱赛尔纤维和天丝比人造丝开发的晚，强度比人造丝要大。

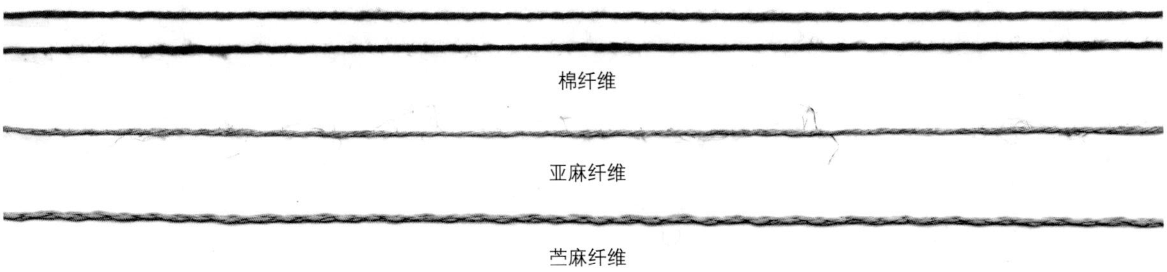

棉纤维

亚麻纤维

苎麻纤维

图2.2
植物纤维

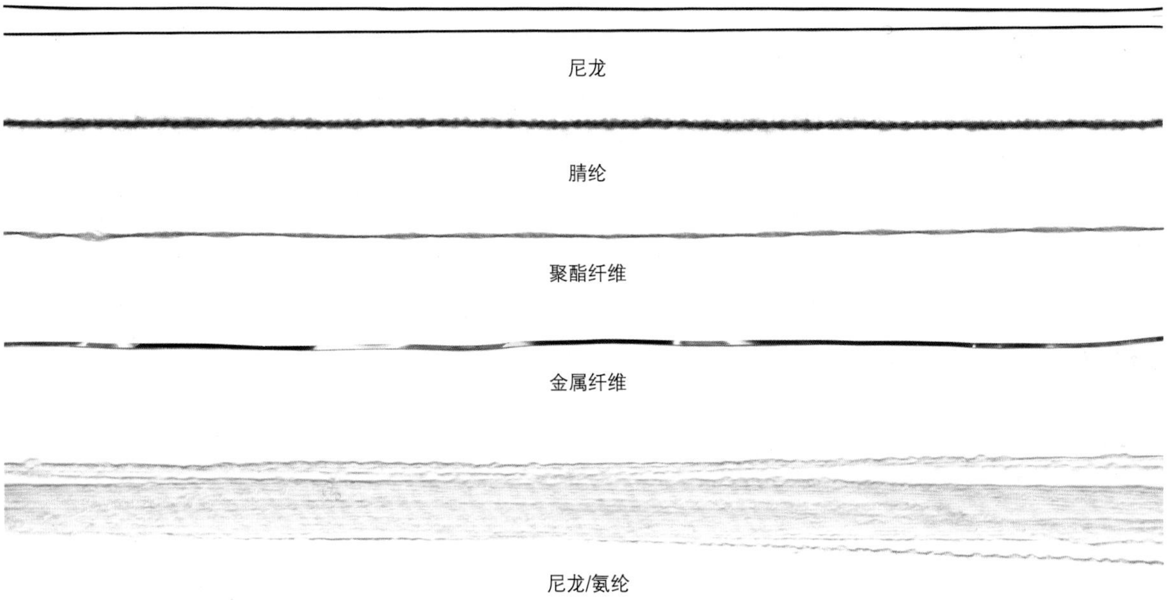

尼龙

腈纶

聚酯纤维

金属纤维

尼龙/氨纶

图2.3
合成纤维

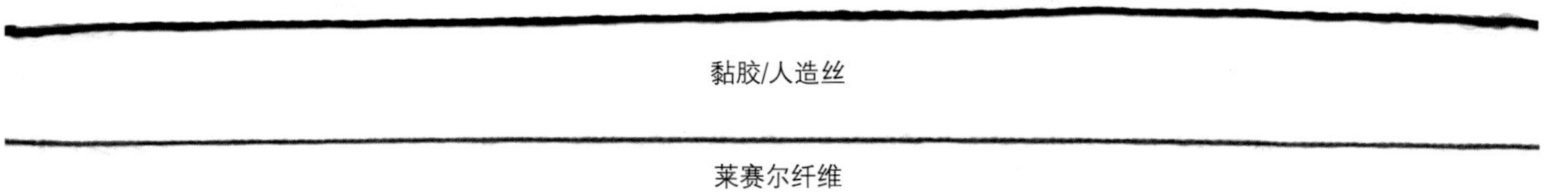

黏胶/人造丝

莱赛尔纤维

图2.4
以天然植物为原料的再生纤维素纤维

纱线

以下词汇是针织设计师应掌握的常用纱线术语。

- 纱线：由纤维、长丝或其他非传统材料（如纸张或薄膜）制成的纤维集合体的总称。
- 单纱：由短纤维或长丝制成的单股纱线，可加少许捻或不加捻。
- 合股纱：将两根或两根以上的单纱并在一起加捻后形成的纱线（图2.5）。
- 进纱根数：编织织物时给纱的根数（图2.6）。

纱线的结构和种类

纱线结构决定了纱线的外观形态。纤维成分和加捻类型（热定型或化学反应形成定型）决定了纱线的外观形态（图2.7）。例如，安哥拉山羊毛（参见图2.1）是一种细而柔软、

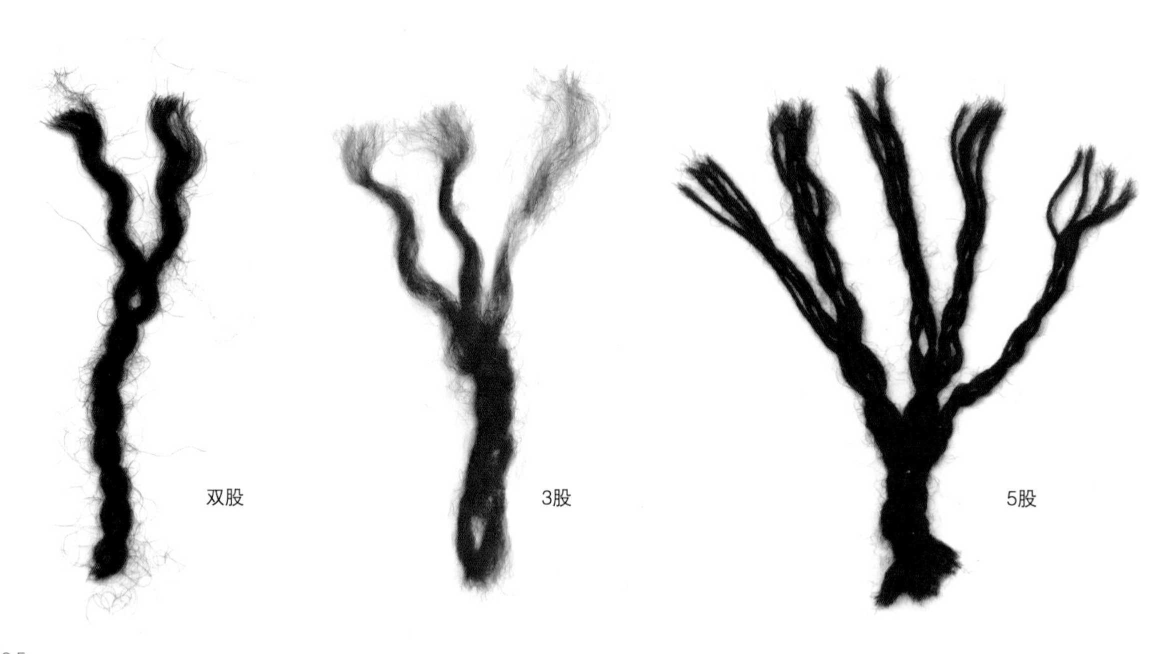

图2.5
股数表示捻在一起的单根纱线的数量；双股纱线由两根单纱组成，3股纱线由3根单纱组成，而5股纱线是由5根单纱捻合形成的纱线

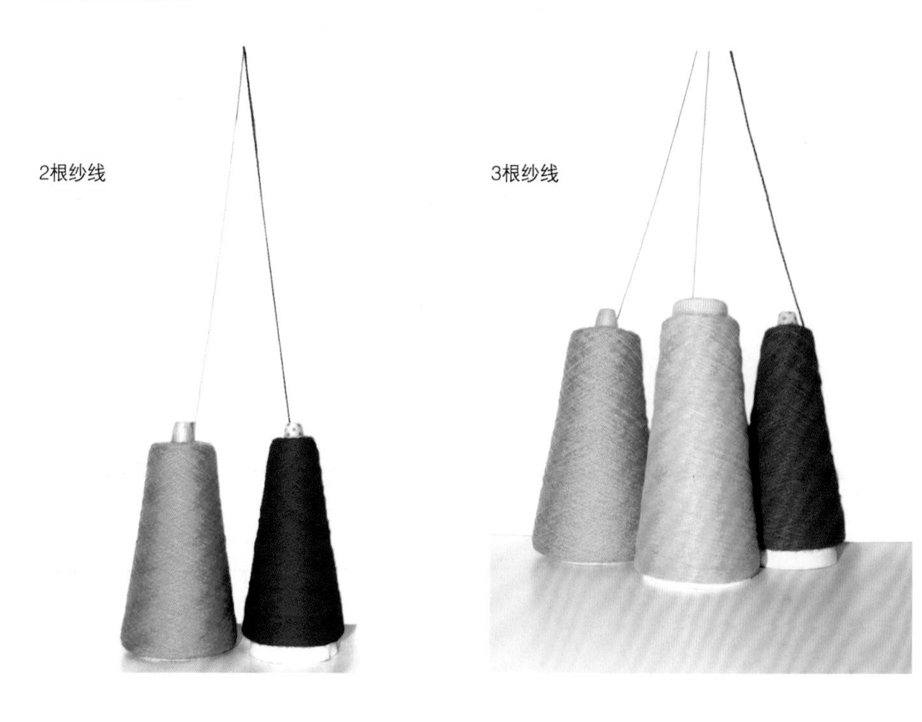

图2.6
在针织机上编织时一起喂入的纱线根数取决于所用的纱筒子数

表面有毛的纱线。圈圈纱（Bouclé），也被称作“Loop”或“Gimp”，具有不规则的环状表面。

纱线的卷绕

纱线有不同的销售方式。用何种工具编织决定了纱线需要哪种包装样式。采用双针法手工编织时，纱线被卷绕成球状、绞纱或团状（图2.8）。锥型筒子纱（参见图2.6）用于手摇编织机和电子控制的针织机。

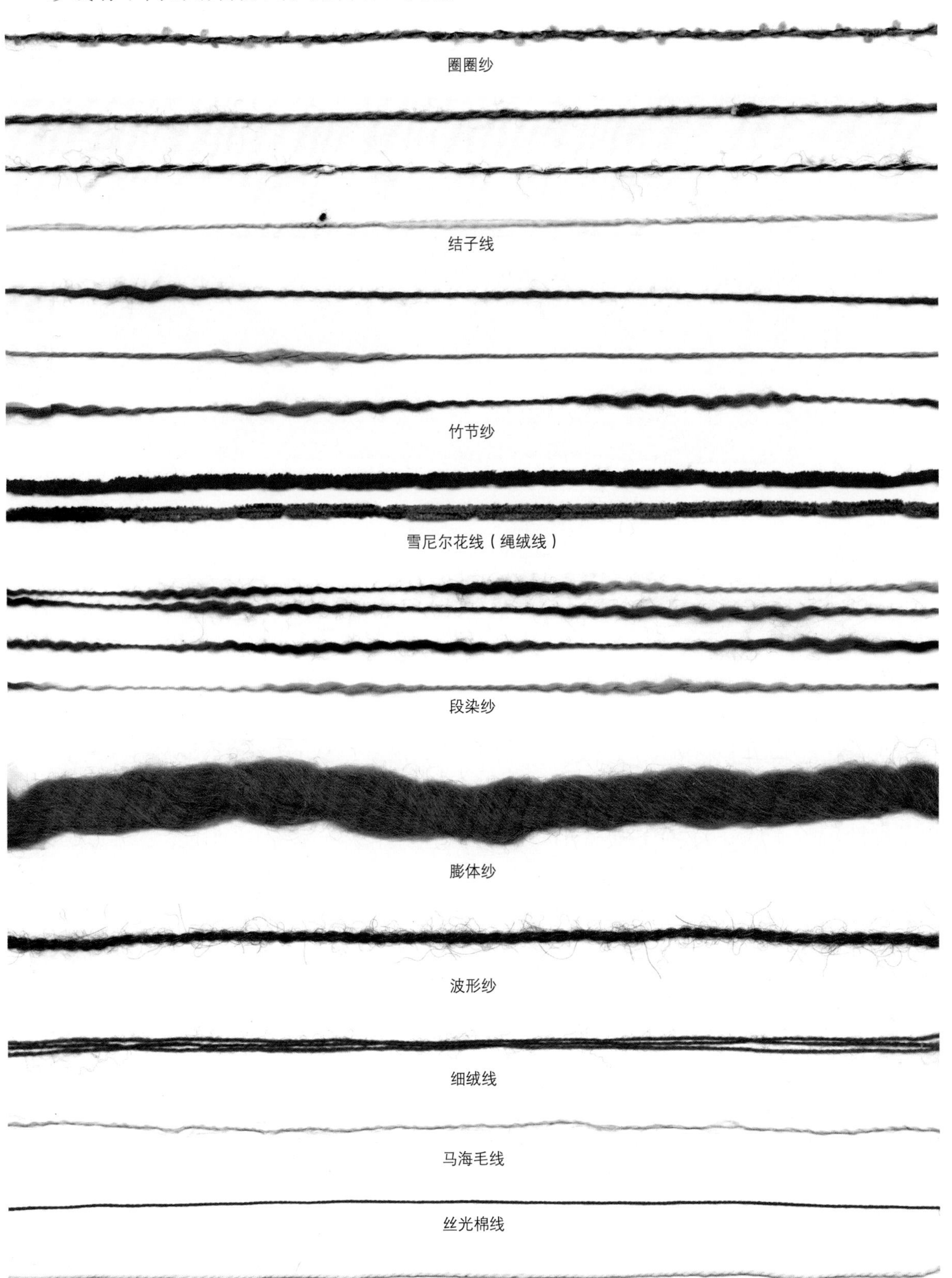

图2.7
几种花式纱线图例（由于染色、纺纱、纤维成分，热处理和/或化学处理的不同，生成纱线的结构不同。棉纱可以用丝光处理改善光泽，也可以是未经处理的普通棉纱）

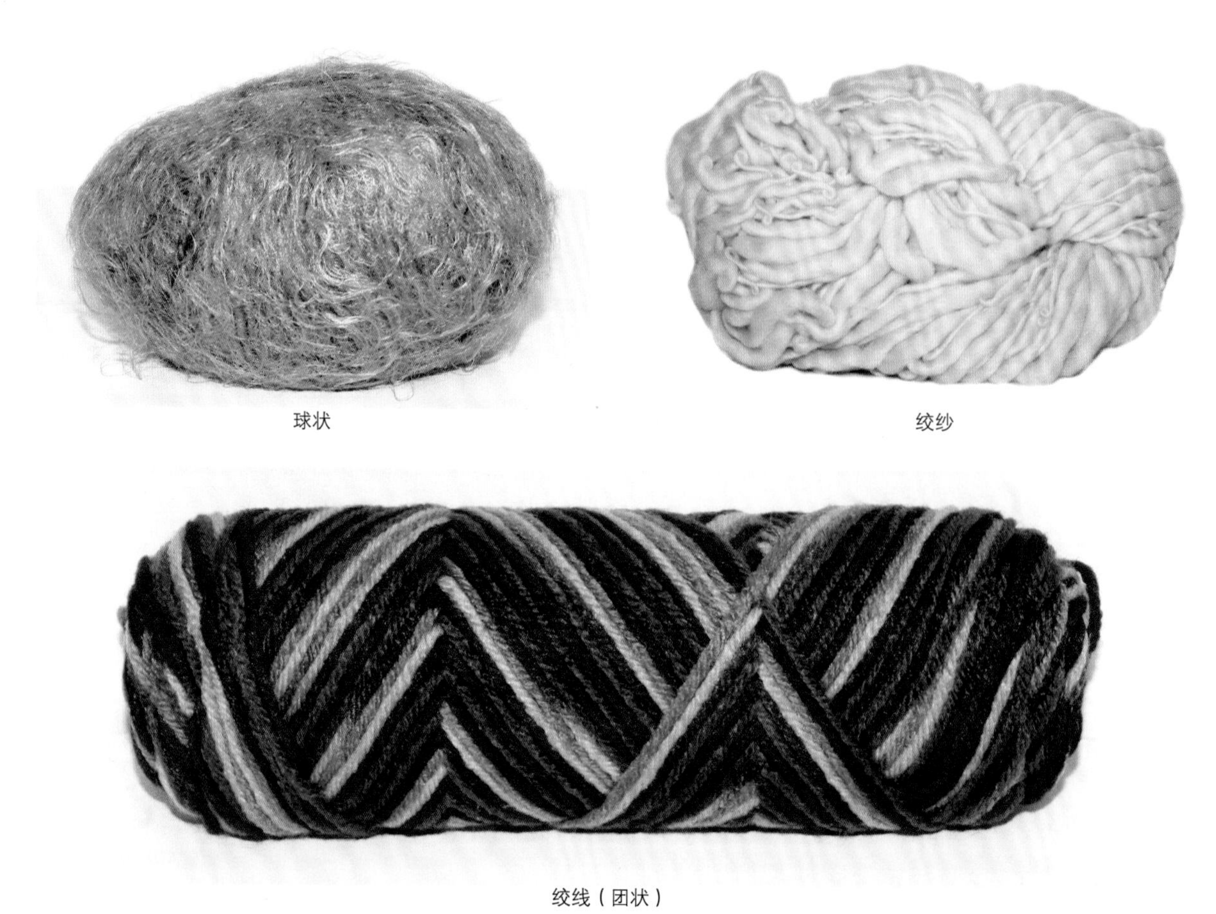

球状　　绞纱

绞线（团状）

图2.8
纱线有多种不同的卷绕方法，编织设备决定了纱线的卷绕方式

纱线的后处理和染色

纱线的后处理是清洗和处理纱线的过程，染色是给纱线上色的过程。纱线后处理和染色的方法有很多种。采用哪种方法通常由待处理纤维的质量和成分而定，以确保纱线获得适当的结构和手感。纤维在成纱前需要经过许多步骤：动物纤维和植物纤维首先需经过洗涤工序，去除纤维上的油脂、污垢和碎屑。清洗完成后，纤维必须经过烘干，然后经过粗梳和/或精梳工序。粗梳是将纤维团开松、梳理，以使纤维更均匀，便于进一步加工。精梳是将较短的纤维分离出来，促使纤维更加平行、顺直。纤维经过清洁和梳理后，被捻成一根连续的无限延伸的纱线，称为毛条（图2.9）。然后可以将粗纱染色或根据细度和成纱质量要求直接纺纱。

如果棉条在纺纱前染色，称为直接染色。直接染色是指在纺纱前对纤维素纤维进行染色。在纺纱前对羊毛毛条染色称为毛条染色。毛条染色是将短纤维去除后，对羊毛纤维进行染色的过程，这将产生具有不同色调、柔和自然的

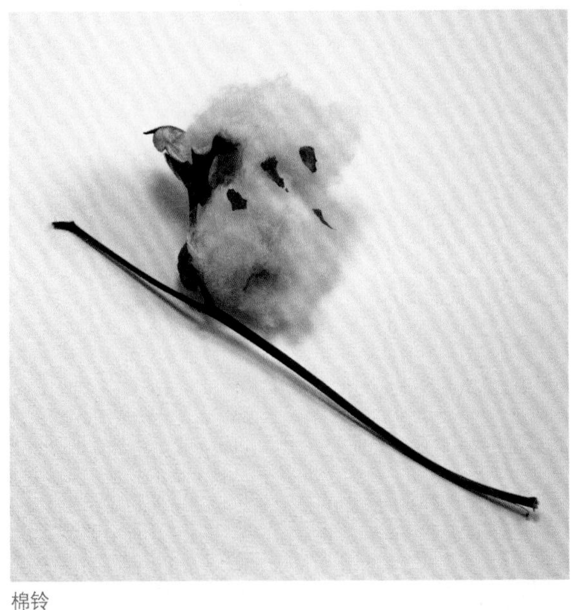
棉铃

棉条

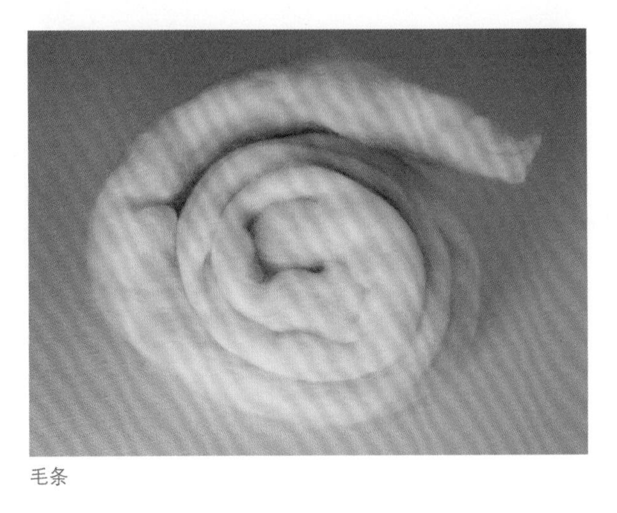
毛条

图2.9
样品

混色效果。如果纤维在织成织物前先纺成纱和染色，称作纱线染色。染色的方法有很多种：绞线（团状）/绞纱染色、筒子纱染色、匹染和成衣染色。这些方法都是在纤维被纺成纱线以后进行染色的。绞线（团状）/绞纱染色是将大量松散的纱线浸入染缸中进行染色，处理后的纱线保持柔软和蓬松性。筒子纱染色是将纱线缠绕在专用的筒子上，然后将筒子浸入到染色溶液中，处理后的纱线不如绞纱染色那样柔软蓬松，且纱线容易变脆、颜色不一致。匹染是指在制成成衣之前对织物进行的染色。成衣染色是对整件服装的染色。在实际染色过程中，每一种方法的染色工艺都将根据视觉效果、成本核算以及纤维的混合和纤维的品质而有所不同。染料（如纤维）分为天然染料或合成染料。天然染料是从动物、植物、矿物质等天然材料中提取的，合成染料则是化学合成的物质。纺液染色比较常用且成本较低。在制备长丝之前将染料溶液加入到化合物中。其余常用的获得创意织物效果的染色方法有间隔染色（图2.10）和交染。间隔染色是指沿纱线长度方向间隔染上不同颜色，以达到混合着色的效果。交染是指混合纱线或纤维染色时，使一种纤维容易上色，而另一种纤维不容易上色的染色方法。例如，在棉和腈纶混纺的纱线中，某些染料棉容易吸收而腈纶不容易吸色，这样纱线外观就会呈现混色效果。混色指的是把两种或两种以上颜色混合在一起组成的颜色。

纱线粗细程度

纱线支数是反映纱线粗细程度的指标，支数是对某一特定纱线长度与重量之比的数值描述。用于表示纱线粗细程度的指标主要由：线密度、英制支数、公制支数、旦尼尔。旦尼尔适用于所有长丝，它是定长制单位，数值越小，纱线越细。因此，10旦尼尔纱线比2000旦尼尔纱线细得多。

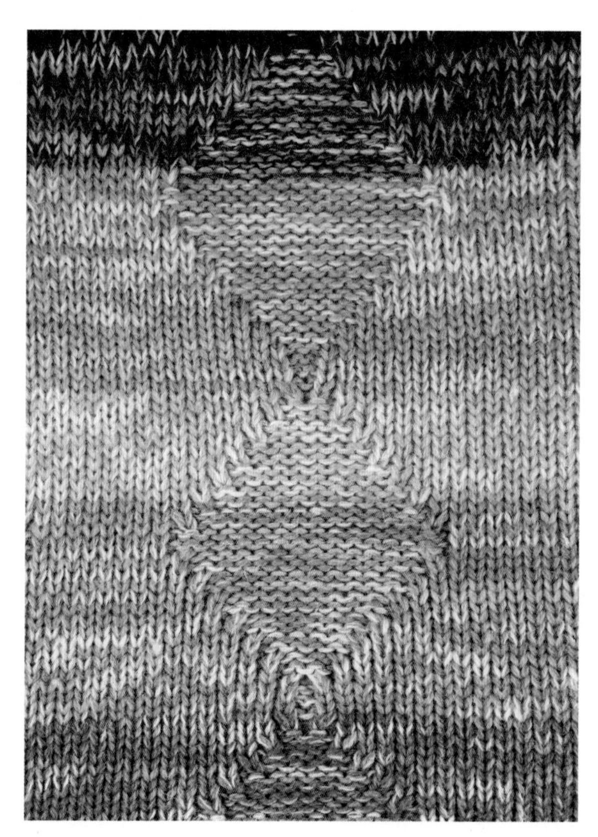

图2.10
间隔染色纱线的样片

旦尼尔系统：

1旦尼尔=9000米纱线重量为1克

10旦尼尔= 9000米纱线重量为10克

（用于袜子）

2000旦尼尔=9000米纱线重量为2000克

（用于地毯）

纱线支数系统中，棉纱支数制、精纺毛纱支数制和公制支数适用于短纤纱。它们是定重制单位，也就是说，数值越小，纱线越粗。例如，在棉纱支数制中，数值10/2表示10支双股纱线，比数值为3/2的纱线细。

棉纱支数制（标记为C.C.或NEB）——纱线支数/合股数：

10/2

3/2

精纺纱支数制（标记为W.C.或NEK，用于羊毛和腈纶）——纱线支数/合股数：

12/2

24/2

30/2

公制支数制，*N*m

*N*m45和*N*m 45000

1000米长的绞纱重1000克

以微米为单位测量单根天然纤维的直径（表2.1）。

由于纱线细度指标是衡量纱线粗细的，因此它们可用来确定适于某台机器编织的纱线的细度范围。因此，了解纱线细度指标对于选择纱线非常重要，这直接影响针织面料的外观和性能。

每种纤维所对应的纱线细度的表征指标不尽相同。纱线支数标准是指1磅重纱线的长度为840码，即1英支。部分通用标准如下：

表2.1　植物纤维和动物纤维的平均直径　　单位：微米

纤维	平均直径
小羊驼毛	6~10
羊驼毛	10~15
蚕丝	11~12
亚麻	12~16
美利奴羊毛	12~20
安哥拉兔毛	13
羊绒（开士米）	16~19
棉	16~20
驼毛	16~25
马海毛	25~45
美洲驼毛	30~40

- 棉及其混纺纱：每磅840码或每452.6克768米
- 精纺、精纺混纺纱和腈纶：每磅560码或每452.6克512米
- 羊毛和羊毛混纺纱（英制支数）：每磅1600码或每452.6克1463米
- 所有短纤纱（公制）：每磅496.055码或每452.6克454米
- 1码= 0.9144米

例如，30公支精纺纱线每磅16800码或每452.6克15360米。纱线重量按固定重量系统计算，根据其每千克米数（米/千克）或每磅码数（码/磅）分类（图2.11）。

图2.11
这些纱线标签标注的纱线粗细程度，有的单位是码/磅，有的是米/克

织针细度

通常，纱线细度影响了所选织针细度。织针细度是指织针直径的大小。不管是手工编织还是机器编织，原则都是：纱线越细，织针越细；纱线越粗，织针也越粗。

机号

针织机针床上每英寸长度内织针的数量称为机号。例如，机号10指针床上每英寸有10枚针（参见第四章）。以机号为依据的原则是：机号越高，机器编织的织物越细密；机号越低，机器编织的织物越厚重。

密度

密度指沿织物水平方向每英寸的线圈数（图2.12）。例如，7针指织物上每英寸有7个线圈。这种测量方法既适用于手工编织也适用于机器编织（参见第四章）。一些常见的针织物密度范围如下：

厚织物：1.5~3针

常规厚度的织物：5~7针

薄织物：10针，12针，18针，21~30针

根据织针的直径考虑时，其原则是：纱线越粗，织针的直径越大；纱线越细，织针的直径越小。

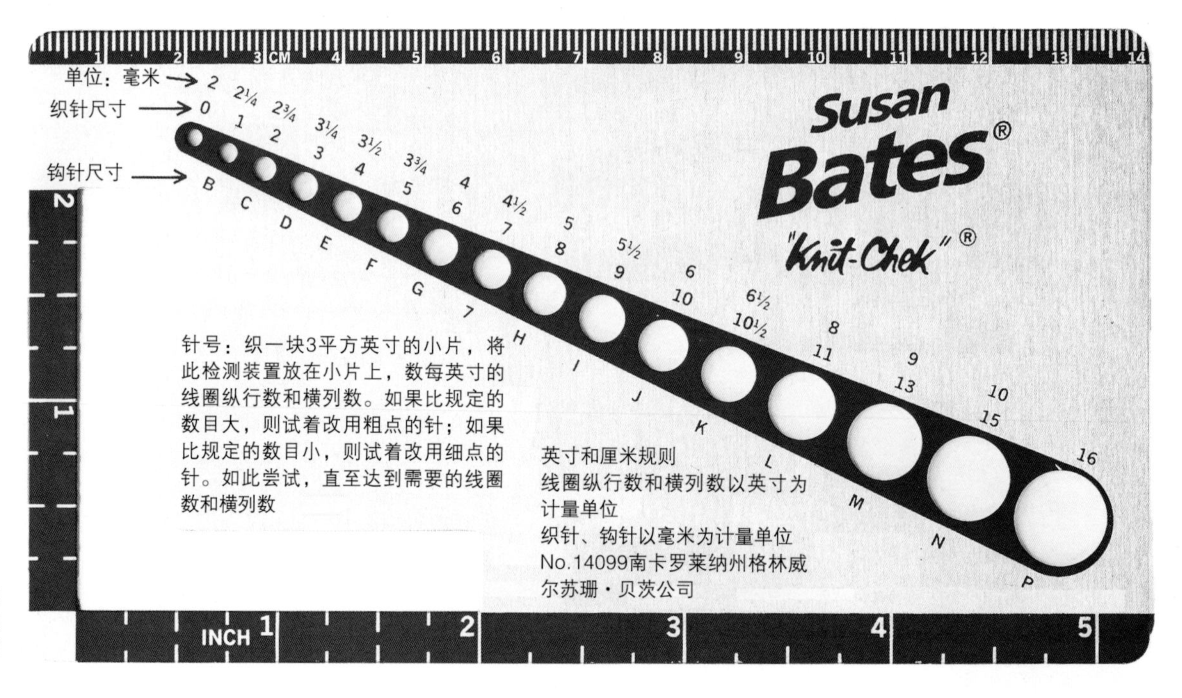

图2.12
一种检查织针粗细和织物密度的装置

纱线——针织服装设计的灵感来源之一

对于针织服装设计师来说，纱线的类型和纤维流行趋势对季节性系列的设计有着极大影响。设计师通常会在即将开始的时装季采购纱线，从而开始研究服装系列。许多针织公司在特定的季节系列中会使用常规纱线，但设计师仍然需要研究纤维的流行趋势，以便为他们的新系列添加新的设计元素。针织服装设计师通过参观大的纱线展及各种各样的纱线交易会和贸易展来采购纱线。意大利国际纱线展（Pitti Filati）是全球最大的纱线展会之一，每年在意大利佛罗伦萨举办两次（参见图5.1和附录B）。

新型纱线与可穿戴技术

智能纤维的技术进步带来了巨大的创新，可穿戴针织技术不仅适用于运动装也适用于时尚针织品和毛衫领域。其中一项新技术是抗菌防臭纤维的开发，它们可以与天然纤维和合成纤维混纺。用这种技术纺成的纱线，应当减少对其织物的洗涤次数，过多地洗涤会对织物性能造成损伤。其他先进技术还有：情绪感应纤维，可以根据压力水平改变纤维的颜色；可呼吸纤维，当人体过热时纤维收缩使得空气流通，当需要保暖时纤维会膨胀。另一个新技术是将LED（发光二极管）和光纤嵌入传统纱线中（图2.13）。科学家们开发出基于碳纤维的复合材料，具有良好的透气性和防水性，结合嵌入式电子传感器用于人体健康监测，甚至用于假肢的应答运动。这些新的技术进步和发展为针织品设计师带来了无限的创意。

可持续发展的环保“生态”纤维

全球对环境保护、可持续发展的关注促进了绿色生态纤维的发展。绿色环保纤维可以是天然的、再生的或合成的。纱线生产商和种植者必须确保他们的生产过程符合保护生态环境的道德规范，收获率不得超过再生率，使用可靠的废物处理方法，并且不会耗尽不可再生资源。对地球和环境的关注为科学家、设计师和环保组织开辟了一个新的合作领域。新进展包

图2.13
2015年卡娜·哈伊姆格设计的LED连衣裙

括：使用低污染排放工艺从大豆、玉米、花生和牛奶中提取再生蛋白质纤维；使用玉米淀粉而不是石油基产品的新合成物；开发新技术将基于石油的合成物回收制成可循环使用的纤维，从而减少对石油的依赖（图2.14）。

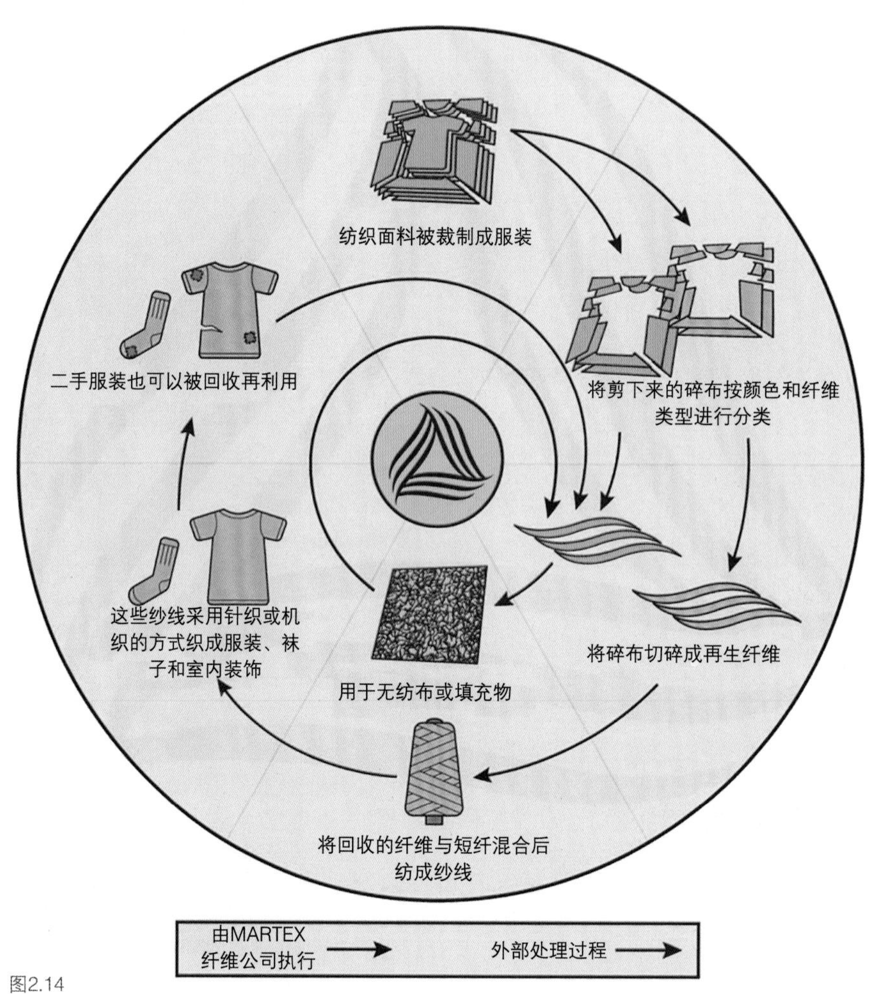

图2.14
MARTEX纤维公司分公司纱线制造商（Jimtex Yarns），其生产过程可以实现纺织废料360° 全方位回收

设计师简介：鲁迪·吉恩莱希（Rudi Gernreich）

b. 1922年，出生于奥地利维也纳

d. 1985年在加利福尼亚州洛杉矶去世

吉恩莱希出生于奥地利维也纳，父亲是袜子制造商。在姨妈的服装店工作的经历对他影响非常深刻，在那里他开始画高级时装草图。20世纪30年代，纳粹占领奥地利期间，他和母亲逃到加州的洛杉矶定居。1938~1941年，他在洛杉矶城市学院学习艺术与设计，1941~1942年在洛杉矶艺术中心学校学习。

鲁迪·吉恩莱希在20世纪60年代彻底革新了泳装、内衣和连衣裙。作为最具创新精神的设计师之一，吉恩莱希设计服装的主要动机是为了让女性在运动时感觉到自由舒适，这来自他本人学习舞蹈时的体验。在60年代，他去掉了缝在泳衣上的锥形胸罩，创作出合身的无胸罩泳衣。吉恩莱希推出了一款连体式泳衣，两侧面料剪开，这样的设计可谓惊人无比，至今仍在流行。然而，他备受争议的裸胸泳衣是最为人所知的，他将其简称为露胸比基尼。

他喜欢尝试市场中的一些新型面料，如乙烯基和塑料。1952年，他在纽约展示了为哈蒙公司（Harmon）设计的针织连衣裙。他继续着自己昂贵的实验性服装系列设计。他在20世纪60年代创新的服装造型有：筒状连衣裙、玻璃纸直筒连衣裙、两面穿紧身服，以及崔姬式样的娃娃服（图2.15）。* 吉恩莱希还为好莱坞电影业设计了太空时代服饰。他被认为是第一个推出中性服装的设计师，如男女都可穿的束腰长袖衫、针织长裤和上衣。

嘉奖

1956年，荣获《体育画报》颁发的美国运动服装设计奖

1963年、1966年、1967年，分别获得科蒂美国时尚评论家奖

1967年，入选科蒂名人堂

1985年，获得美国时装设计师协会颁发的特别奖

2000年，加入第七大道时尚名人匾

图2.15
1967年，鲁迪·吉恩莱希在工作室前与穿着泳衣的模特合影

* 佩吉·莫菲特（Peggy Moffit）著，《鲁迪·吉恩莱希》（*The Rudi Gernreich Book*），纽约：里佐利出版社（Rizzoli），1991年。

设计师简介：阿瑟丁·阿拉亚（Azzedine Alaïa）

b. 1940年，出生于突尼斯的突尼斯市

www.alaia.fr

紧身衣之王

针织品和皮革是阿拉亚最喜爱的材料，他擅长将针织物的柔软性与皮革的结构融为一体。阿拉亚最著名的是他的紧身服装和极致的缝合。

阿拉亚就读于突尼斯美术学院，学习艺术史和雕塑。在上学期间，他开始喜爱人形雕像。设计师维奥内特夫人（Madame Vionnet）是阿拉亚最尊敬的人物之一。

1957年，他搬到巴黎开始了他的时尚生涯。他先为克里斯汀·迪奥做设计，然后是蒂埃里·穆勒（Thierry Mugler），直到1976年开设了自己的工作室。他最初在迪奥做裁缝，但很快就为姬龙雪（Guy Laroche）工作了两个赛季，然后又为蒂埃里·穆勒工作。20世纪70年代末，他在贝尔大街（Rue de Bellechasse）的公寓里开设了自己的第一家工作室，为他的私人客户定制服装，其中包括玛丽–海伦·德·罗斯柴尔德（Marie–Helene de Rothschild）、路易丝·德·维尔莫林（Louise de Vilmorin）和葛丽泰·嘉宝。

在接下来的20年里，他成了一名职业设计师。1980年，阿拉亚制作了他的第一个时装秀系列。他的衣服充满魅力，凸显女性曲线（图2.16）。2000年，他与普拉达建立了合作关系，但于2007年回购了自己的股份。如今他继续在巴黎做设计并在全球销售。*

嘉奖

1984年，获得法国文化部颁发的年度设计师奖

2008年，获得法国政府颁发的“法国最高荣誉军团骑士勋章”称号

图2.16
1989年设计，1990年在巴黎时装秀展出的绷带裙

* “阿瑟丁·阿拉亚”著，《索玛》杂志（*SOMA*），www.somamagazine.com/azzedine-alaia/

设计师简介：
候司顿（Halston）

b. 1932年，出生于美国爱荷华州得梅因市

d. 1990年在加利福尼亚州旧金山去世

“美国经典大师候司顿以极简风格而著称。”

——《女装日报》，1973年6月8日

候司顿曾就读于芝加哥艺术学院。他最初的职业是芝加哥的一名女帽商，后来成为纽约第五大道著名百货商店波道夫·古德曼（Bergdorf Goodman）的头号女帽商。以后他开始设计服装，并于1969年推出他的成衣系列。

候司顿用其优雅的及地毛裙，把针织服装演绎成一件奢侈品。这些紧身长连衣裙采用极简设计，以简洁、流畅的线条著称，采用亚光针织面料制作而成（图2.17、图2.18）。羊绒衫在他的设计系列中占有重要地位。优雅是候司顿设计的核心。人们经常看到他把毛衣系在肩上，据说这是他开创的一种潮流。

作为20世纪60~70年代的美国时尚巨星，他在纽约54俱乐部的夜生活中出了名，在那里他结识了一些非常有名的客户，并与他们一起约会。他的朋友和客户中，有著名的音乐家、演员，也有声名远扬的人物，如丽莎·明尼里、贝比·佩利（Babe Paley）、芭芭拉·沃尔特斯（Barbara Walters）、伊丽莎白·泰勒（Elizabeth Taylor）、劳伦·白考尔和舞蹈家玛莎·格雷厄姆（Martha Graham）。候司顿为玛莎·格雷厄姆免费设计服装。他创办了一家运动服装公司，并把部分收益分给玛莎·格雷厄姆。

1983年，候司顿与一家中等价位的零售连锁店杰西潘尼（J.C.Penney）签署了许可协议，并设计了一系列平价服装、配饰、化妆品和香水。虽然品牌授权经

图2.17
候司顿和穿着他的标志性极简设计风格羊绒连衣裙的模特

（接下页）

设计师简介（续）：候司顿

营在今天很受设计师们的欢迎，但在那时还从未有设计师为低价零售商做过设计。因为候司顿与低价零售商进行合作，他的客户拒绝与他做生意。因此候司顿离开波道夫·古德曼开设了自己的精品店。在21世纪头十年，候司顿品牌曾几次尝试重新推出优雅的针织服装系列，然而，到目前为止还没有成功。

嘉奖

1962年、1968年、1971年、1972年，获得科蒂美国时尚评论家奖

1974年，入选科蒂时尚名人匾*

* 莱斯利·弗罗威克（Lesley Frowick）著，《候司顿：创造美国时尚》（*Halston: Inventing American Fashion*），纽约：里佐利出版社，2014年。

图2.18
纽约时装技术学院博物馆展出候司顿设计的前襟打结、亚光长连衣裙

本章总结

对于成功的针织服装设计师而言，了解纱线基础知识及其发展趋势是至关重要的。本章主要介绍了纱线的基础知识，探讨了天然和人造的短纤维及长丝。探讨了纱线的线密度、结构和卷绕。涉及织物密度、织针细度以及纱线如何激发创意设计灵感等相关知识，最后总结了可穿戴技术、可持续使用和生态环保纤维的最新进展。

关键词和概念

粗梳
纤维素
精梳
棉浆
纱线支数
交染
机号
旦尼尔系统
直接染色
染色工艺
纱线根数
长丝
后整理
成衣染色
密度
杂色
混合色
微米系统
筒子染色
匹染
合股
再生的
粗纱
洗涤
单纱
绞纱/绞线（团状）染色
智能纤维
溶液/原液染色
间隔染色
短纤维
毛条染色
木浆
纱线
纱线支数制计量系统
纱线染色

工作室活动

访问针织服装设计工作室网址www.bloomsburyfashioncentral.com。核心元素有：

- 多项选择题
- 带有关键词和定义的抽认卡

项目

1. 收集新颖纱线的样品，确定每根纱线的合股数。观察每根纱线的加捻情况和结构。详细介绍每种纱线，并确定纱线是由何种纤维制成的。

2. 访问一家零售店调研成品毛衫。把检查过的衣服列个清单。记录每件衣服标签上的信息，包括纤维含量和原产国。确定每件衣服的织物密度。给所研究的每件服装拍照以供参考。

3. 收集针织样片。将样片按从粗到细的顺序排列。确定并记录每个样片的编织密度。

4. 列出本章所介绍的四种纱线细度指标中的三种，每种纱线细度指标需找到至少三个实际样品。记录信息以建立纱线参考和资源图表。

5. 分别说出四种天然纤维纱线、四种人造纱线和四种新型纱线的名称。列出每种纱线适于编织的密度范围和用途。

3

第三章 针织基础知识

本章我们重点介绍纬编针织技术。理解针织物组织结构的形成原理和针织物组织的表示方法，以便能够分析不同的针织物组织结构。介绍有关成形编织和织物组织结构的常用编织方法和术语。掌握针织基础知识对于设计和制作针织服装是至关重要的。

针织

线圈是组成针织物的基本结构单元。线圈之间以一定的方式相互串套连接形成针织物。一根纱线沿纬向喂入，在织物的横向弯曲形成一系列的线圈，这种形成织物的方法称作纬编（参见第一章）。纬编织物可以通过手工编织或机器编织来实现。这是制作针织物和服装最常用的编织方法［图3.1（a）］。一根纱线沿经向喂入，在织物的纵向形成一系列的线圈，这种形成织物的方法称作经编［图3.1（b）］。根据编织设备进行分类，经编织物主要有特里科型（Tricot）和拉舍尔型（Raschel），用于内衣、窗帘和花边装饰织物等。

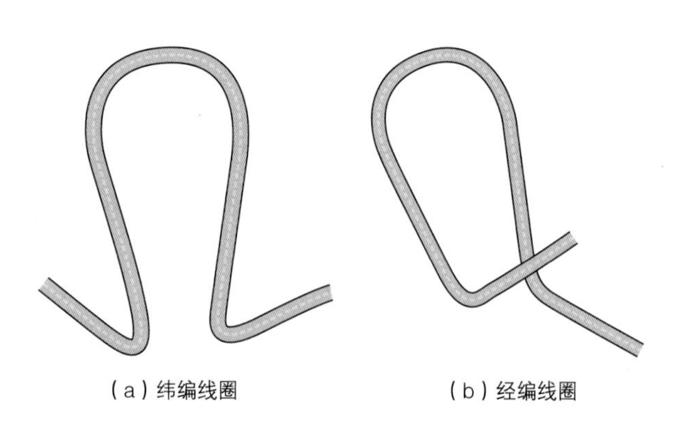

图3.1
纬编线圈和经编线圈

单面纬平针组织

线圈横向连接、纵向沿一个方向依次串套形成的织物，是单面纬编针织物的基本组织，也叫纬平针组织。纬平针织物一面为正面线圈，另一面为反面线圈。正面线圈，也称线圈的工艺正面［图3.2（a）］，主要看到的是圈柱，呈现V型外观；反面线圈，也称线圈的工艺反面［图3.2（b）］，主要看到的是圈弧，呈现波纹状外观。这种织物弹性较好，且具有卷边性。

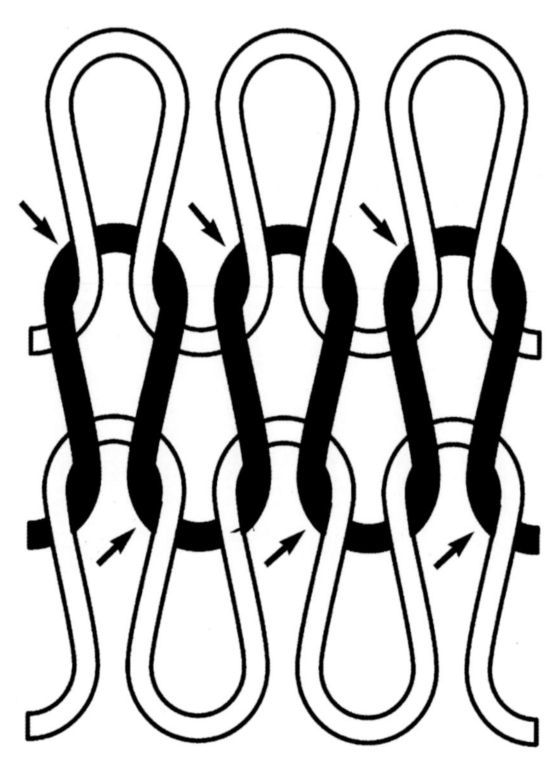

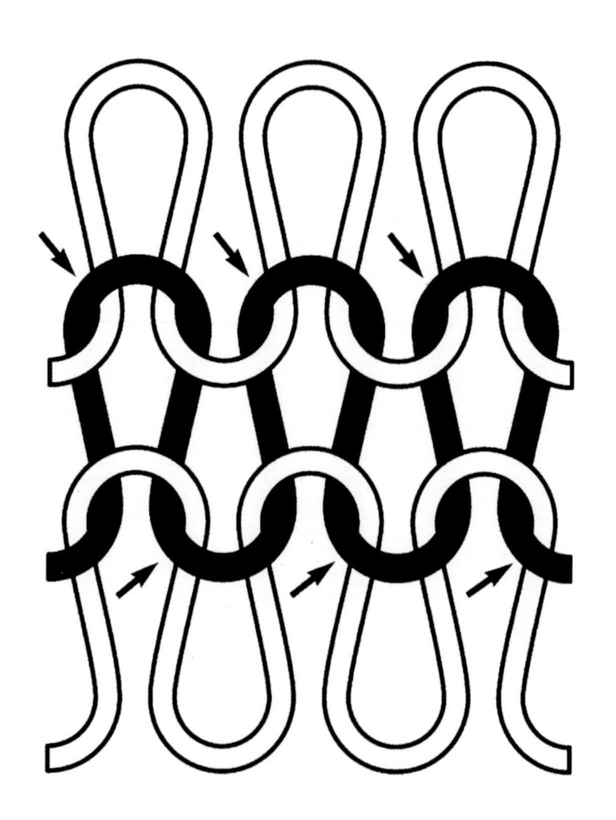

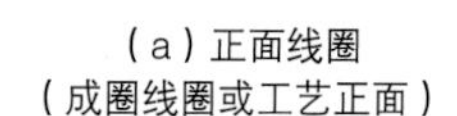

图3.2
针织物的正面线圈和反面线圈

（a）正面线圈
（成圈线圈或工艺正面）

（b）反面线圈
（工艺反面）

集圈

集圈是指在针织成圈过程中，织针没有上升到退圈最高点，旧线圈仍挂在针舌内，则此枚织针中含有一个旧线圈和新纱线形成的悬弧［图3.3（a）］。集圈线圈在织物反面显露，但也有一些集圈组织形成的织物正面花型效果很明显。集圈组织表面具有凹凸效应，当采用直的、非变形的纱线进行编织时，凹凸效应会更明显。

与成圈线圈和浮线形成的织物相比，集圈织物宽度增加。单珠地组织是一种典型的集圈组织，由相邻的两枚织针在相邻两横列交错集圈形成。在家用毛衣编织机上编织单珠地组织，可以使用鸟眼花型花卡（带孔的塑料卡片）配合编织花型。在花卡上，有孔的地方编织成圈线圈，没有孔的地方编织集圈线圈。双珠地组织也是一种常见的集圈组织，双珠地组织集圈悬弧是单珠地组织的两倍，单珠地组织是单针单列集圈，双珠地组织是双针双列集圈。

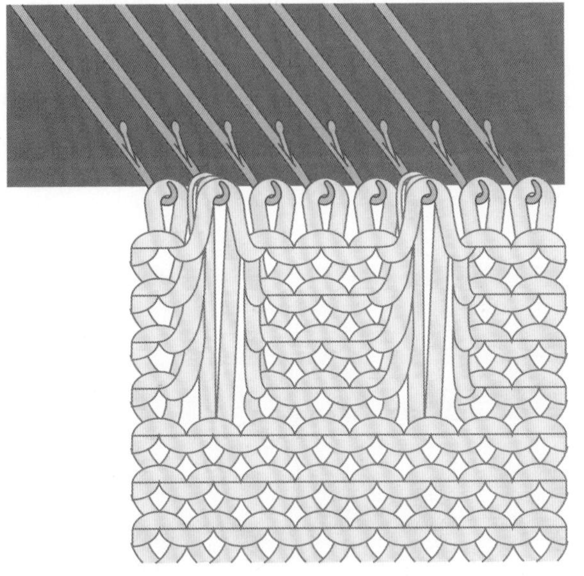

（a）集圈的形成

（b）集圈组织的花色效应

（c）单珠地组织（花卡锁定杆在▼）

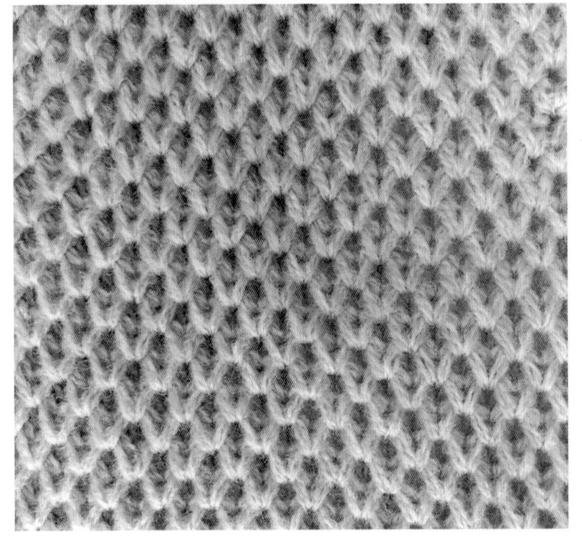

（d）双珠地组织（花卡锁定杆在▽）

图3.3

（e）鸟眼花卡

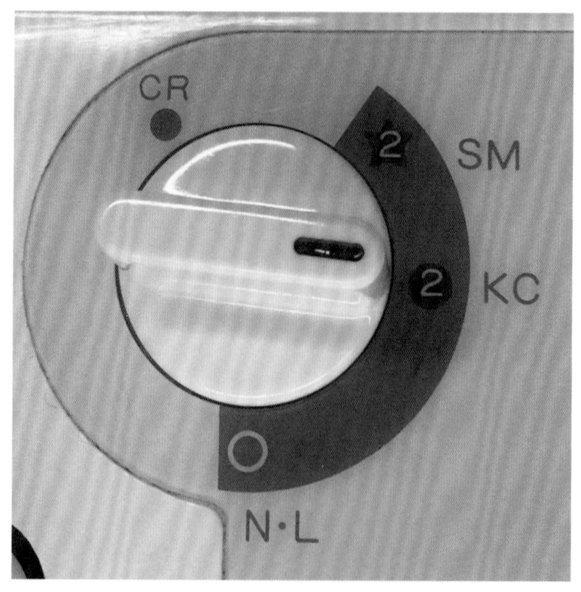

（f）改变钮调到KC位置

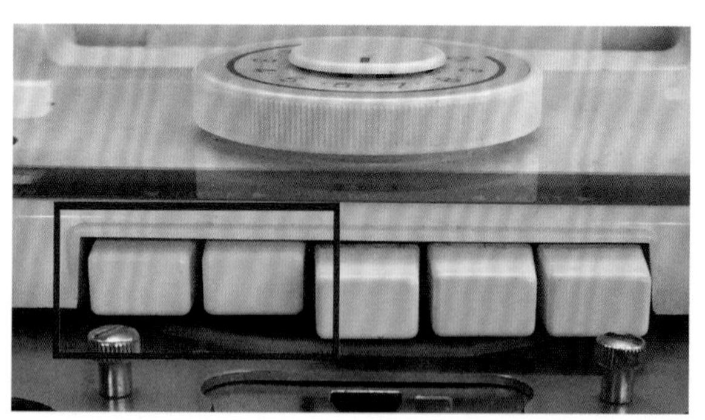

（g）选择集圈按钮编织

图3.3
集圈组织形成图和多个集圈线圈形成的花式织物，同时展示了在家用毛衣编织机上编织单珠地和双珠地组织时使用的鸟眼花卡。（▼与▽是家用毛衣编织机上的两个位置符号，花卡锁定杆分别指向箭头所示的两个位置）

浮线

浮线是指在编织过程中有选择性地使某些织针不参加成圈，纱线在织针背后以浮线形式存在，由此形成花色效应。

织物正面纵向线圈被拉长，反面形成突起的横条纹（图3.4）。单面浮线花型在织物反面以纯色呈现。

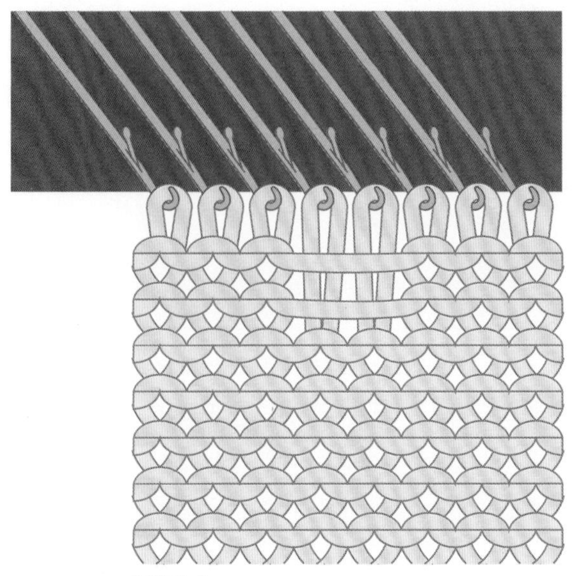

浮线形成

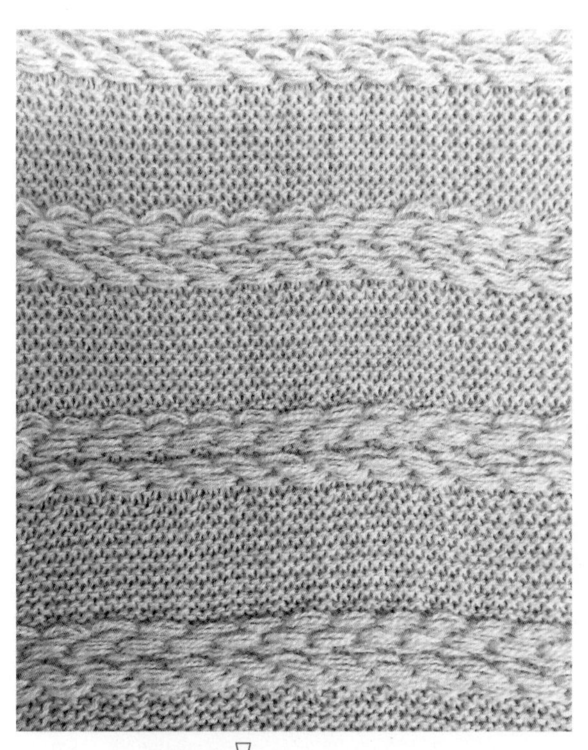

单面浮线（花卡锁定杆在 ▽ ）

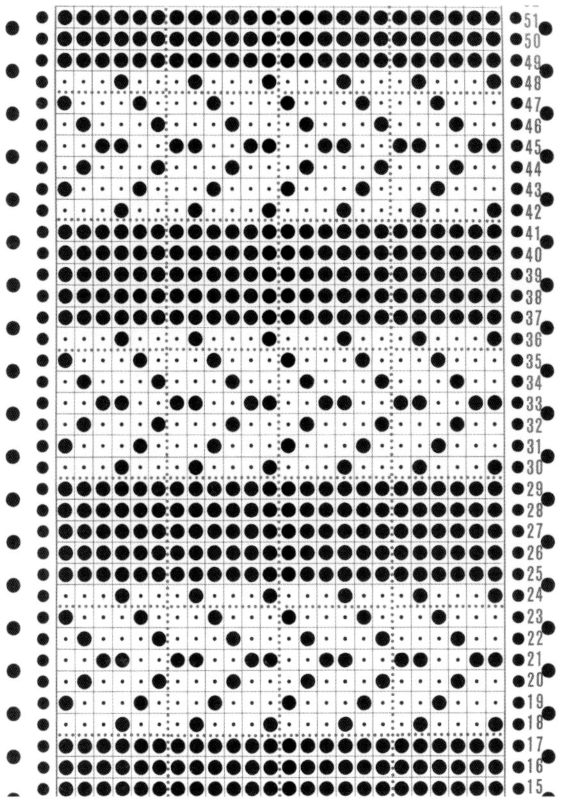

浮线花卡

改变钮如图3.3（f）在KC位置，同时按下两个“部分”钮

图3.4 浮线的形成，浮线织物的效果，花卡式家用毛衣编织机

罗纹组织

罗纹组织是双面纬编针织物的基本组织，由正面线圈纵行和反面线圈纵行以一定的组合相间配置而成。罗纹组织外观呈现纵条状纹理。这种结构使得织物自然回缩，从而使织物富有弹性。

改变正、反面线圈的组合方式形成不同的罗纹组织

根据正面线圈和反面线圈组合方式的不同，形成的罗纹组织也会不同。1×1罗纹由一个正面线圈纵行和一个反面线圈纵行交替配置而成（图3.5），2×2罗纹则由两个正面线圈纵行和两个反面线圈纵行交替配置而成（图3.6）。通过改变正、反面线圈的组合方式，可以出现不同种类的罗纹，例如，5×3罗纹和3×2罗纹（图3.7）。除此之外，还有双罗纹组织（图3.8）、满针罗纹（即四平针）（图3.9）、罗纹空气层［图3.10（a）］、罗纹半空气层［图3.10（b）］和罗马布［图3.10（c）］。

1×1罗纹织物图

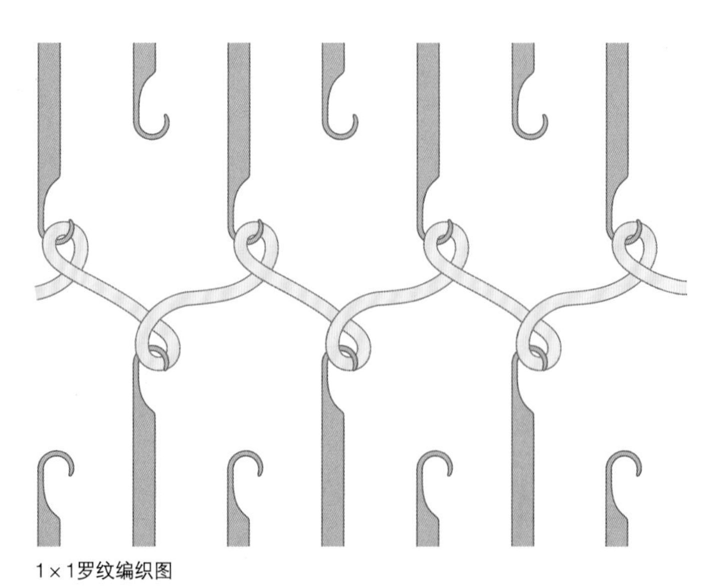

1×1罗纹编织图

图3.5
1×1罗纹织物图和编织图

2×2罗纹织物图

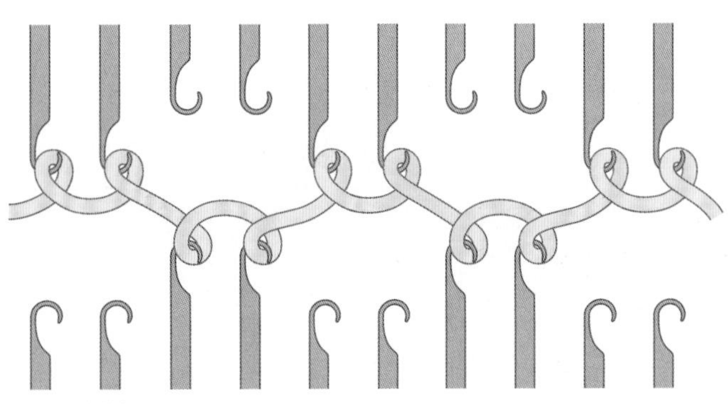

2×2罗纹编织图

图3.6
2×2罗纹织物图和编织图

不规则罗纹织物图

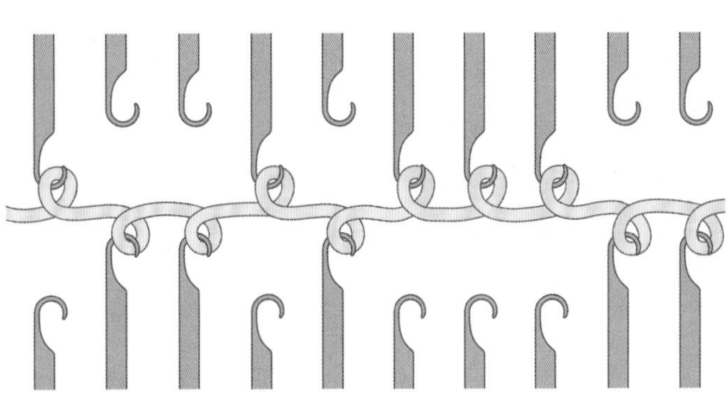

不规则罗纹编织图

图3.7
不规则罗纹织物图和编织图

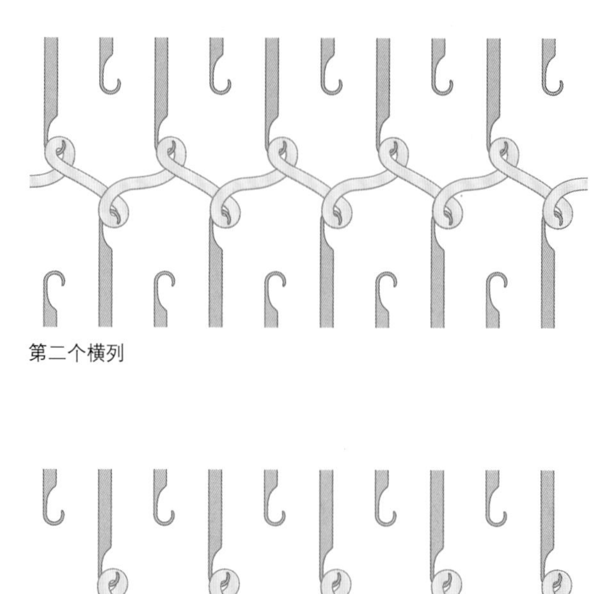

第二个横列

第一个横列

图3.8
双罗纹织物图、织针排列和编织指令

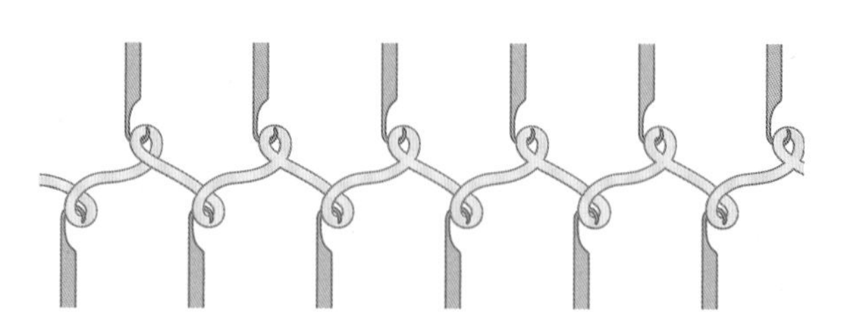

满针罗纹编织图

图3.9
满针罗纹织物图和编织图

第三横列：后针床编织

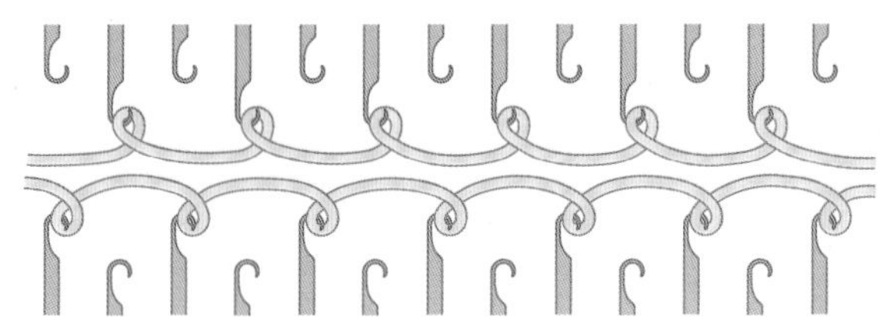

第二横列：前针床编织

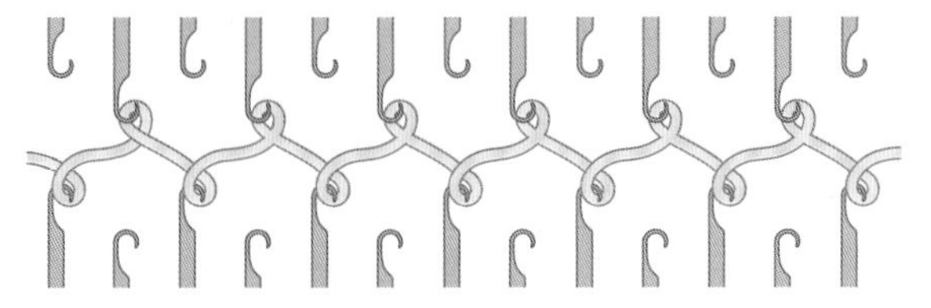

第一横列：前、后针床编织

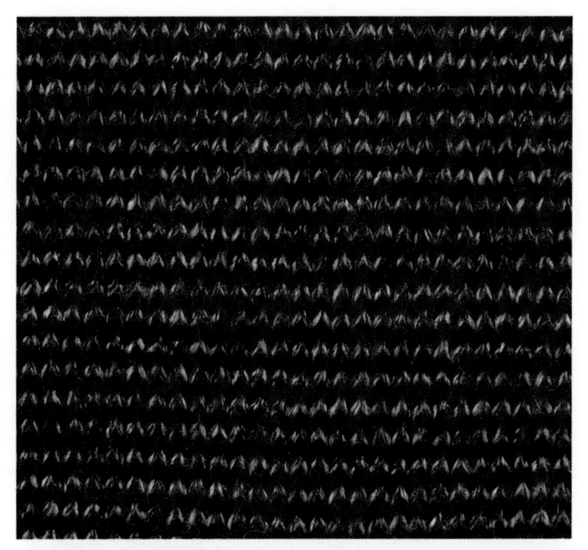

（a）罗纹空气层织物图

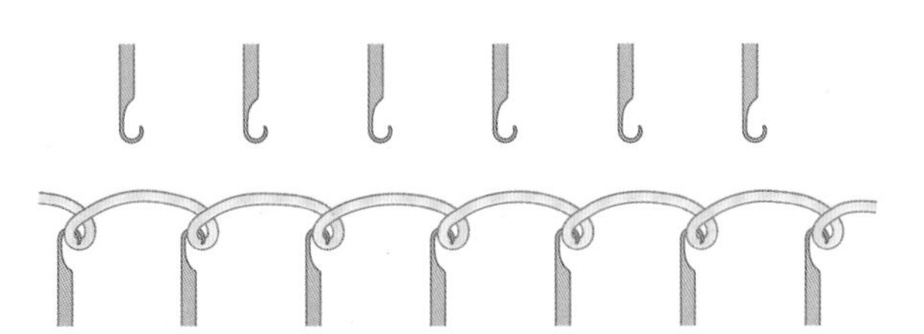

第二横列：前针床编织

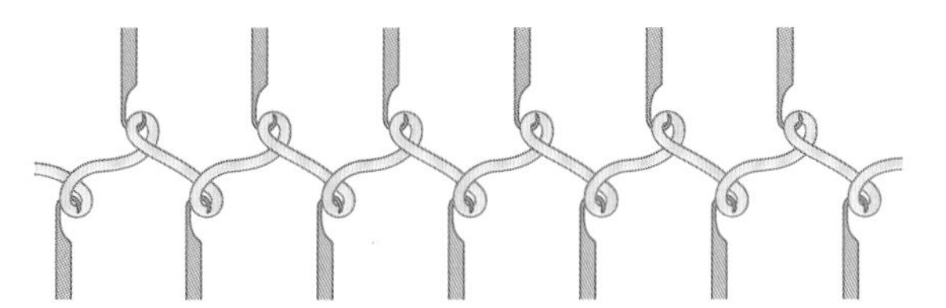

第一横列：前、后针床满针编织

（b）罗纹半空气层织物图

第三横列：后针床编织

第二横列：前针床编织

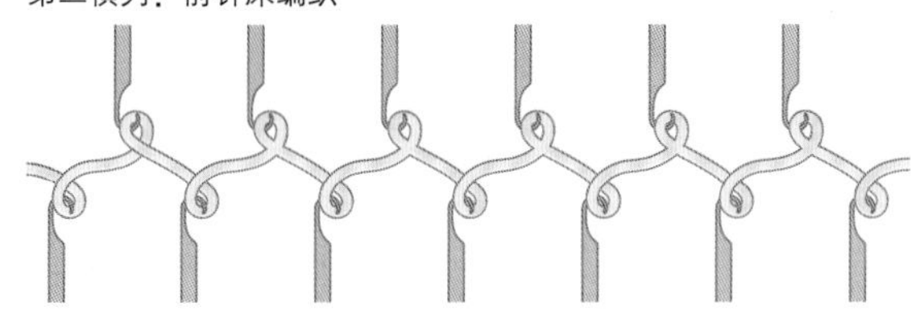

第一横列：前、后针床满针编织

（c）罗马布

图3.10
罗纹空气层、罗纹半空气层、罗马布的织物图和编织图

双面集圈

常见的双面集圈组织有畦编和半畦编（图3.11），这种组织的织物较为厚重，是在两个针床上交替编织成圈和集圈线圈形成的。通过改变集圈线圈和成圈线圈的横列数，织物表面呈现不同纹理的花型。与通常的罗纹组织相比，双面集圈织物克重较重，且织物宽度增加。

（a）满针畦编织物图

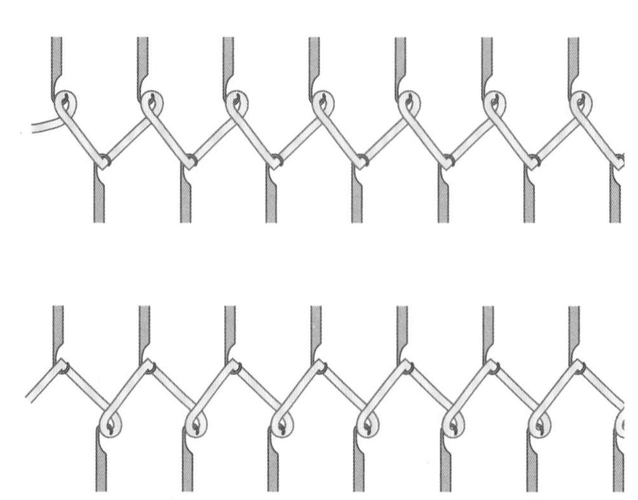

上面一行，第二横列：前针床集圈，后针床成圈；下面一行，第一横列：前针床成圈，后针床集圈

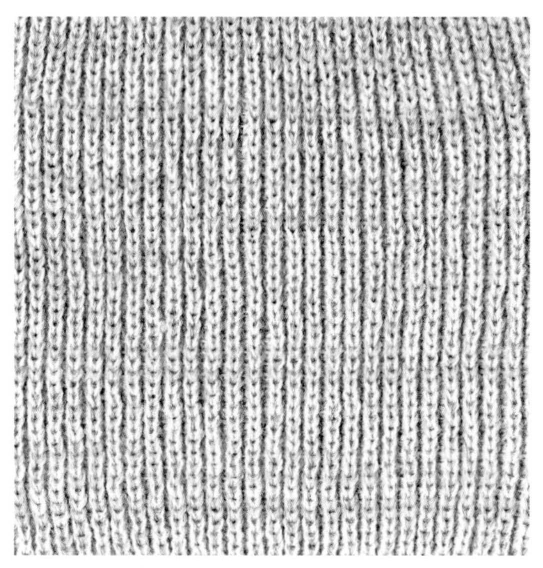

（b）满针半畦编织物图

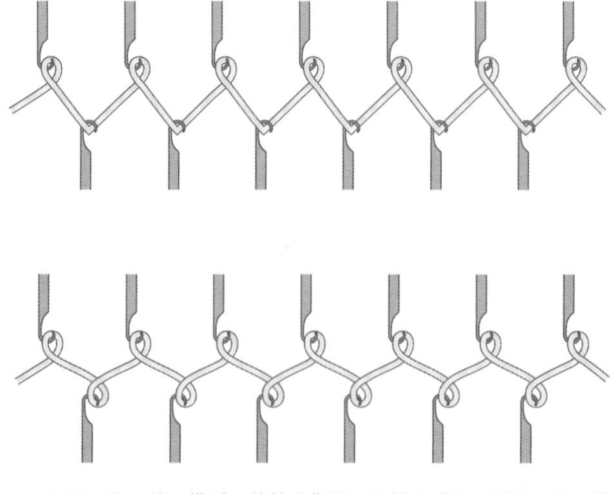

上面一行，第二横列：前针床集圈，后针床成圈；下面一行，第一横列：前、后针床均成圈

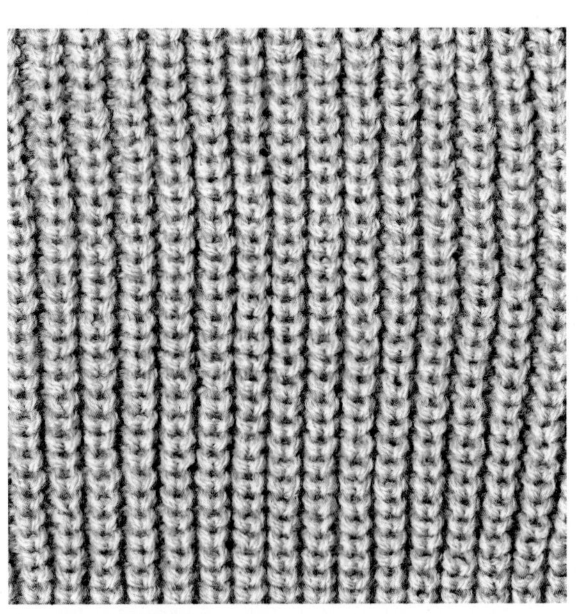

（c）1×1畦编织物图

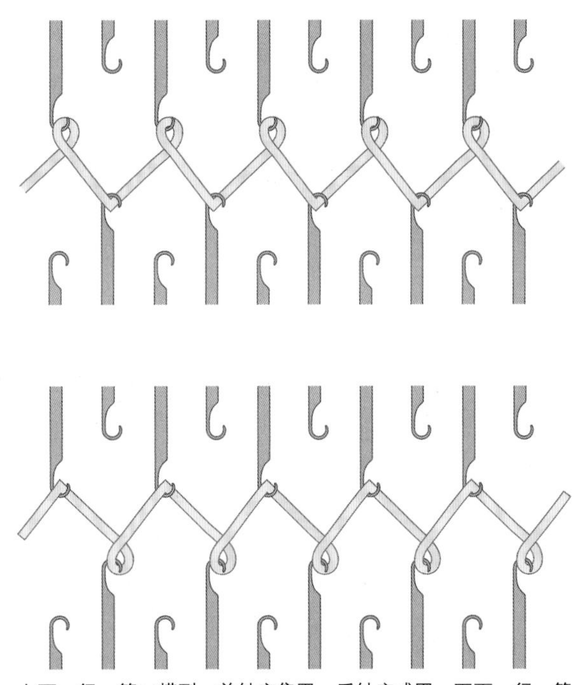

上面一行，第二横列：前针床集圈，后针床成圈；下面一行，第一横列：前针床成圈，后针床集圈

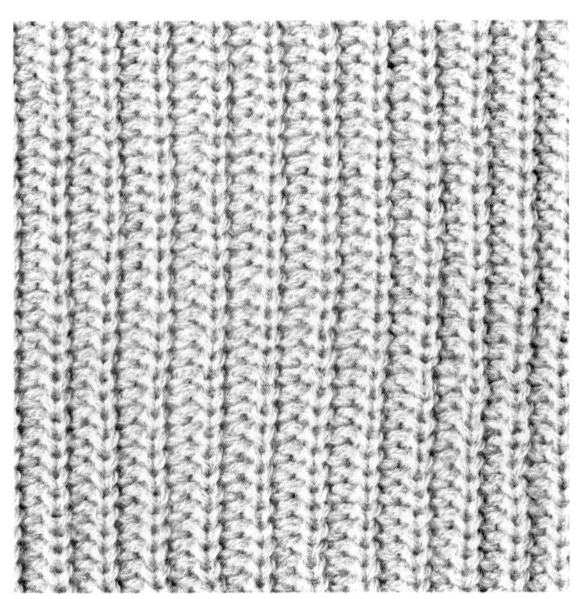

（d）1×1半畦编织物图

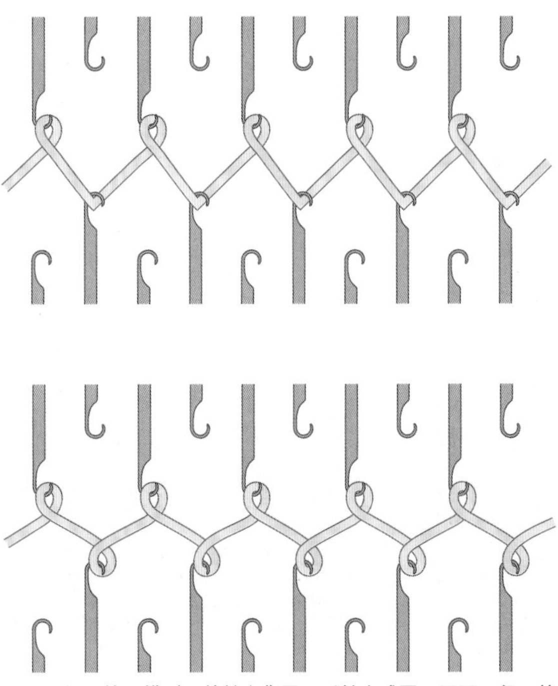

上面一行，第二横列：前针床集圈，后针床成圈；下面一行，第一横列：前、后针床均成圈

图3.11
畦编和半畦编组织（包括1×1和满针排针）织物图和编织图

提花

提花组织是指织物由两种或两种以上颜色的纱线编织，从而在织物表面形成色彩图案的花型。单面提花组织是由成圈线圈和浮线形成，不编织的纱线以浮线的形式穿过织物的反面。双面提花组织织物的反面也参加编织，通常由一些基本的针织花型形成。设计提花组织可采用意匠图表示织物的花型。例如，一块针织物每平方英寸横向有6个纵行线圈，纵向有8个横列线圈。要想创建比例精确的提花图案，花型图单元格的大小必须与织物保持一致（图3.12）。

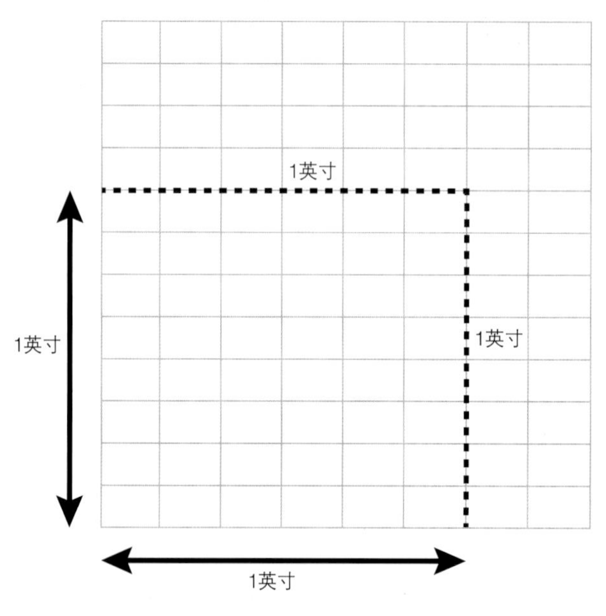

（a）8横列=1英寸；6纵行=1英寸

（b）单面浮线提花

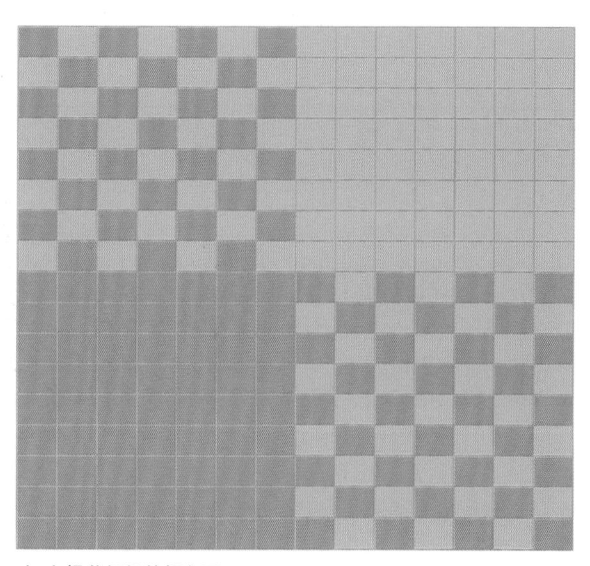

（c）提花组织的颜色图

（d）单面提花织物正面

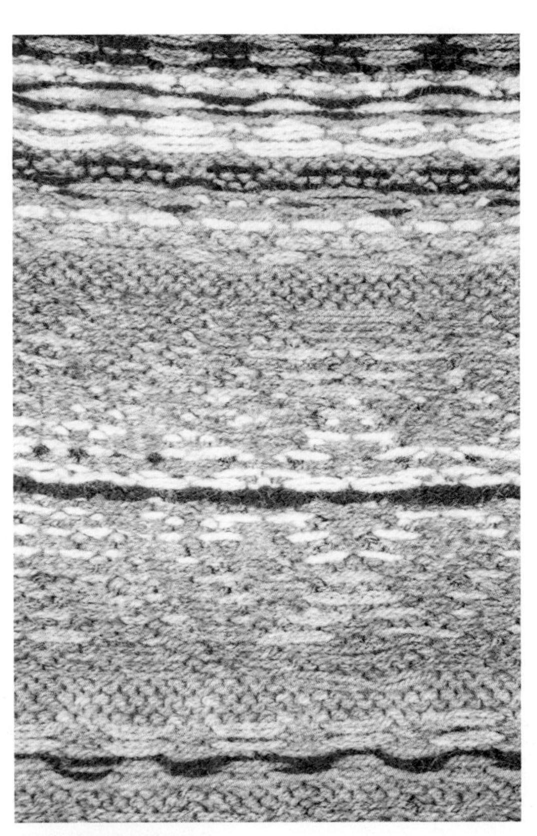

（e）单面提花织物反面

（f）双面提花织物反面

（g）双面提花织物正面

（h）背面抽针提花织物的正、反面

图3.12
带有样图的提花织物示例，可以用于单面提花织物和双面提花织物

独立花

独立花是指在一块纬平针区域内编织一个独立的单面浮线提花花型（图3.13），这种织物可以采用卡片式家用毛衣编织机编织。独立花的编织方法类似单面提花组织的编织方法，不过这种组织编织时需要在针床上额外放置一块塑料扣针板，用来在花型编织区域选针。

嵌花

嵌花是一种色彩花型组织，织物的背面既没有浮线也没有双面芝麻点花型（图3.14）。用这种方法编织的花型最常见的是几何图案，如菱形图案，这种织物正反两面的花型效果一样。编织嵌花组织时先按照花型的要求放置纱线，然后进行编织。当花型织完后，剪断纱线并用手将纱线打结。嵌花组织的编织可在手摇单针床横机上实现。新的电子控制的横机也可以编织嵌花花型，不同颜色的纱线可以由多把自动控制的导纱器带入，提高了编织效率。

图3.13
独立花图案示例

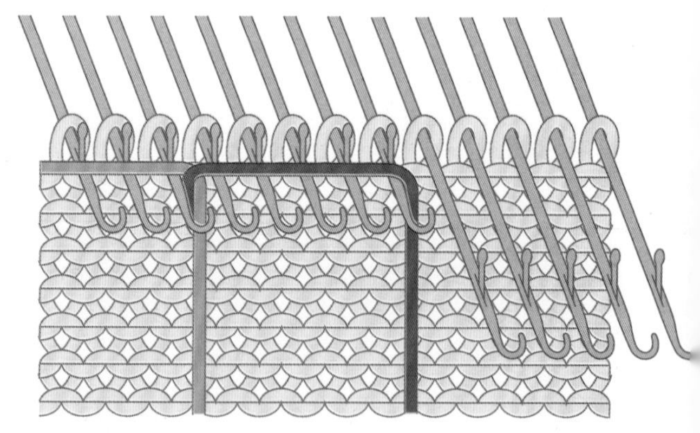

（a）嵌花编织图

（b）嵌花正面

嵌花反面

（c）嵌花正面

嵌花反面

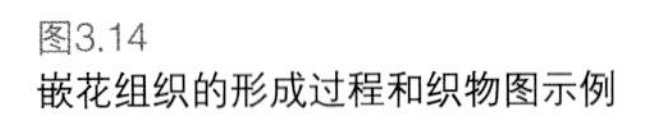

图3.14
嵌花组织的形成过程和织物图示例

添纱

添纱组织是指线圈由两根（或两根以上的纱线，通常为两根）组成，一根纱线始终处于织物的正面，另一根纱线始终处于织物的反面。编织时根据织物用途采用特殊的纱线，用于增加织物的耐磨性、降低成本，或用于装饰（图3.15）。添纱组织经常使用一些高档新颖花式纱线，如金银丝、马海毛、兔毛纱。例如，使用蚕丝/安哥拉兔毛两根纱线编织添纱组织，兔毛处于服装的正面，这种方法减少了兔毛的使用量，可以大大降低服装的成本。

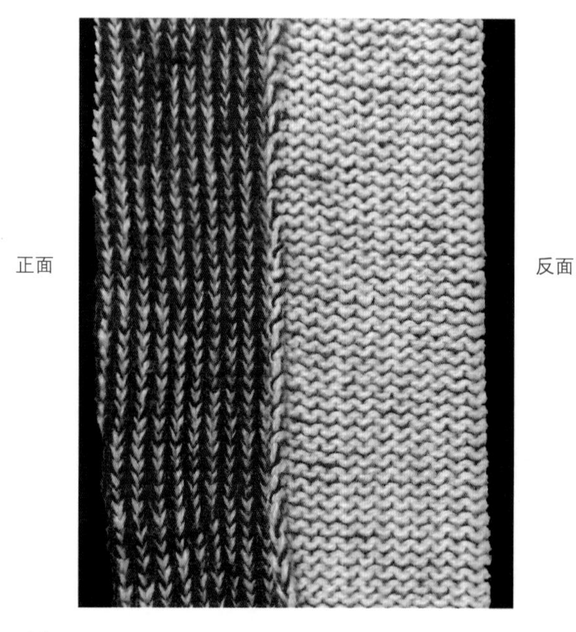

图3.15
添纱组织示例，织物两面交替显示颜色

网眼

网眼组织是一种挑孔或孔眼针织物，通过有目的地将线圈从一枚织针转移到另一枚织针上形成（图3.16）。编织一连串的孔在织物上创建花型。网眼组织生成的花型可以由一些孔随机设置而成，也可以由多个精心布置的孔生成，可以形成类似树叶或者细致的藤蔓类花型。网眼组织使用的纱线较细，由于大量线圈需要转移所以编织时速度要慢。

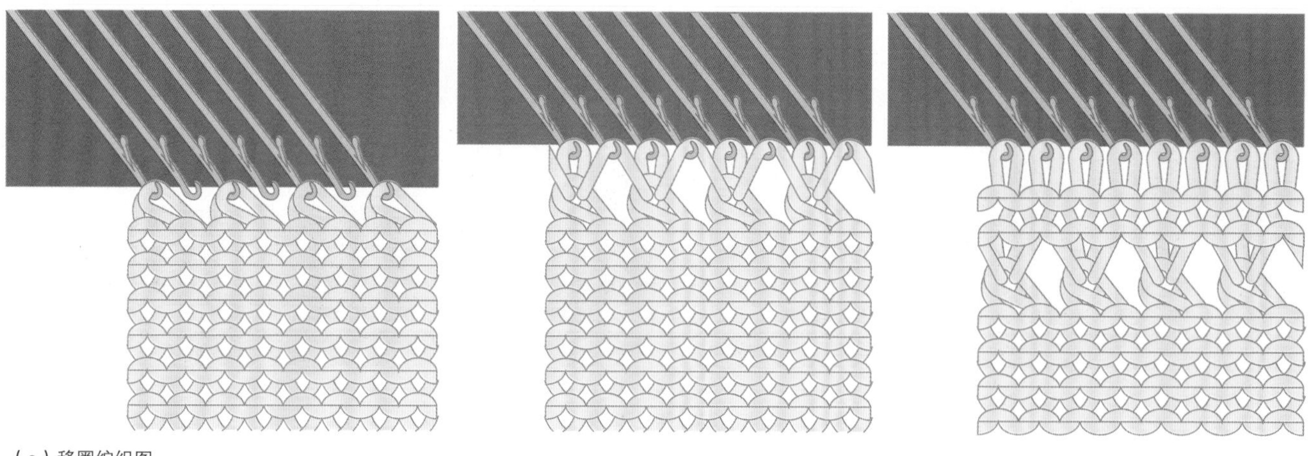

（a）移圈编织图

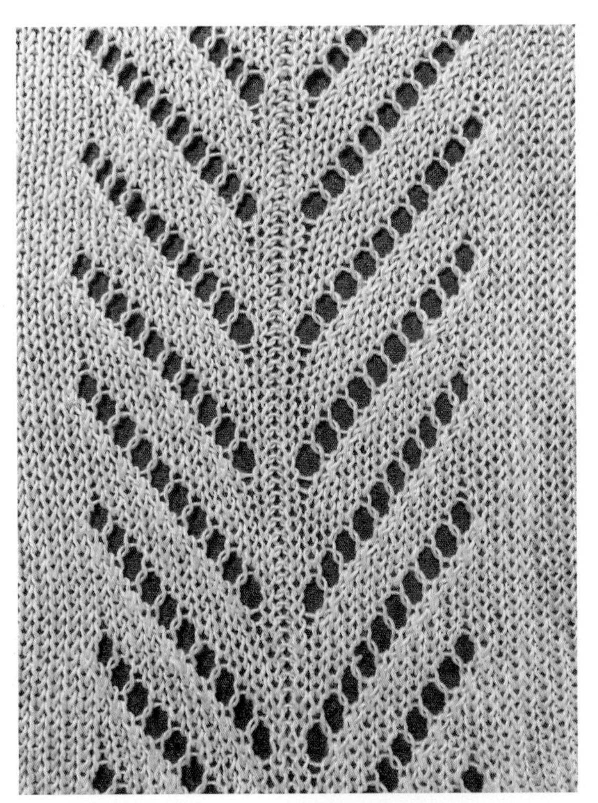

（b）网眼花型织物图

（c）网眼花型织物图

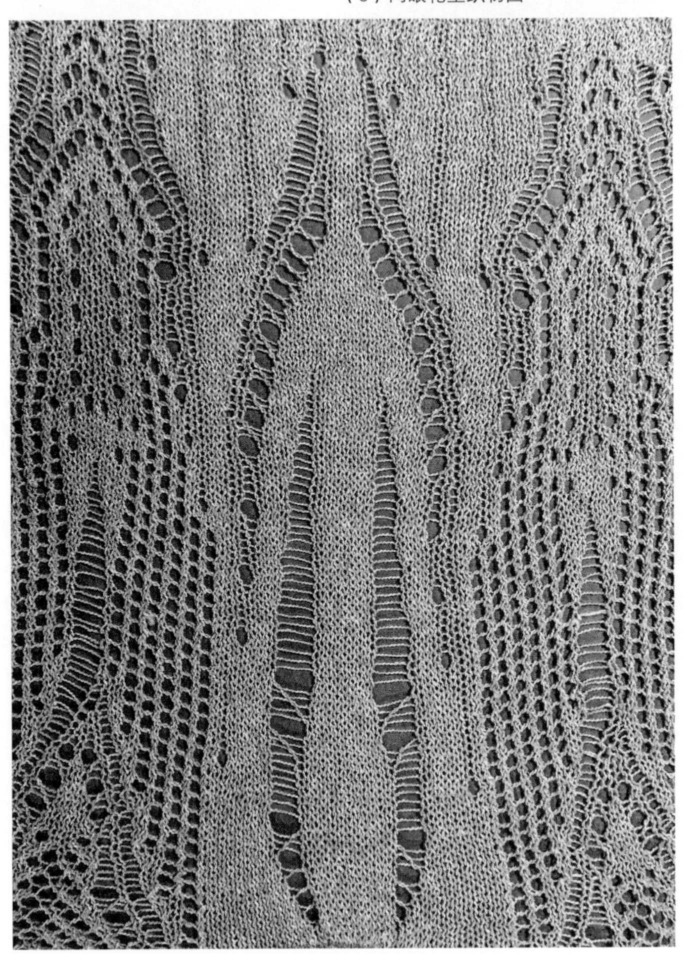

（d）网眼花型织物图

图3.16
移圈组织的形成图和网眼织物示例

绞花

绞花是由两个或更多的纵行线圈相互扭绞形成的具有三维效果的组织（图3.17），它由两组相邻织针上的线圈相互转移和重叠产生扭绞效应。绞花组织的编织方法可以采用手工编织，也可以采用机器编织。

（b）双针床绞花织物图

（a）2×2平针绞花织物图

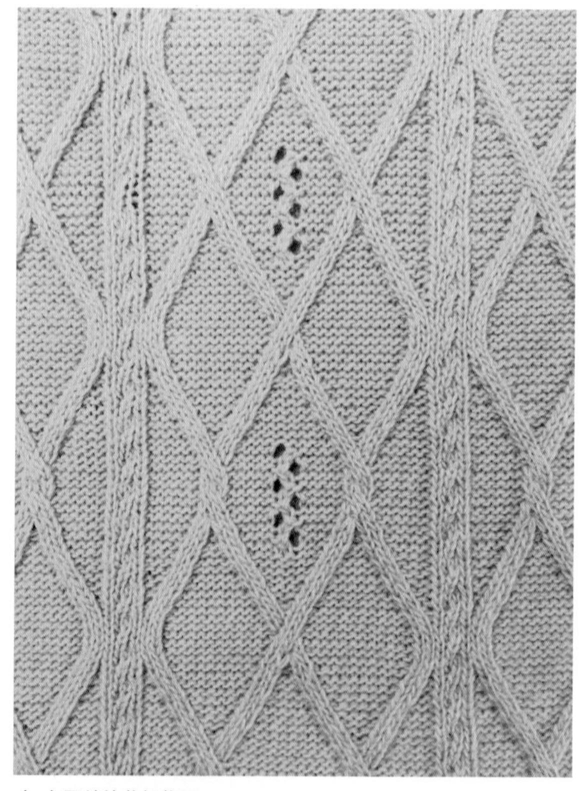

（c）阿兰绞花织物图

图3.17
绞花样片

成形编织

采用针织方式既可以形成一件服装，也可以在织物上生成装饰性图案。直接在机器上编织成形服装的方式通常称为全成形。成形编织是将线圈从1枚或几枚织针上转移到其他织针上，从而增加或减少织物的宽度（图3.18）。全成形服装通常使用无变形的纱线编织，这样衣服表面就可以看到线圈的转移。服装的一些主要部位，如肩部、袖窿、领口、侧缝和袖子，都可以采用成形编织的方式。成形编织的方法也可以用于创意设计细节及花型的开发。

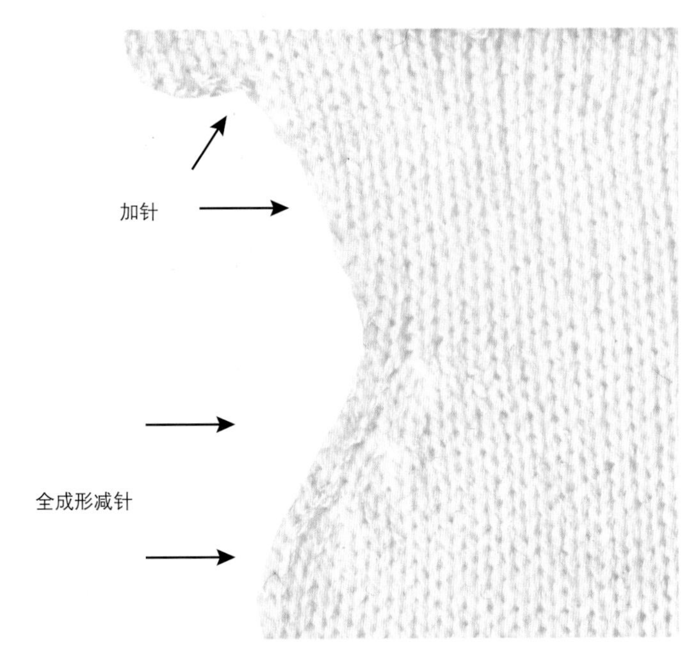

（a）上部：加针；下部：全成形减针

（b）多个线圈向内移圈

图3.18

（c）在袖窿和领处向内转移线圈

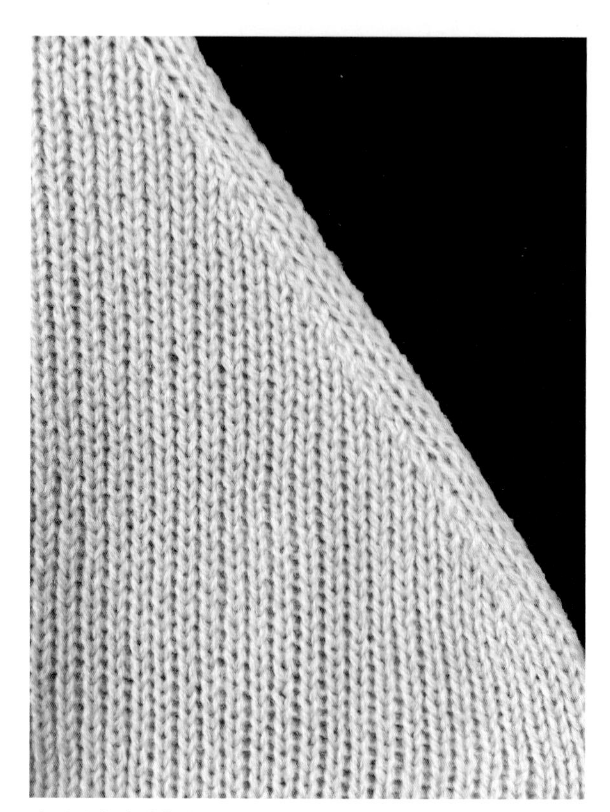

（d）领部或袖窿处采用移圈形成的倾斜状边缘

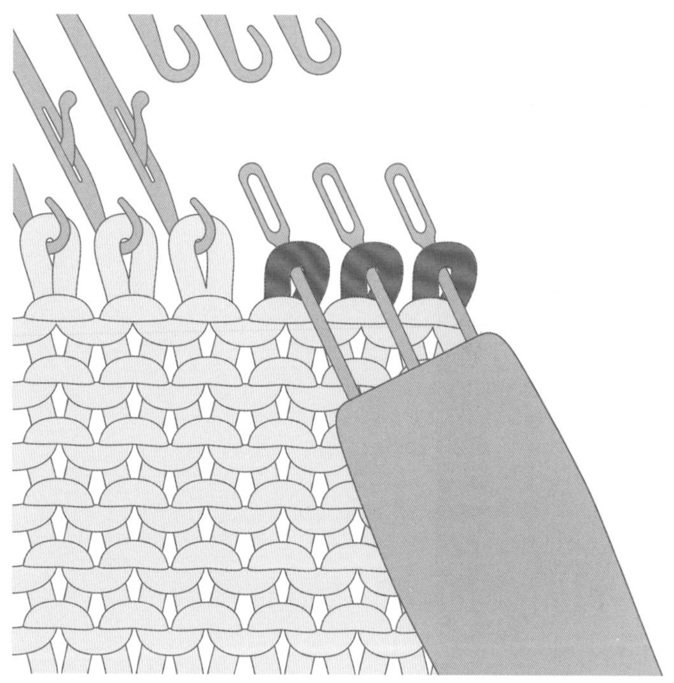

（e）袖窿移圈收针方法——步骤1

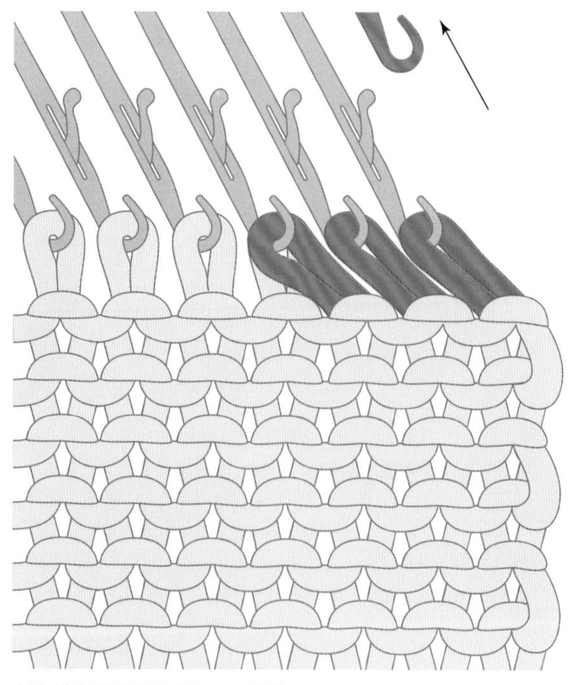

（f）袖窿移圈收针方法——步骤2

图3.18
展示带有加针和减针的全成形编织方法的样片

局部编织

除了领口和肩部可以编织成形外，一些三维结构，如口袋（图3.19），也可以通过局部编织技术形成。这种方法是使某些织针握持旧线圈但不参加编织，只编织织物的某一部位以创建成形区域。这种编织技术也可用来进行创意产品的开发。

（a）使用局部编织技术编织的创意毛衫

（b）口袋正面

（c）口袋反面

图3.19
有撞色袋边口袋的形成

针织起口

针织起口编织方法被用作针织服装下摆的处理。单面织物的起口使用废纱起底和折边的技术制作而成，有时需要将线圈转移到其他织针上来创建具有装饰性的边缘效果。根据不同的起口编织方式，可为衣片或袖片提供具有平针效果或装饰效果的边缘（图3.20）。

（a）平针

（b）狗牙边

（c）荷叶边

（d）单边卷边

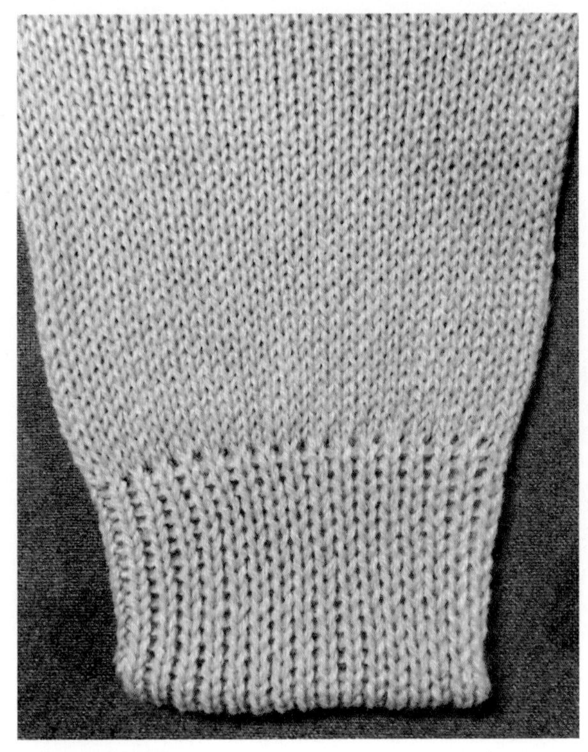

（e）单面假罗纹

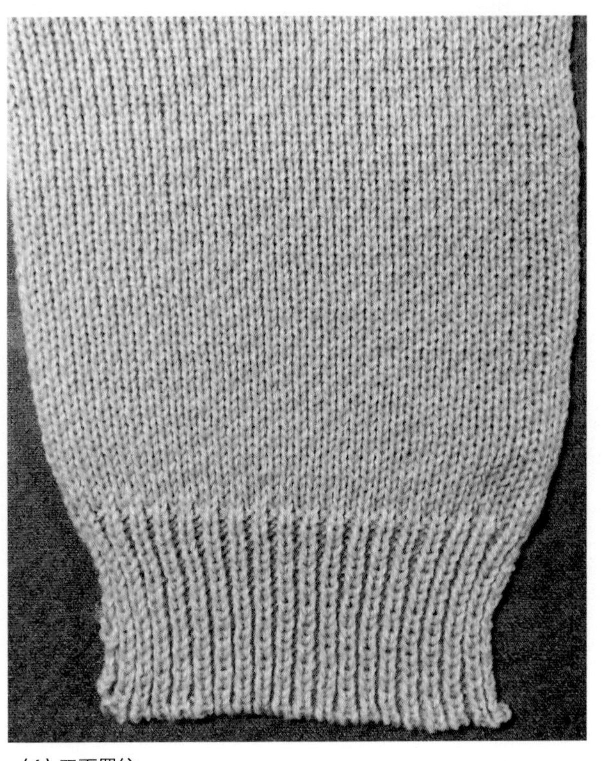

（f）双面罗纹

图3.20
用于起口编织的常规边口处理方法

设计师简介：
克里琪亚品牌设计师马里于卡·曼代利（Mariuccia Mandelli）

b. 1933年，出生于意大利贝尔格蒙
d. 2015年在意大利米兰去世

“丛林中的针织女皇”
——《女装日报》，
1982年12月3日

“从第一季度抽烟的狐狸到下一季戴着色彩鲜艳的太阳镜，这一切都充满了趣味和幻想。”
——《女装日报》

克里琪亚品牌是由设计师马里于卡·曼代利于1950年创立的（图3.21）。20世纪80年代她的标志性风格是在裤子或裙子上配穿一件五颜六色的大号提花毛衣，上面织有狮子、老虎、熊、猴子和大象等动物图案，因而被誉为“疯狂的克里琪亚猫女”。她将金银丝、安哥拉兔毛、高品质的羊毛纱混合编织成复杂的针织图案。1971年她推出的首款“热裤”为她赢得了热裤缔造者的称号。克里琪亚的设计以其趣味性、幻想性和奇思妙想而闻名（图3.22）。2014年，曼代利将公司出售给了一家中国公司，并辞去了公司的领导职务。*

* 路易莎·扎格尼（Luisa Zargani）著，《中国深圳品牌玛丝菲尔收购意大利品牌克里琪亚》（*Italy's Krizia Brand Sold to China's Shenzhen Marisfrolg*），《女装日报》，wwd.com/markets-news/ready-to-wear-sportswear/krizia-sold-to-chinas-shenzhen-marisfrolg，检索日期：2014年2月24日。

图3.21
1984年，意大利服装设计公司克里琪亚的设计师马里于卡·曼代利

图3.22
2006年，马里于卡·曼代利为克里琪亚春/夏秀场设计的毛衫

设计师简介：
德赖斯·范诺顿（Dries Van Noten）

b. 1958年，出生于比利时安特卫普

www.driesvannoten.be

“德赖斯·范诺顿通过设计过程中的创意性品质和他自己诠释演绎的美学思想，坚持了自己的独立精神。”

——《时装商业评论》2015年10月

德赖斯·范诺顿出生于一个服装零售商和裁缝世家，1980年毕业于比利时安特卫普的皇家艺术学院。他是“安特卫普六君子”中的一员。“安特卫普六君子”是最初就读于安特卫普皇家艺术学院的六位有影响力的设计师，1986年，他们集体在巴黎展示了他们的前卫设计，打破了当时的传统时尚。范诺顿在这个时装秀上发布了他的男装系列。

德赖斯·范诺顿的设计中融入了20世纪80年代世界各地的民俗影响，他的设计独树一帜，坚持自己的风格。德赖斯·范诺顿的风格建立在强烈的对比上，是单纯与复杂、经典与现代潮流和技术的亲密结合。无论是女装还是男装，都展示了他对艺术、世界文化及其在当代地位的热爱。范诺顿精美的面料和纱线极具个人风格，他的服装销往世界各地，但迄今为止，他从未为自己品牌的服装或配饰做过广告。他在安特卫普居住和工作，他的旗舰店也在那里，远离主流时尚城市。范诺顿按照巴黎时装周的日程安排展示其服装系列，他的毛衣系列是每季服装的点睛单品，体现了他的设计理念（图3.23）。

2008年，范诺顿荣获CFDA颁发的国际设计师年度大奖。*

图3.23
2008年，巴黎时装周期间展示的德赖斯·范诺顿的2009年秋/冬时装

* http://www.businessoffashion.com/community/people/dries-van-noten

设计师简介：
桑德拉·巴克伦德（Sandra Backlund）

b. 1975年，出生于瑞典
sandrabacklund.com

桑德拉·巴克伦德是一位瑞典设计师和艺术家，她的具有雕塑感的手工编织服装灵感来源于人体的曲线和结构。2004年，她毕业于斯德哥尔摩的贝克曼斯设计学院（Beckman's College of Design）。目前，她专职于自己的品牌。巴克伦德设计的毛衫具有极强的雕塑感。她的设计方式更像一门艺术，可以直接在人体模型上立体成衣。她的作品都是手工编织，规模不一，针法也有所创新。

2007年，巴克伦德获得了法国耶尔国际时装与摄影节最高奖项，同年，她与路易威登奢侈品牌合作推出了秋/冬针织品系列。2009年，她得到了英国时装协会的"新生代"（New Gen）奖金。她在世界范围内享有盛誉，并作为发展这种编织艺术风格的先驱而具有影响力（图3.24）。她的作品在许多出版物上刊登，并在国际上展出。

图3.24
2009年春夏，桑德拉·巴克伦德设计的具有雕塑风格的针织品在澳大利亚悉尼的T台上走秀

本章总结

本章我们从纬编线圈的形成方式开始，探讨了纬编针织物形成的基本原理。探讨了单面纬平针组织、集圈组织、浮线、常规罗纹组织和创意罗纹组织。介绍了用提花和嵌花方式编织色彩花型的方法。此外，还介绍了全成形编织、局部编织技术，以及样片和服装起口的编织方法。

关键词和概念

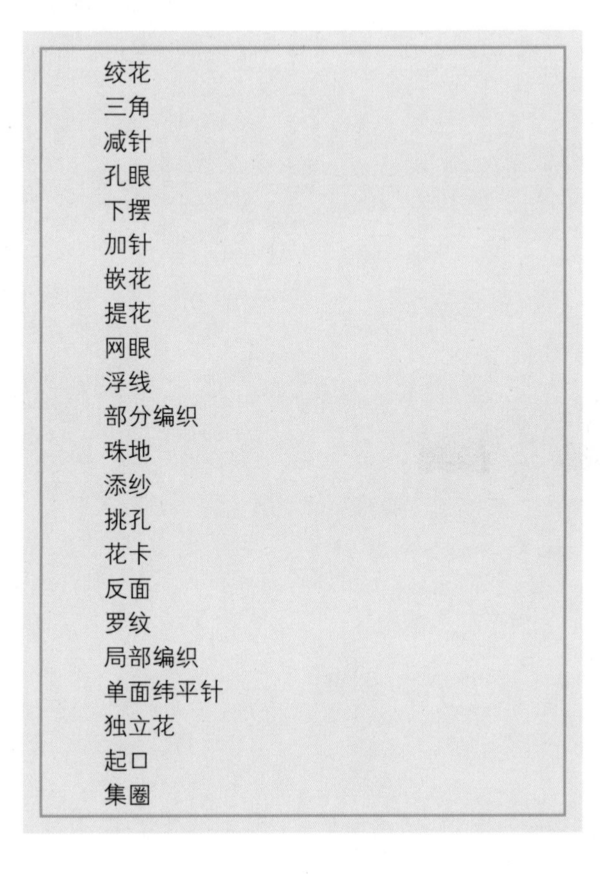
绞花
三角
减针
孔眼
下摆
加针
嵌花
提花
网眼
浮线
部分编织
珠地
添纱
挑孔
花卡
反面
罗纹
局部编织
单面纬平针
独立花
起口
集圈

工作室活动

访问针织服装设计工作室网址www.bloomsburyfashioncentral.com。核心元素有：

- 十道多选题
- 带有关键词和定义的抽认卡
- 空针排列模板

项目

1. 画出下列组织的编织图：1×1罗纹组织，2×2罗纹组织，双罗纹组织。

2. 设计一个新的罗纹组织并画出其编织图。

3. 设计并在方格纸上画出两个提花组织花型：一个花型的花宽为6个纵行，花高为8个横列；另一个花型的花宽为3个纵行，花高为5个横列。

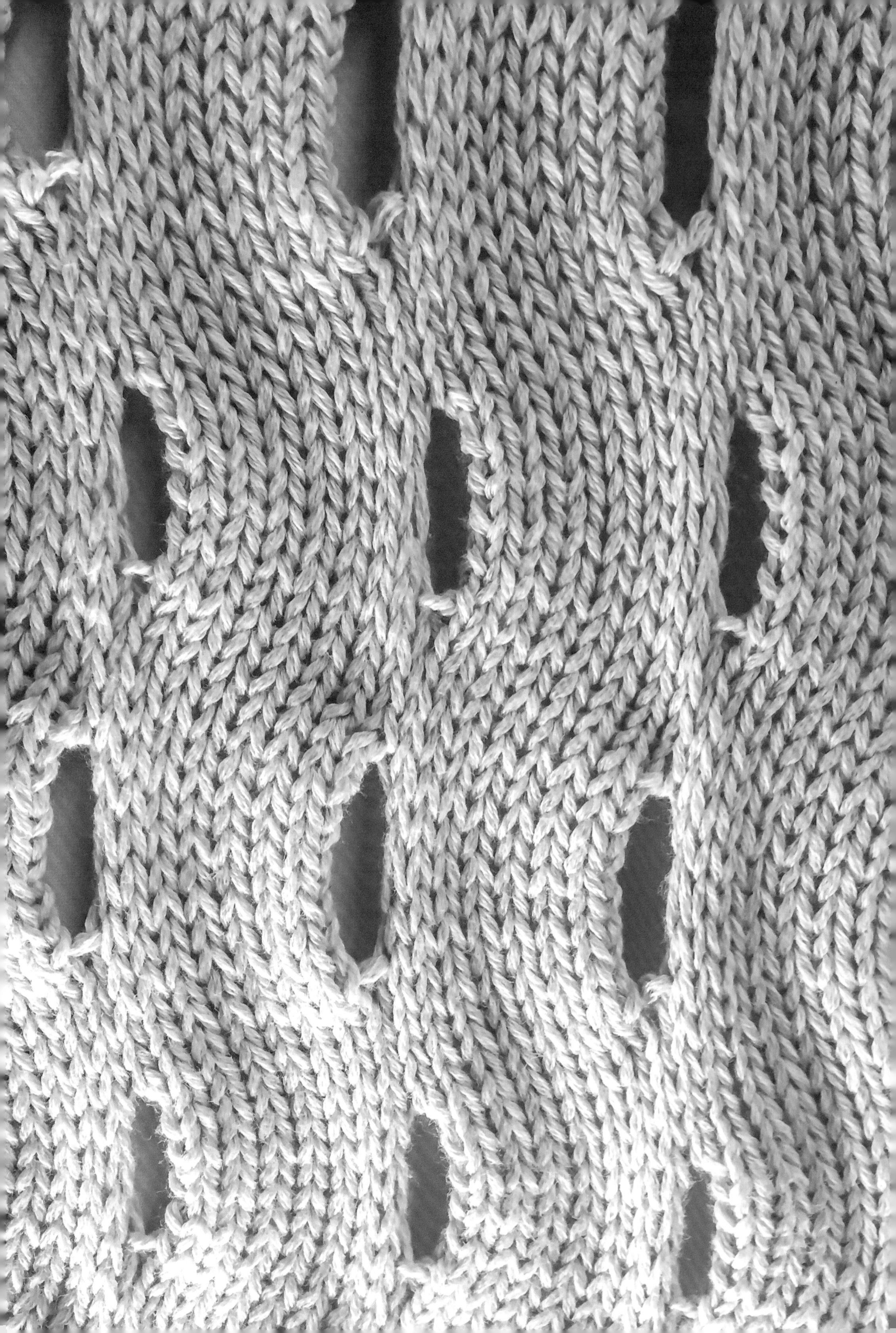

第四章
针织成形技术

本章探讨了目前针织服装的几种编织方法，介绍了针织服装的常用编织设备和新型的编织技术。首先介绍手摇横机的编织，然后依次介绍编织设备的技术创新和发展，并探讨了每种方法的基本编织原理。

针织机的特点

目前可选择的编织方法和针织机种类很多。最新的技术和设备能够编织复杂的花型和廓型，通过加针、减针和移圈能够实现无缝编织。所有的纬编机，无论是单针床、双针床，还是带有滑针针床的新型电子系统，都能够编织成圈、集圈和浮线。用这些编织技术将各种线圈结构巧妙处理，就能够生成各种各样的花型和组织结构。新型设备的编织功能相当先进，在同一织物和廓型中，既能复制双针手工编织技术又能使用更精细的针织机编织技术。

为了理解针织机与织物及廓型之间的关系，有必要先回顾两个基本术语：机号和密度（参见第二章）。

机号

“机号”是指针织机一个针床上每英寸的织针数（如机号是5针）。一个机器的机号也可用E表示（图4.1~图4.3）。这种标记方式（E12、E32等）被广泛使用机器的机号也可用*G*表示，如12*G*。

图4.1
机号为2.5针的针织机的针床及其编织物的样片

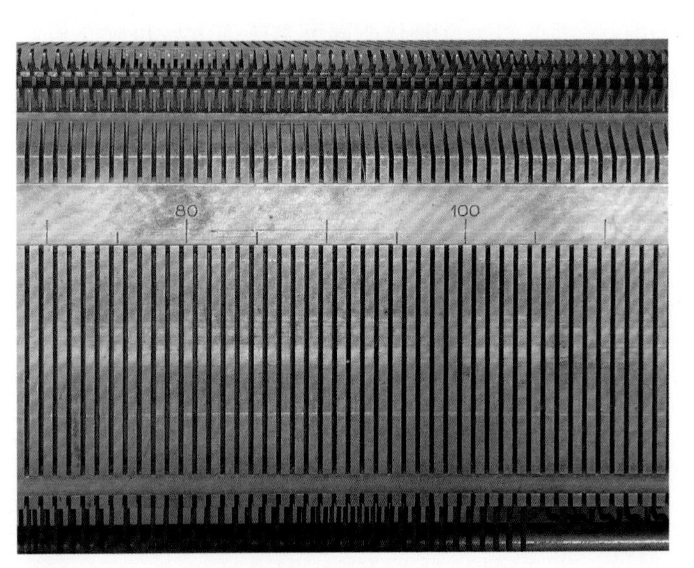

图4.2
机号为7*G*的针织机的针床及其编织物的样片

图4.3
机号为12*G*的针织机的针床及其编织物的样片

织物密度

织物密度，指针织物上每英寸的线圈个数，另一种更精确的测量方法是织物上每2.5厘米内所含线圈的个数。测量一块织物的密度时，分横、纵两个方向。横密是指沿织物水平方向每英寸的线圈纵行数（WPI），反映了机器上参加编织的织针数（图4.4）；纵密是指沿织物垂直方向每英寸的线圈横列数（CPI），反映了机头编织的行数（图4.5）。

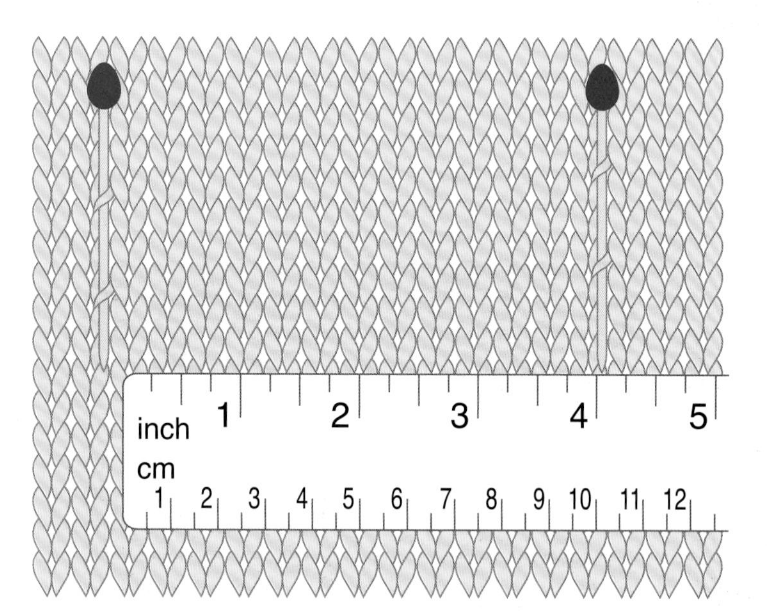

图4.4
横密（WPI）的测量

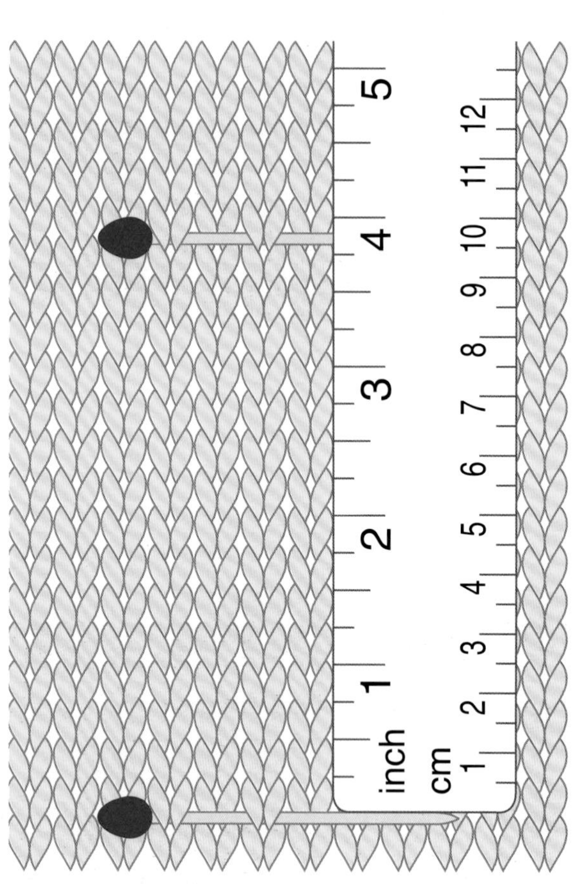

图4.5
纵密（CPI）的测量

针织机的分类

针织技术的进步，使我们有机会根据织物的制作方式对机器进行分类：裁片缝制法、成形编织法、整体编织法和整件服装编织法。分类的依据是由机器编织织物的方式决定的，这决定了后期将采用何种方法进行成衣制作。

裁片缝制法

裁片缝制法，通常是指先编织一整块织物（图4.6），边口和细节部位单独编织和裁剪，前片、后片和两个袖片裁剪成形，然后采用缝纫或套口的方式缝合成衣。编织工人在裁剪衣服时必须谨慎，防止织物脱散。标准的缝合方法是包缝法，可以使用工业用包缝机，如美国的美罗（Merrow）缝纫机。套口是一种线圈对线圈或行对行缝合衣片的方法，使用的机器是一种专用的圆型套口机（图4.7）。采用套口方式缝合，使用的纱线应与衣片的纱线相同。

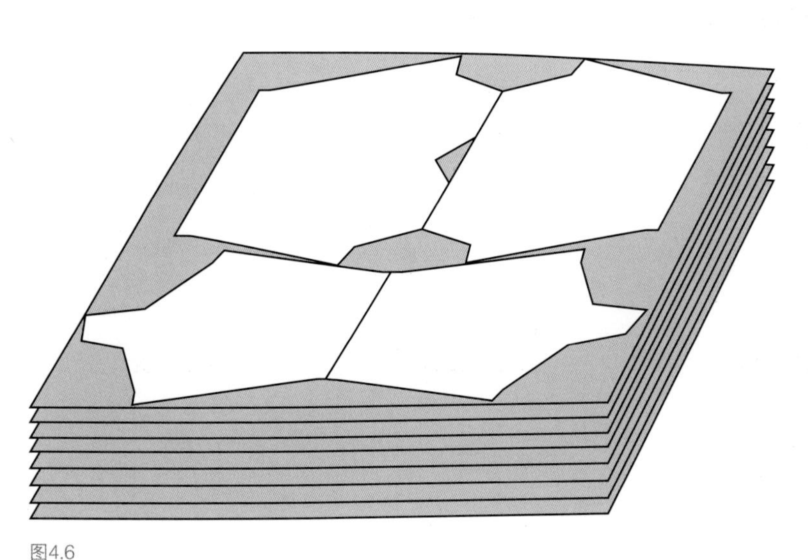

图4.6
裁片缝制法

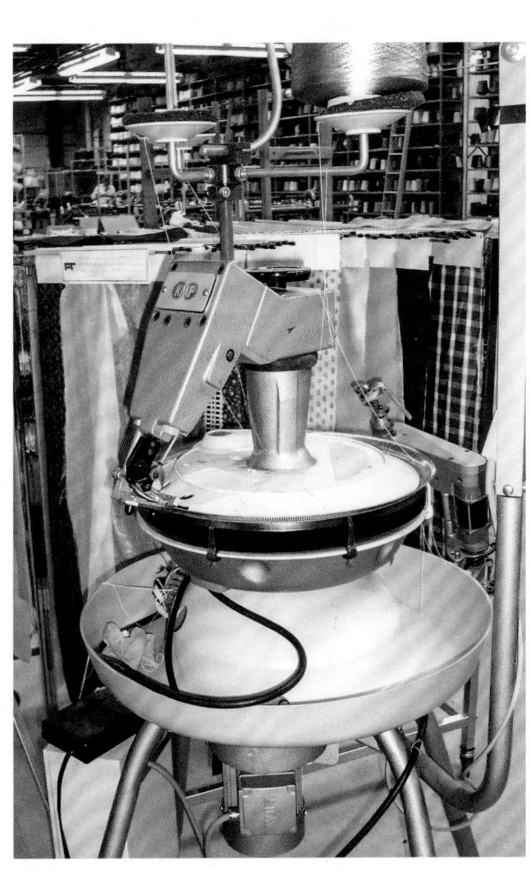

图4.7
KMF套口机

成形编织法

采用收放针编织的技术称为成形编织（图4.8），衣片按照实际尺寸和规定的形状进行编织。每个衣片在机器上单独编织成形，不再需要裁剪成形，不过，后期仍需采用缝纫或套口的方式将衣片缝合在一起。边口和细部分别编织并缝合到衣服上。

整体编织法

整体编织也是一种全成形编织技术，不同之处是，所有的附件也都是直接编织而成的，如领子、口袋、门襟、甚至纽孔等，包括衣片所有的部件（图4.9）。服装只需进行少量的缝合。

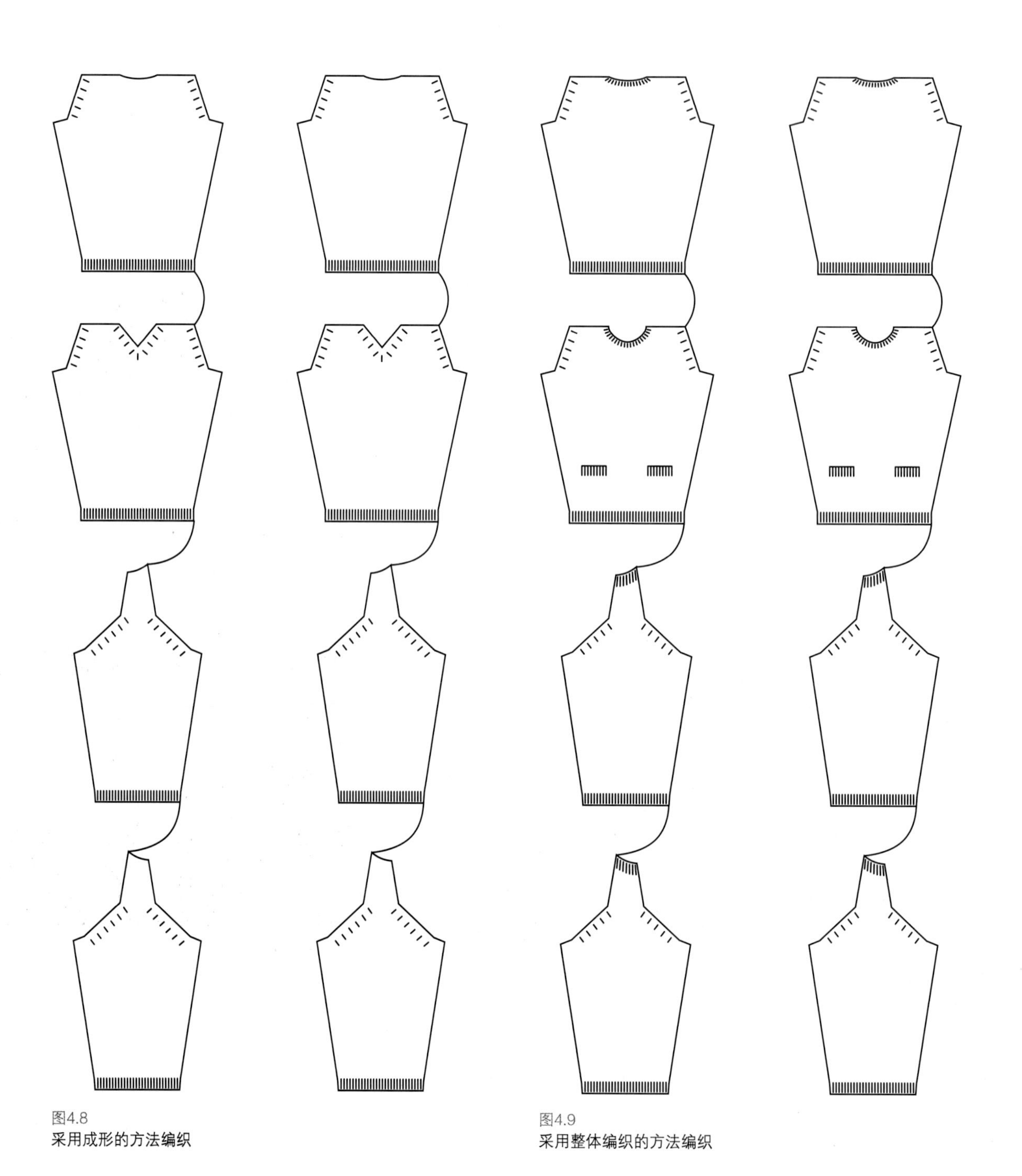

图4.8
采用成形的方法编织

图4.9
采用整体编织的方法编织

整件服装编织法

针织发展的最新技术是在电脑针织机上生产出整件服装，可以编织常规纯色或复杂花型，也可以编织多种颜色的花型，无须经过套口或缝合的工序（图4.10）。本章在最后一节将对这些机器进行介绍，使用先进的花型设计软件，根据织物设计和廓型的复杂程度，大约几分钟或稍长点儿的时间内就能生产出完整的服装。

手工编织

织物和服装制作的手工编织方法有两种：双针手工编织（图4.11）和手摇机器编织。当需要手工制作服装时，这两种方法仍被用于专业和高端市场，以创建定制风格。

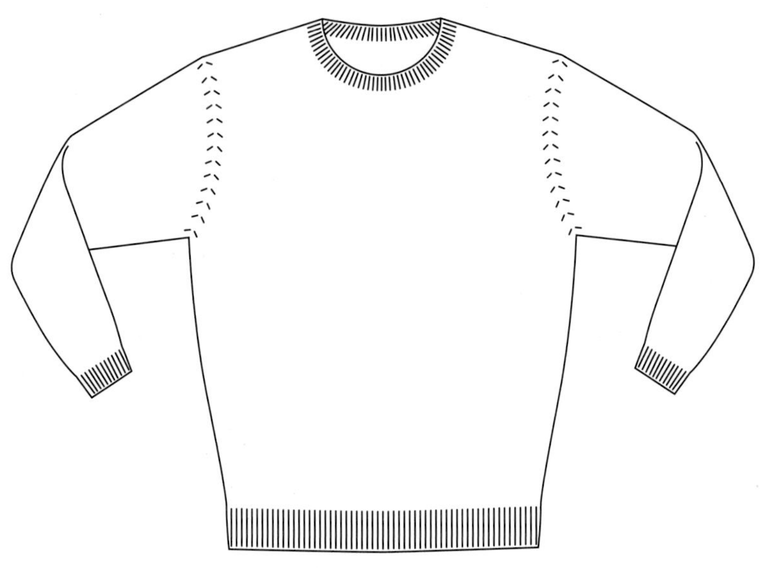

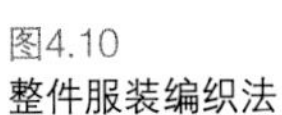

图4.10
整件服装编织法

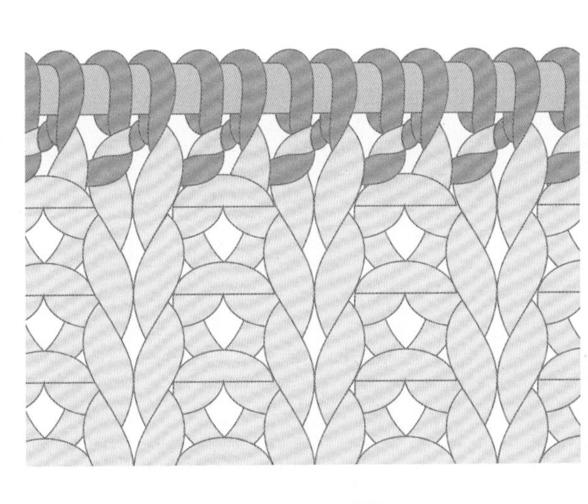

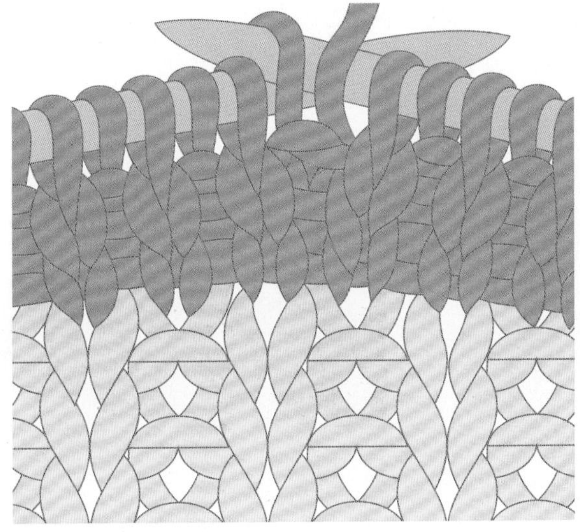

图4.11
双针手工编织

双针编织

双针编织，指用手操作形成线圈和织物，这种方法也称作“Two-pin”编织。最古老的“编织”形式可以追溯到公元5世纪，罗马人使用一根针编织（参见第一章），使用两根针编织可能最早是由用两根手指编织进化而来的。用双针法编织服装的主要是业余爱好者和工匠，她们可能会在工艺展和纱线零售店中出售这些服装，但是这一过程太耗时，不利于大规模工业化生产。某些高端零售店提供手工编织的服装和配饰，但价格通常都很高，而且数量有限。

手摇编织机

手摇编织机是用手操作机器形成线圈和织物。市面上出售的标有“手工编织”的针织品一般是在这种机器上编织的，而不是采用双针法编织的。第一台手摇编织机，或称作木架编织机，诞生于1589年，用于编织长筒袜（参见第一章）。

在现代，有几家公司，特别是兄弟（Brother）、胜家（Singer）、百适牌（Passap）和杜比德（Dubied），都生产手摇编织机，它们是在第一章“针织服装发展史”中所述的木架针织机的基础上改进。兄弟、胜家、百适牌针织机是为国内手工编织者开发和制造的，在时装学校、针织样品室，以及小批量生产行业中也很受欢迎。该设备易于学习，而且根据机器型号，提供了多种可生产的创意性针织织物。每个制造商都生产了不同类型的设备。兄弟牌针织机包括各种常规机号（图4.12）和粗机号（图4.13）的卡片式编织机，以及电脑编织机。百适牌制造了一种双针床的罗纹机，由于机器的两个针床呈倒V型配置，所以称作V型针床（图4.14）。杜比德的平型机是作为工业手摇横机开发的，是第一个被广泛应用于工业制造的针织机（图4.15）。杜比德机器虽然很耐用，但生产织物的能力有限。手工操作还无法实现提花组织的编织。尽管兄弟、百适和杜比德已经停止生产这些机器，但是由于许多机器还在使用，所以这些公司仍继续提供维修服务。

图4.12
兄弟牌常规机号卡片式手摇编织机及其样片

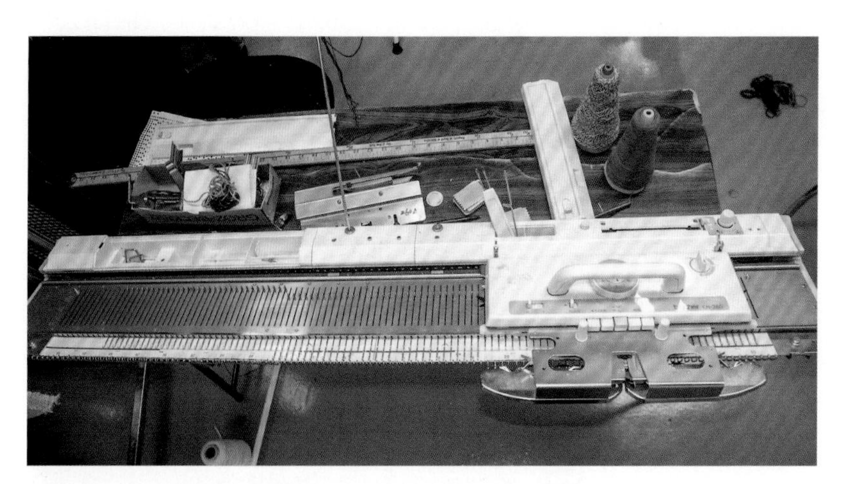

图4.13
粗针距卡片式手摇编织机及其样片

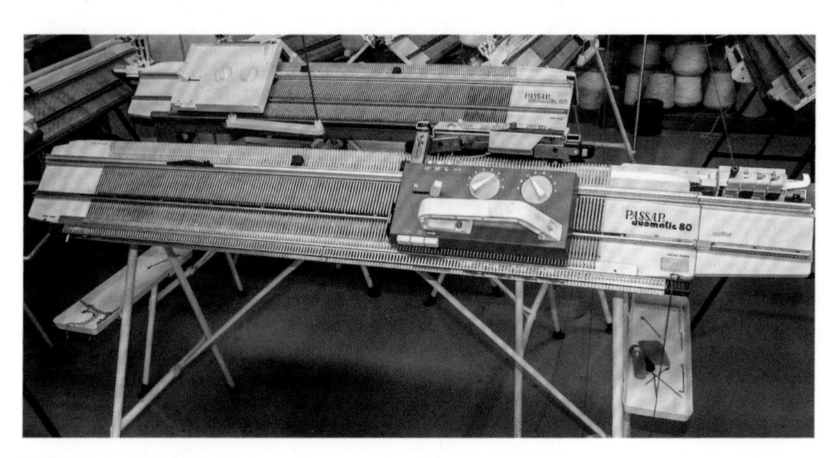

图4.14
百适牌V型针床编织机及其样片

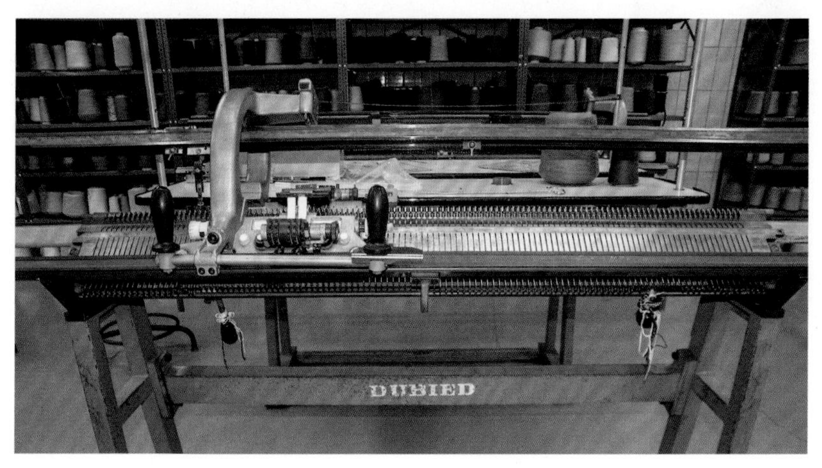

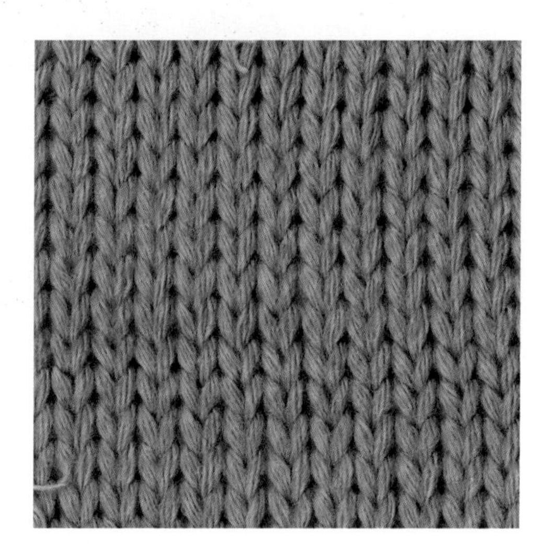

图4.15
杜比德2.5G工业用针织机及其样片

电子针织机

大型工业针织机使用机械或计算机生成技术，或两者的结合，用以生成线圈、织物和服装。大多数机器都是为了简化它们所涵盖的生产领域而开发的。

圆机

圆机始于19世纪中期，用一个手摇曲柄系统使针筒转动编织，生产像袜子之类的筒状织物。现已经发展成为一种快捷、经济的方式，不仅用来生产短袜和长筒袜，而且也生产针织匹布用于剪裁缝制服装（图4.16）。

图4.16
手摇曲柄式圆袜机

单面针织圆机

单面针织物是由单针筒圆机生产的筒状织物。由于生产用时极短，这些机器运行成本一般较低。使用最多的机器筒径为26英寸，面料剖开后幅宽为60~70英寸（图4.17）。现代机器仍然生产短袜和长筒袜，但最常用的还是生产细密针织匹布，机号范围为12~50*G*。

图4.17
莫纳卡（Monarch）公司的单面针织圆机及其样片

双面针织圆机

双面针织圆机（图4.18）是一种电子控制的罗纹机，用于制作罗纹、双罗纹、罗马布和双面提花组织等双面织物（参见第三章）。

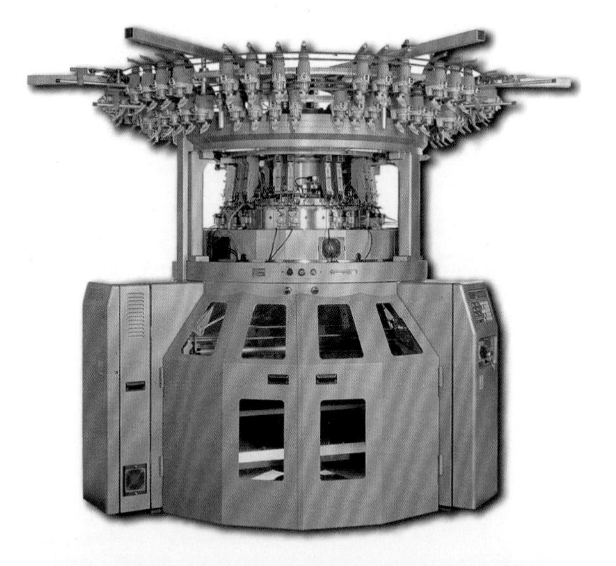

图4.18
莫纳卡公司的双面针织圆机和样片

专业大圆机

电子控制的专业大圆机主要生产一些特殊的面料，例如，毛圈、长毛绒、常规衬垫、摇粒绒（图4.19），以及用于制造运动服、泳衣、内衣和袜子等无缝服装。制造机器时筒径要符合它们所生产产品的特定直径。

图4.19
迈耶·西（Mayer & Cie）公司制造的专业大圆机及其样品

电脑横机

电脑横机使用计算机生成图案和织物结构（图4.21、图4.22）。这些机器能够自动编织一些特殊织物如嵌花组织（参见第三章），直到20世纪90年代中期，这还是一项发展非常缓慢且昂贵的生产技术。

整件服装编织机

21世纪针织制造业最显著的进步是无缝编织设备走向市场。无缝编织是一种起始于圆袜编织的圆形编织法，至今已实践了几个世纪。近年来，随着新技术的进步，整件服装编织技术发展为现在的3D编织技术，直接编织成整件的服装，无须额外的后处理工序。走在这一技术前沿的三家主要针织机械商是岛精（Shima Seiki）、斯托尔（Stoll）和圣东尼（Santoni）。

1964年，日本岛精公司研制出了第一台无缝手套机（图4.20），1995年推出第一台整件服装编织机（图4.21）。另一家机器制造商德国

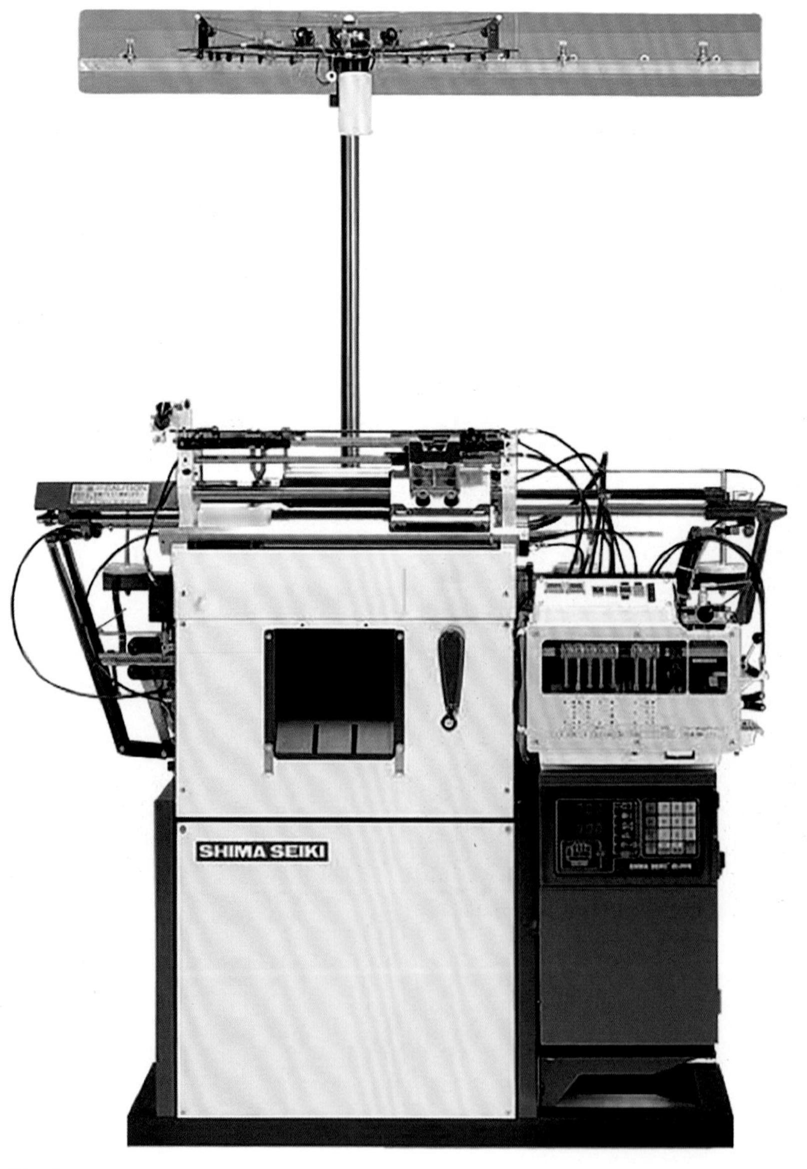

图4.20
岛精公司最早的手套机

图4.21
岛精公司最新的整件服装编织机及其样衣

斯托尔公司也开发出了类似的机器——织可穿（图4.22）。2001年，斯托尔进一步革新了针织工业，推出了M1花型工作站，这是一个拥有个性化、数字化、针织花型设计程序的计算机工作站。该程序作为设计师和工艺技术人员的创意视觉设计、产品开发工具，是电脑横机的制板软件（参见第七章）。

意大利圣东尼公司是"无缝服装"（Seamless

图4.22
斯托尔公司独创的织可穿机器及其样衣

Wear）一词的领先者和商标所有者，该公司开发了一系列圆形的电子无缝针织机。起初，这些机器用于内衣生产，但后来逐渐发展到生产高端和大众市场的运动服、泳装、医用服装、针织衫、毛衫和许多类型的外穿服装（图4.23）。

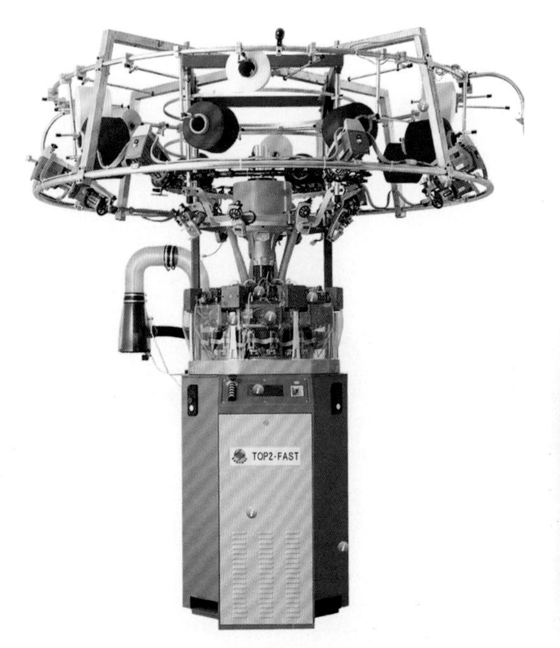

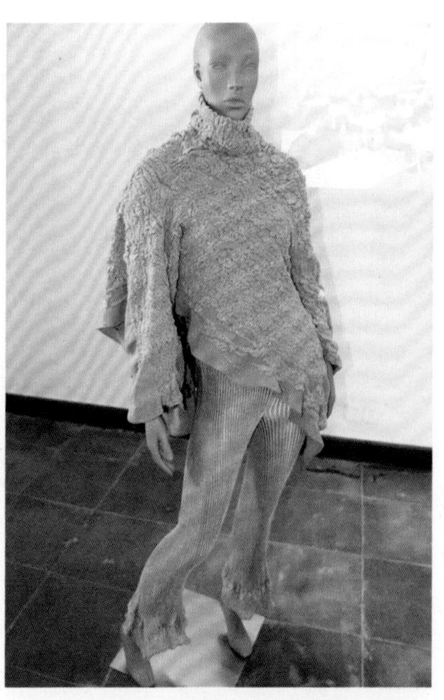

图4.23
圣东尼公司的无缝针织机及其样衣

三宅一生以他1998年推出的前卫系列“亦如从前”（Just Before）和1999年推出的“一块布”（A-POC）系列（图4.24），成为第一个真正拥抱无缝技术的设计师。从那时起，数字尖端技术和先进设备的发展在全球掀起了一场时尚与针织产业的革命。当代设计师和制造商已经接受了3D编织技术，使其成为针织和毛衫发展的主流。

图4.24
来自三宅一生设计的“一块布”服装系列

设计师简介：
米索尼（Missoni）

泰·米索尼（Ottavio "Tai" Missoni）

b. 1921年，出生于南斯拉夫达尔马提亚

d. 2013年卒于意大利苏米拉高

罗莎塔·杰米尼·米索尼（Rosita Jelmini Missoni）

b. 1931年，出生于意大利戈拉塞卡

www.missoni.com

"泰和罗莎塔·米索尼将针织服装提升为一种艺术形式。"

——贝尔纳迪那·莫里斯（Bernadine Morris）

《纽约时报》

1953年，米索尼夫妇创立了他们的公司——世界上最大的针织品公司之一，至今仍是针织行业的领航者。凭借一流的机器、独特的简约风格和丰富的设计想象，米索尼Z字形图案成为米索尼的品牌标识。米索尼家族共同创造了他们独特的针织毛衫和服饰风格，在过去的50年里发展壮大，如今成为一种生活方式品牌（图4.25）。

米索尼家族在针织服装、家居用品和配饰方面的天赋在国际上得到了认可，并获得了许多奖项。1990年，国际时尚集团授予罗莎塔·米索尼第七届巨星之夜（The Seventh Night of Stars）国际奖。20世纪90年代，泰·米索尼开始专注于组织博物馆展览与归档米索尼的艺术和设计遗产，同时准备1991年在东京举办的挂毯展览。1996年，泰和罗莎塔·米索尼把公司的控制权交给了他们的三个孩子维托里奥（Vittorio）、卢卡（Luca）和安吉

图4.25
20世纪70年代米索尼时尚和配饰中呈现的Z字形针织图案和充满活力的色彩

设计师简介（续）：米索尼（Missoni）

拉（Angela）。1994年泰和罗莎塔获得了皮蒂形象奖（Pitti Imagine Prize），以表彰他们40年来为国际时尚市场设计的独特风格和创意针织服装（图4.26）。作为米索尼家居部门的创意总监，罗莎塔在2005年获得欧美家装（Elle Decor）国际设计大奖。

米索尼时间表

1958年，在米兰推出米索尼品牌的第一个系列。

1970年，在纽约布鲁明戴尔百货店开设米索尼精品店。

1966年，在佛罗伦萨皮蒂宫首次举办时装秀。

1996年，他们把生意转交给三个孩子卢卡、维托里奥和安吉拉。

1998年，罗莎塔被任命为米索尼家居的创意总监，安吉拉被任命为米索尼的创意总监，泰·米索尼负责挂毯的创意设计、歌剧服装设计，以及组织米索尼设计博物馆展览。

2005年，在苏格兰爱丁堡签署协议创建米索尼酒店。

嘉奖

1973年，获得了雷门马可斯奖（Neiman Marcus Award）

1993年，授予泰·米索尼意大利共和国劳动功勋骑士

1997年，获得英国伦敦皇家艺术学会“荣誉皇家工业设计师”*

（参见第一章设计师简介：米索尼：“新一代”）

* 马里于卡·卡萨迪奥（Mariuccia Casadio）著，《米索尼》（*Missoni*），伦敦泰晤士·汉德森出版社（Thames & Hudson），1997年。

图4.26
泰和罗莎塔·米索尼在1997年举办的春/夏时装秀场

设计师简介：三宅一生（Issey Miyake）

b. 1938年4月22日，出生于日本广岛市

www.isseymiyake.com/en

“设计不是为了哲学，而是为了生活。”

——三宅一生

《国际先驱论坛报》

1992年3月

三宅一生在日本东京多摩美术大学攻读平面设计专业。1964年大学毕业后，他在巴黎和纽约从事服装设计工作。1970年返回日本，创立了三宅一生时装公司。

三宅一生以其在纱线、针织、面料工艺方面的新科技而闻名，他相信服装是灵活的、易于护理的，并创造出最先进的织物处理技术。目前，他的服装系列包括女装、男装和香水，所有这些都是由他任命的创意总监设计的。三宅一生致力于开发、探索纱线、面料技术和工艺、服装生产的可持续发展技术。

20世纪80年代，三宅一生设计出了独具特色的褶皱面料，这个系列被称为“一生褶皱”（1989—1993年）。这个系列采用涤纶面料，先裁剪和缝制，然后打褶，以更好地保持处理效果（图4.27）。

1997年，三宅一生开启了一个新的试验方向，用一块连续的针织面料制成服装，这种面料称作A-POC。这是“一块布”（A Piece of Cloth）的首字母缩写，制作服装时没有废品，剪裁和图案用得都极少。

2001年，三宅一生推出“觅己·三宅一生/花椰菜”系列，该系列主要提供符合21世纪穿着习惯的T恤。三宅一生进一步扩展了他的A-POC概念，并于2014年推出了一系列由二维面料制成的服装，面料由聚酯合成纤维与天然纤维和染料混合制成。*

2004年，三宅一生基金会在东京成立，组织展览和活动，出版文学作品。该基金会还经营着日本第一家设计博物馆“21 21设计视野”（21 21 DESIGN SIGHT）。2012年，三宅一生成为“21 21设计视野”的联合总监。

三宅一生的2016年秋/冬系列“BEYOND”在巴黎展出，主题为“从一块布中诞生美丽”。三宅一生的面料以“烤过的拉伸”（Baked Stretch）和三维“蒸过的拉伸”（Steam Stretch）技术展示了最新的技术。三宅一生的廓型、色彩和设计方法对任何一位针织品设计师来说都是鼓舞人心的。他锐意进取，不断探索21世纪的新工艺和新技术。**

* 小池和子（Kazuko Koike），北村美典（Midori Kitamura）著，《三宅一生》（*Issey Miyake*），德国科隆：塔森出版社（Taschen），2016年。

** www.isseymiyake.com/en

图4.27

1995年三宅一生的一生褶皱秋/冬系列展

设计师简介：拉杜玛·尼克塞库拉（Laduma Ngxokolo）

b. 1986年，出生于南非伊丽莎白港
www.maxhosa.co.za

尼克塞库拉最初是由母亲教他使用针织机，2011年他创立了自己的针织品牌MaxHosa by Laduma（图4.28、图4.29）。在获得南非开普羊毛和马海毛组织（the Cape Wools of South Africa and Mohair South Africa organizations）授予的奖项后，尼克塞库拉很快名声大振。随后，在南非英国皇家染色协会（SDC）设计大赛中进一步彰显了他在针织服装设计方面表现的天赋，使他能够前往伦敦。他的作品《科萨文化的多彩世界》（*The Colorful World of the Xhosa Culture*）荣获国际一等奖，灵感来自他家乡传统的科萨珠饰。他根植于非洲本土，使用南非本地的马海毛和羊毛等材料，在当地工厂生产他的毛衫。

2014年，尼克塞库拉获得奖学金，前往伦敦中央圣马丁艺术与设计学院攻读未来材料设计专业硕士学位，为期两年。势不可挡的尼克塞库拉获得了2015年《时尚》意大利版非洲巡展奖，这让他能够在意大利米兰的莫兰多宫时装秀（Palazzo Morando Show）上展示自己的设计。作为一颗冉冉升起的新星，他的设计继续在柏林、伦敦、纽约、巴黎等国际时尚城市以及他的祖国获得赞誉。*

嘉奖

2011年，获得《嘉人》杰出设计最佳新秀奖

2012年，荣获纳尔逊·曼德拉大都市大学新星奖

2014年，荣获非洲时尚国际新人年度设计师奖

2016年，荣获南非设计大会最美物件设计奖

* www.maxhosa.co.za

图4.28
设计师拉杜玛·尼克塞库拉

图4.29
MaxHosa by Laduma品牌毛衫

本章总结

针织设备的技术创新和发展是全球针织服装和毛衫业迅速发展的关键。本章回顾了针织服装的生产工艺及其技术发展。涉及的领域包括裁片缝制、成形编织、整体编织以及3D全成形整件服装编织技术，并讨论了与之相关的术语。

关键词和概念

3D 编织技术
针织裁片
圆形编织
整件服装编织
每英寸的横列数
整体编织
织可穿
套口缝合
无缝编织
成形
V型针床
每英寸的纵行数

工作室活动

访问针织服装设计工作室网址（www.bloomsburyfashioncentral.com）。核心元素是：

- 多选题
- 带有关键词和定义的抽认卡
- 编织技术资源链接

项目

1. 收集一组针织样片或服装，列出它们可能的不同制作方法，记录机号、纤维含量和织物组织。

2. 调查流行的针织服装设计师或制造商，创建一份清单，列出所描述公司毛衫款式组合中使用的纱线和织物组织。

5

第五章 设计研发系列文稿

本章将要探讨如何将设计师最初的灵感呈现为规定的样衣文稿形式。设计过程依次为：开发设计日志、情绪板，准备针织服装设计研发系列文稿，这些是服装行业开发样品的标准流程。设计文稿可采用不同的格式，既可以手绘也可以用电脑绘制，并提供相关的使用说明。本章列举了一些设计日志、情绪板的案例，介绍了绘制平面款式图、服装规格表、纹样图案、颜色信息表的常用方法，以及开发灵感样片、色标和组织结构的常用方法，此外还介绍了缝纫和边口处理的一些方法。

服装设计开发的初级方案

一组季节性针织服装系列设计的灵感来自多种渠道：流行文化，现有的纱线和设备，廓型、针织物组织结构、花型和色彩等的流行趋势。设计师可以参观针织面料和纱线展，考察季节性纱线的前沿流行趋势和新开发的针织面料，并开始购买下一季的样品纱线。意大利国际纱线展（Pitti Filati）是规模最大的针织纱线展之一，在意大利佛罗伦萨举行，每年举办两期，大约在1月底和7月初，为期3天左右。纱线供应商、机械制造商和许多色彩流行趋势、产品流行趋势机构都会在现场展示他们最新的设计产品（图5.1）。

由于灵感来源的渠道多种多样，设计师必须学会缩小关注的范围，根据他们的客户资料、

（a）意大利纱线展趋势预测空间

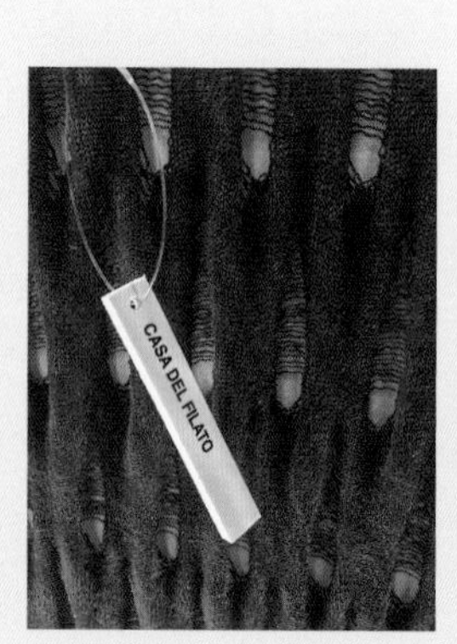

（b）（c）（d）带有肌理灵感的针织样片

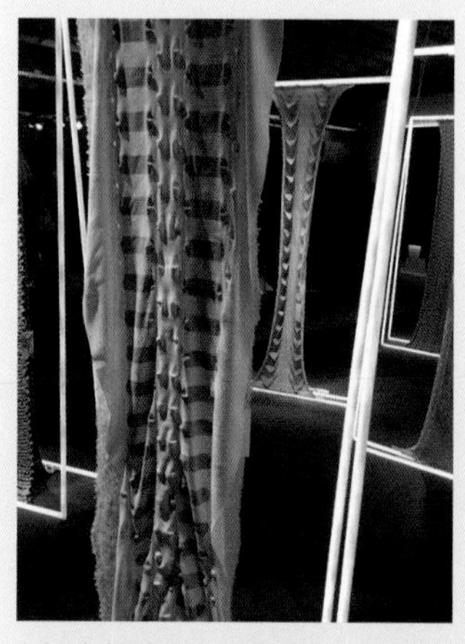

（e）针织成品灵感展示

（f）纱线材质的样衣展示

（g）米乐菲丽（Millefili）陈列区

（h）意大利国际纱线展提供的色卡和展会指南，以及米乐菲丽赠送的针织水瓶套

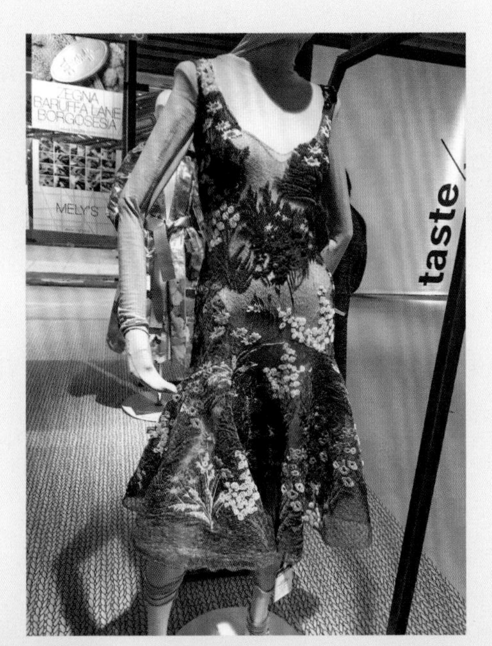

（i）设计师理查德·奎因（Richard Quinn）为迪洛恩工作室（Dyloan Studio）时尚未来趋势展会设计的英式花园礼服系列，着重展示了圣尼古拉（Stamperia San Nicolo）编织技术，以及邦德（Bond）工厂使用美国弗吉尼亚州和意大利巴鲁法纱线生产商（Zegna Baruffa Lane Borgosesia）提供的纱线进行的后整理技术

（j）黏合花边袖口处理

（k）意大利埃卡菲尔（Ecafil）的展位

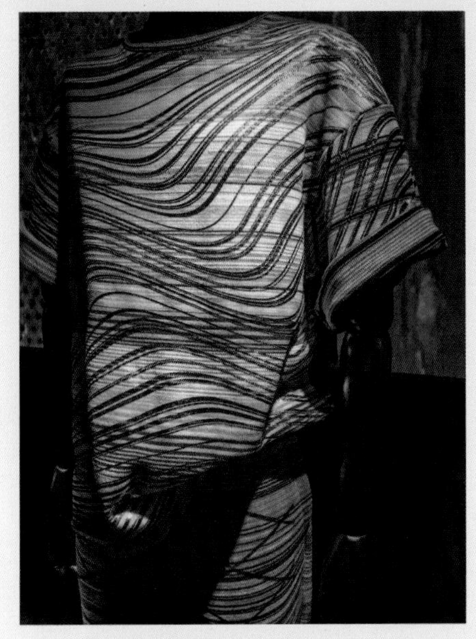

（l）（m）追求质感的趋势概念

图5.1
意大利国际纱线展

设计类别、市场和价格定位，提炼出有助于服装系列开发的关键元素。他们必须考虑目标客户的性别、年龄、收入水平和形体特征。

在大公司中，影响灵感和设计的另一个因素是设计团队的规模。而在一些成熟的大公司中，设计团队通常由许多人组成，且必须由一个设计总监或经销商带领以便开发服装系列设计主题。然后，设计人员将这些设计理念提交审核，获准后开始实际风格的开发。

设计日志

许多设计师使用设计日志记录他们每天遇到的所有灵感和有影响的事物。这些日志通常是设计师的研发工具，帮助他们进行创作（图5.2）。近年来，设计开发日志已成为雇主了解设计师创意开发的主要内容。当设计师们开始研究下一季的设计思想和流行趋势时，这个工具可以帮助他们专注于这个系列的主题和概念（参见第八章）。

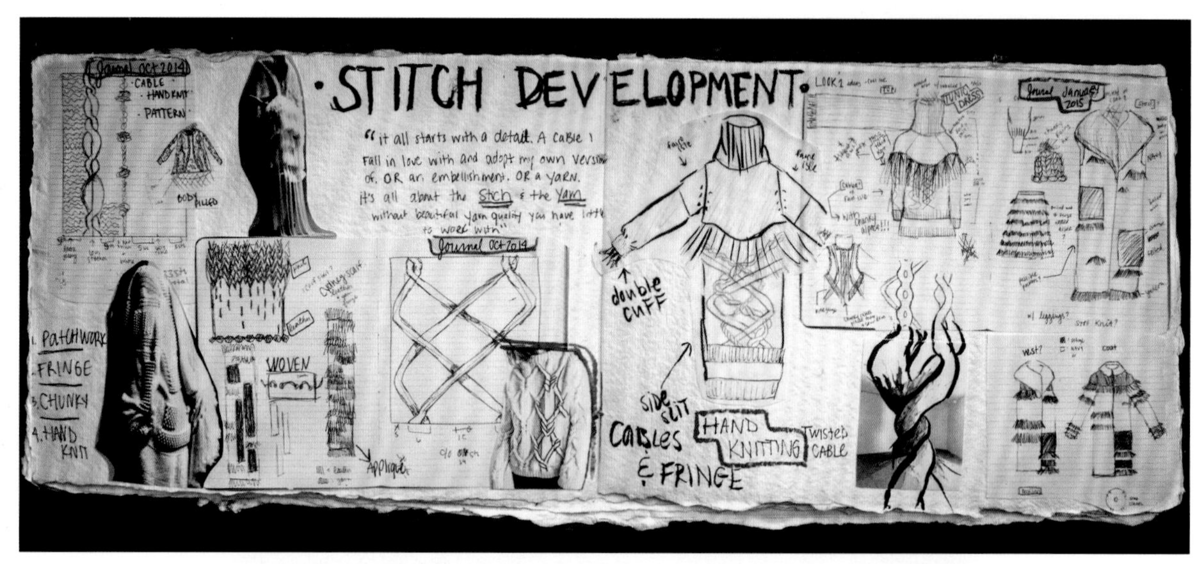

图5.2
样品设计开发日志

情绪板

当下一季的主题和理念产生后，设计师们就开始着手调研。调研内容包括季节性面料、廓型、纱线、针织组织结构和色标。在对所有信息进行彻底调研和收集后，设计师或者设计团队会创建一个情绪板。情绪板是一种展示工具，通过使用调研开发过程中收集到的概念图像来传达主题，包括面料、纱线、即将推出的系列色彩故事和色标，以传达公司品牌的设计精髓（图5.3）（参见第八章）。

设计草图

收集完资料后，设计师根据系列主题和从杂志、情绪板中获得的灵感，迅速画出灵感图，通常称作设计草图（图5.4）。将廓型和款式的设计思想记录在纸上，是设计过程中非常重要的一步。尽管设计师可以使用不同的手段开发草图，但它们的作用是一样的，即展现出设计师由最初的零星感觉到最终完整的系列时装设计的整个创作思路的发展过程。

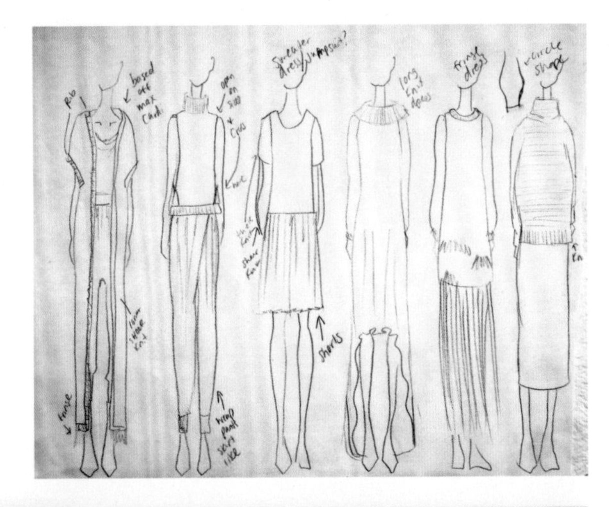

图5.3
样品情绪板

图5.4
包含廓型、款式结构、纱线、图案的系列草图

基本款式和细节

针织服装设计师根据将要使用的纱线类型和支数开发整个系列的风格和廓型（参见第二章）。因为需要特定的编织设备才能编织出有独特外观的织物，所以纱线类型和支数是设计师需要考虑的重要因素。针织服装基本款式有开衫、套衫、背心、紧身裙、紧身长裤（图5.5）。设计师会对这些基本款式进行巧妙处理，如改变长度、宽度、领口、袖子、细节、门襟和其他特征部位，从而开发和设计他们的服装系列。

服装展板

在完成整个系列的设计草图之后，有许多展示方法可以用来呈现系列设计思维的发展轨迹。最常见的方法之一是服装展板的开发（图5.6）。服装展板是一种概念性展板，通过色彩向公司的主要决策者（设计总监、经销商、销售人员、副总裁以及其他高级职员）展示整套系列设计的理念和风格（参见第八章）。

图5.5
针织毛衫的基本款式（图5.32~图5.38是这些基本款式的工艺单）

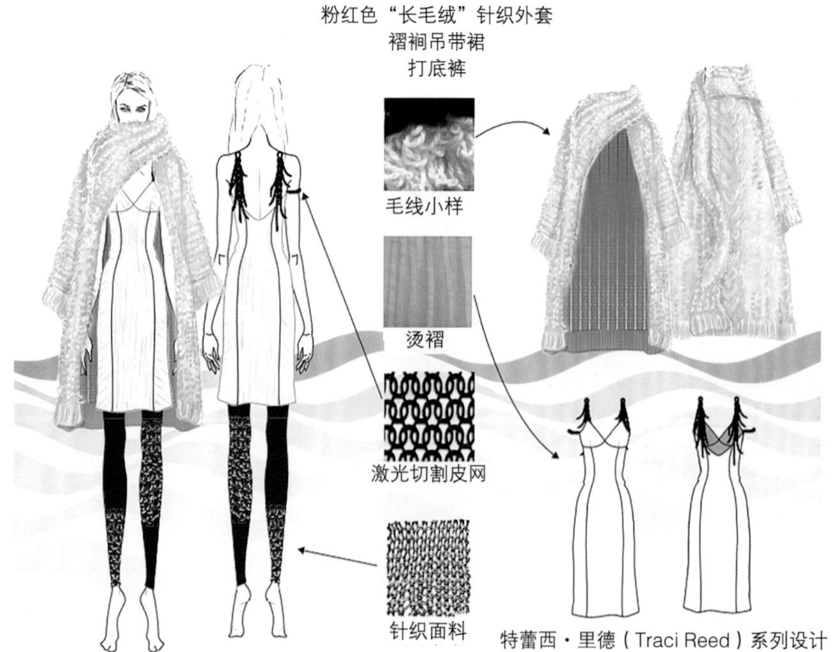

图5.6
服装展板

设计研发/工艺文稿

展板和款式提交之后，设计稿中被认可的适合系列主题的款式有必要制成样衣。制作毛衣和针织系列样品之前，需要先完成生产工艺单。

图5.8
手绘平面款式图

款式图

款式图是在生产工艺单上呈现针织服装款式的标准绘图方法。款式图表现的是服装在平铺状态下的款式结构和工艺特征，一般不包括人物造型。当需要阴影时，款式图通常采用灰色面积呈现。款式图可以徒手绘制（图5.7、图5.8），也可以用计算机绘图软件生成（图5.9）。Adobe Illustrator是当前企业常用的计算机绘图软件。

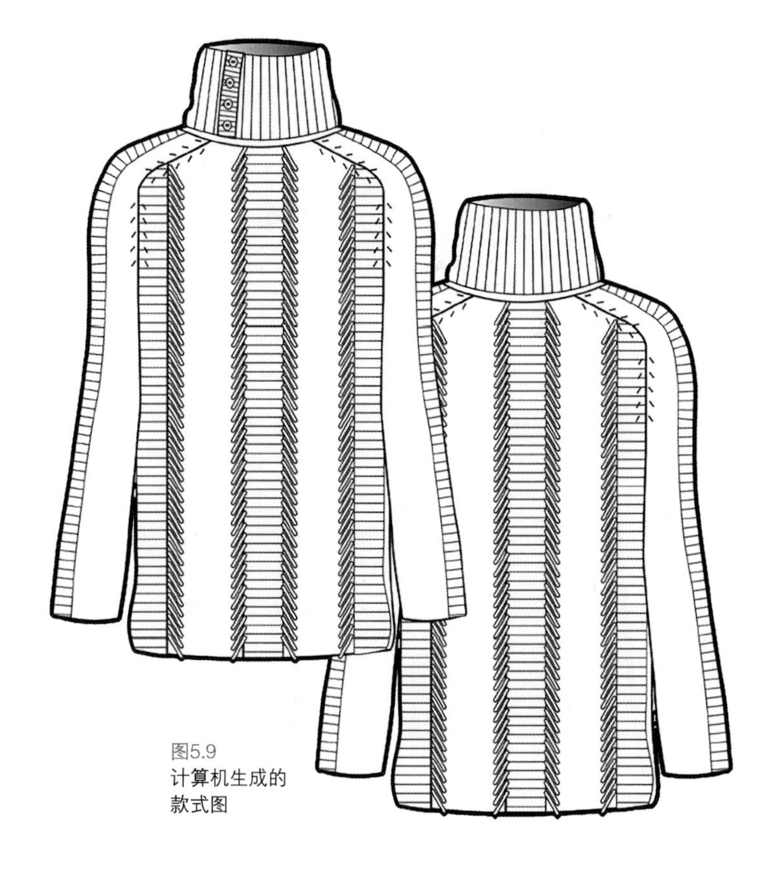

图5.9
计算机生成的款式图

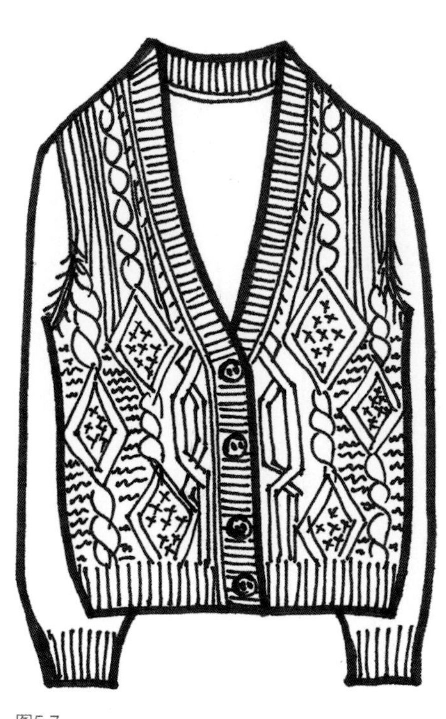

图5.7
手绘平面款式图

规格表

规格表一般是指用于各个款式主要部位的尺寸表。规格表中包括简略的款式图，和与服装生产有关的尺寸、工艺技术等信息。规格表中需要测量的身体部位称作测量点，测量时应遵循统一的标准（图5.10）。规格表可以在预先打印的规格单上手工填写（图5.11），也可以使用电子表格程序（图5.12）在计算机上生成。有许多专有软件可以用来生成数字规格表，最常用的软件是Microsoft Excel（参见第七章）。

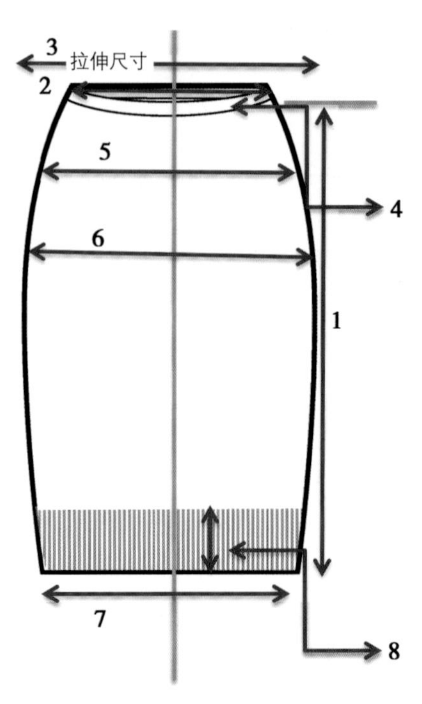

（b）裙子

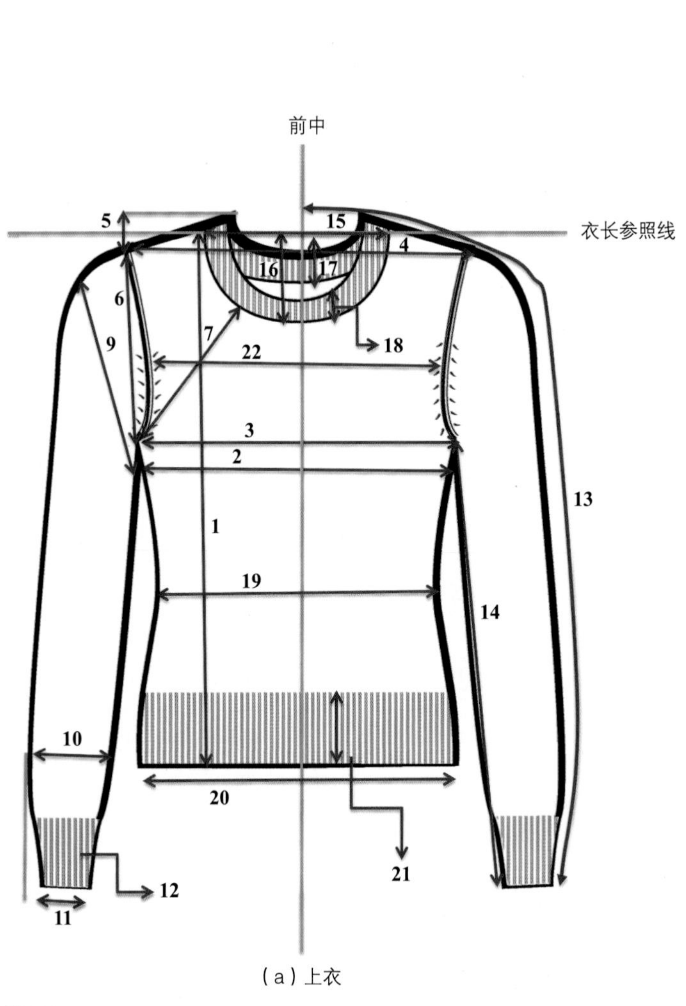

（a）上衣

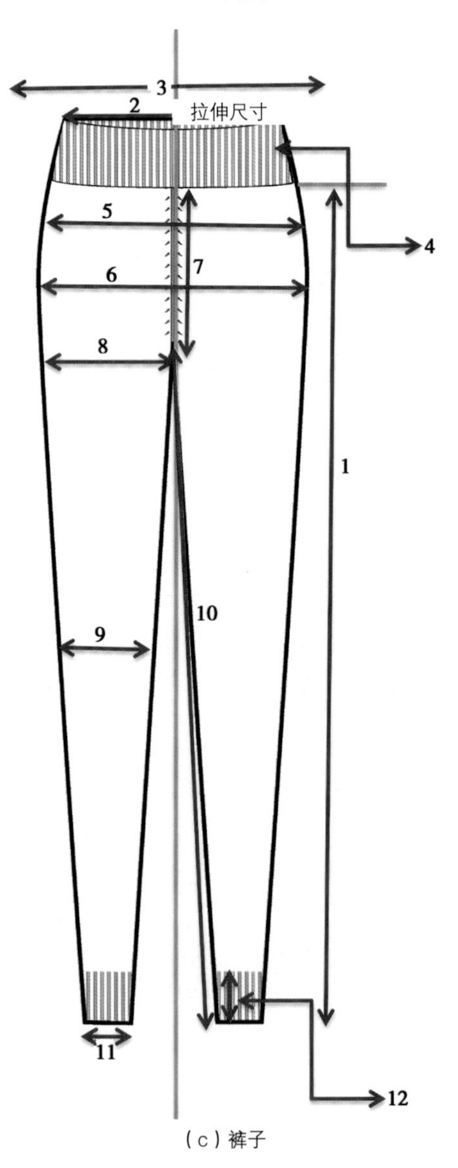

（c）裤子

图5.10
上衣、裙子、裤子测量图

手写规格	参考：6.10	款式编号#：F178094
	描述：4 BTN DEEP V-neck cable Rib Front cardiGAN	
	制造商：SUNRAX	日期：10·17·16

	针织上衣常规款的规格	规格：M
1	衣长：从侧颈点向下直量	24
2	下胸宽：挂肩向下1英寸横量	19
3	胸宽：腋下点到腋下点	20
4	肩宽：外肩点到外肩点	17
5	肩斜	1
6	挂肩：直量	8½
7	前插肩袖	\
8	后插肩袖	\
9	上臂袖宽	7½
10	前臂袖宽距袖口6英寸	5½
11	袖口宽	3
12	袖口罗纹高：1X1 Rib	2
13	袖长：后领中量至袖口	30½
14	袖底缝	\
15	领口宽（缝对缝）	8½
16	前领深：衣长参照线到前中领口线	11
17	后领深：衣长参照线到后中领口线	½
18	领口边：1X1 Rib	1¼
19	腰宽（距侧颈点　英寸）	\
20	下摆宽	18
21	下摆边高：1X1 Rib	2
22	上胸宽：从侧颈点向下5英寸横量	16
23	后背宽：从侧颈点向下5英寸横量	16½

织物组织/机号：	Cable + Rib Front w/Jersey BK/SL 7gg
纱线信息/纤维含量：	2/24 (3 ENDS) 100% Topdye wool
装饰：	1X1 Rib Placket (4) 2 Hole wood shank 14 ligne
特殊说明：	Solid BACK + SLEEVES (Jersey) [SEE cable/Rib stitch detail]
客户：	Private label
重量：	14.5 lbs Per DOZEN

←3"→

←3"→

3" wide cables
(10/10) Cable
3X2 Rib Fill

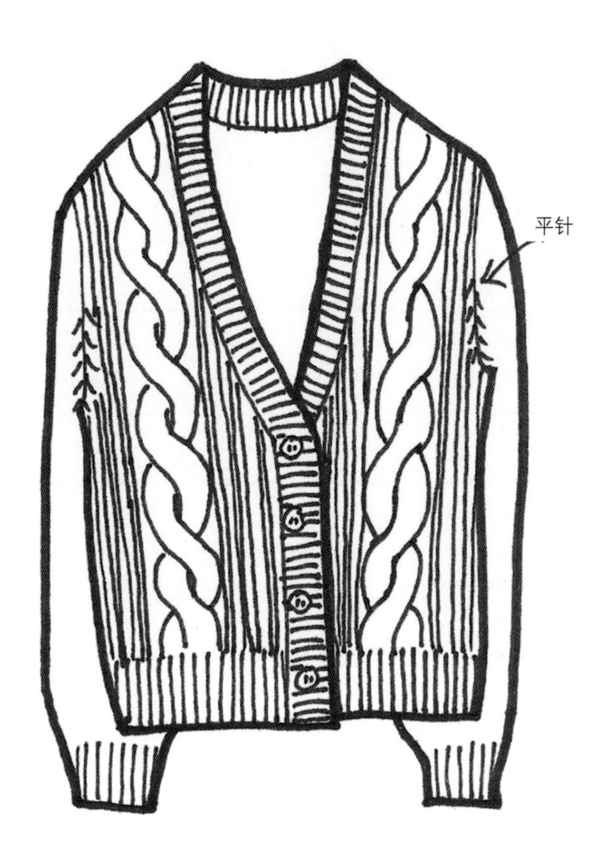

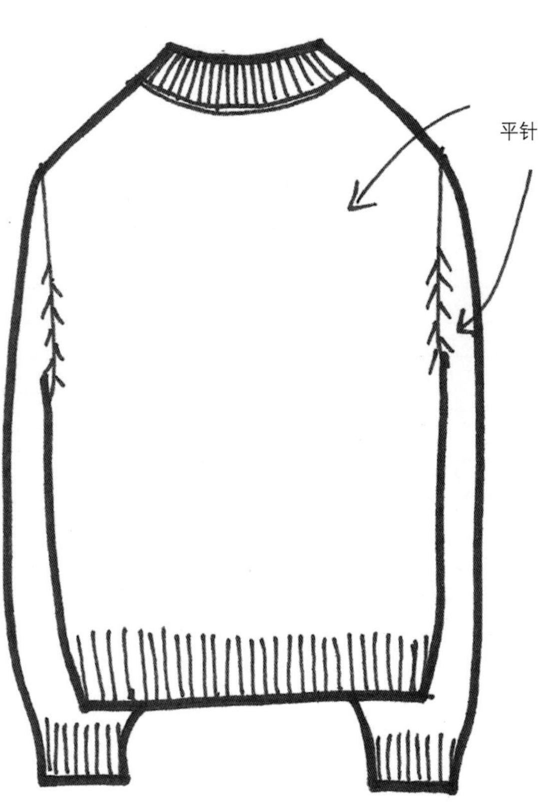

图5.11
手写规格表

	设计师：金香农	
款式编号 #：T5201　　季节：春/夏 2016	规格：S	工厂：FIT STOLL
描述：藏青色棉质提花短袖圆领衫		
纱支/含量/工厂：10/2/100% 丝光棉/UKI Supreme Corp.		
纱线根数/纱支/机号：1根/10/2/10G	组织：双面提花（背后芝麻点）	重量：待定

针织上衣的测量		原始尺寸（英寸）	第一次打样	调整后尺寸
1　衣长：从侧颈点直量到底边		20 7/8		
2　肩宽：两边肩端点横量		14		
3　肩斜		1		
4　下胸宽：袖窿向下1英寸横量		18 3/4		
5　上胸宽：侧颈点向下5英寸横量		12 3/8		
6　后背宽：侧颈点向下5英寸横量		13		
7　腰宽：侧颈点向下15 1/2英寸处横量		17 1/4		
8　下摆宽		18 1/4		
9　下摆边高		1/2		
10　组织：空气层组织				
11　领宽：边对边		7 1/2		
12　前领深：衣长参照线到前中领口线		4		
13　后领深：衣长参照线到后中领口线		1		
14　领边高：从后领中量		1		
组织：1×1 罗纹+空气层组织				
15　公主线至腋下 直量		3 1/4		
16　上公主线片长（边缝）		4 1/2		
	沿公主线	6 5/8		
17　上公主线片宽	边口处	4		
18　下公主线片长（边缝）		7		
	沿公主线	8 3/8		
19　下公主线片宽（边口处）		4 1/4		
20　下公主线缝合处：直量		5 1/4		
21　前中与侧片高度差		1/2		
22　袖长：后领中量起		19		
23　袖长：从肩端点量起		12 1/2		
24　挂肩：直量		8		
25　袖宽：挂肩下1英寸		5 3/4		
26　袖口宽（边对边）		3 1/2		
27　袖口边高		1		
28　组织：1×1罗纹+空气层组织				
29　袖欧根纱长度：从肩端点向下量		3 1/2		
30　侧片开口高度差：前/后片公主线处		1 1/2		
31　前中片下摆宽		7		
32　前中片公主线端横向宽度		13 3/8		
33　侧片开口		1 3/4		

草图

前、后片视图：

装饰细节：

纽扣：		总数：	
款式细节：			
色彩：			规格：
肩点向下中间放置：			
纽扣间距：			
拉链			
款式细节：			
色彩：			
长度：			宽度：
附加：			

图5.12
计算机生成的规格表

服装细节表

设计师有时需要在工艺文稿中加入服装细节表。即使在规格表上记录了诸如纽扣、拉链，以及特定款式的缝线和边缘处理，可能还需要对后期装饰方法的细节进行补充说明。设计师创建细节表时（图5.13、图5.14），需要从原始规格表中抽取部分信息进行更详细地说明。创建细节表的方法包括手绘、扫描和复制。任何能最准确地展示细节的方法都将帮助设计师确保样品按照预期的设计制作出来（图5.13~图5.18）。

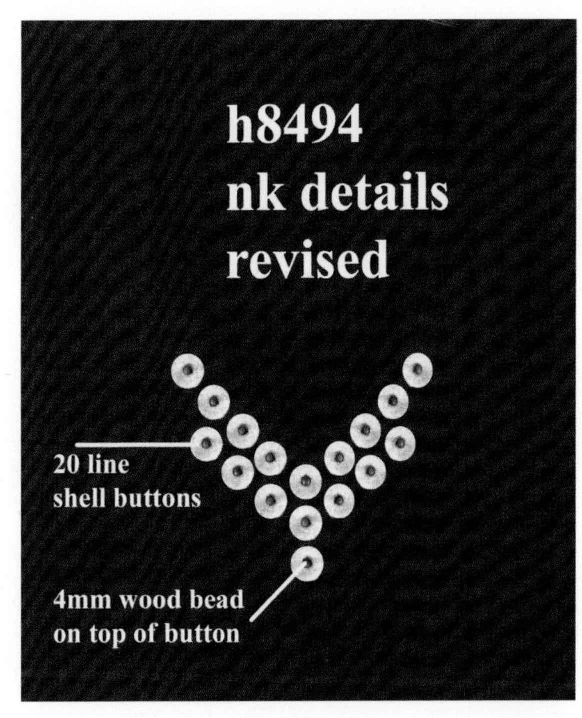

（a）领口装饰细节图

服装细节表		设计师：金香农	
款式编号 #：T5201	季节：春/夏 2016	规格：S	工厂：FIT STOLL
描述：藏青色棉质提花衫			
纱支/含量/工厂：10/2/100% 丝光棉/UKI Supreme Corp.			
纱线根数/纱支/机号：1根/10/2/10G		组织：双面提花（背后芝麻点）	重量：待定

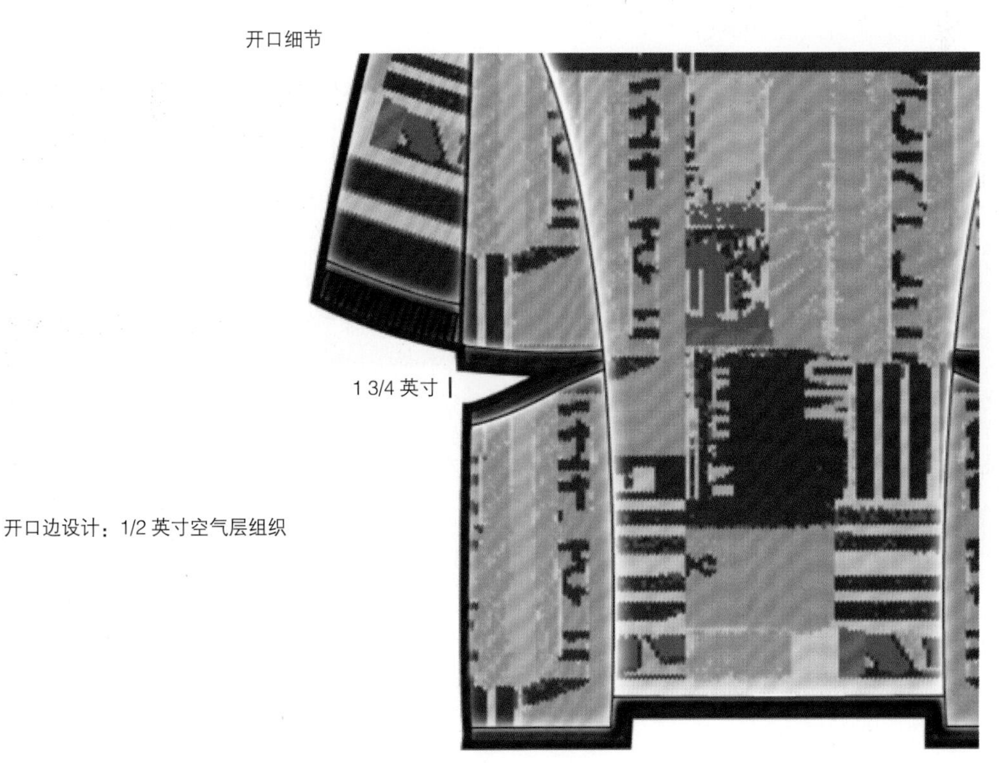

（b）展示开口部分的服装细节图表

图5.13
服装细节图表

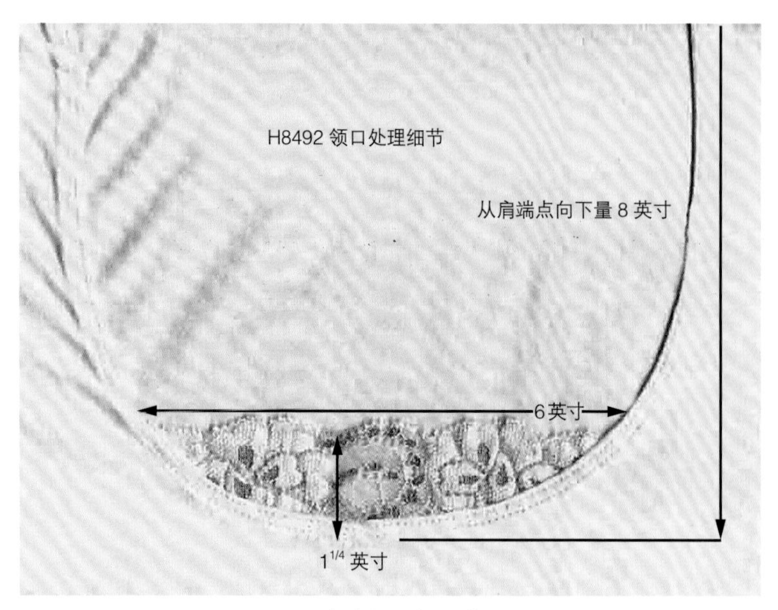

（a）领口处理细节图

服装细节表

款式编号 #：T5201	季节：春/夏 2016	设计师：金香农 规格：S	工厂：FIT STOLL
描述：藏青色棉质提花衫			
纱支/含量/工厂：10/2/ 100% 丝光棉/UKI Supreme Corp.			
纱线根数/纱支/机号：1根/10/2/10*G*		组织：双面提花（背后芝麻点）	重量：待定

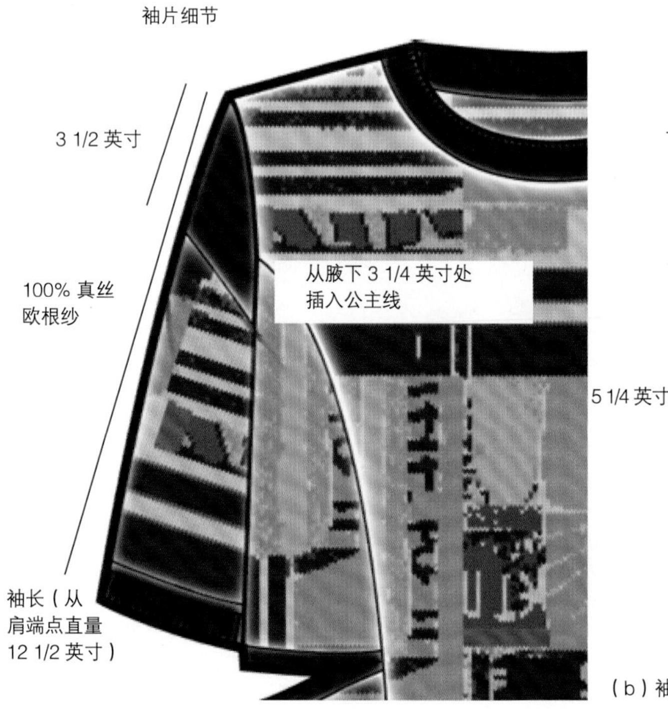

（b）袖子及下摆处理细节图

图5.14
服装细节处理图表

（a）1×1 罗纹

（b）2×2 罗纹

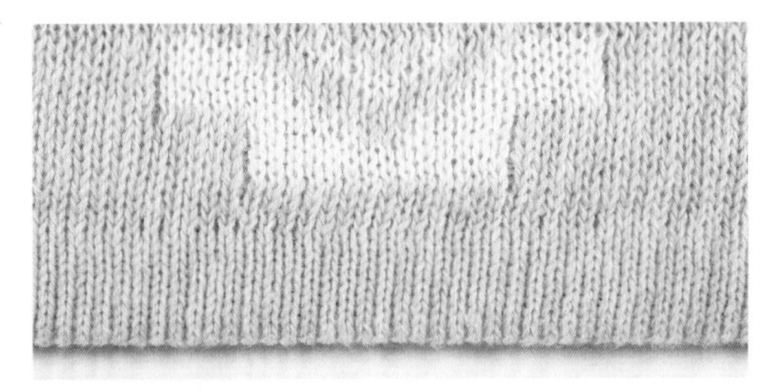

（c）空气层组织起底

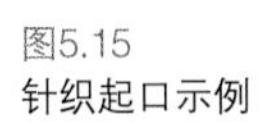

图5.15
针织起口示例

（a）包缝

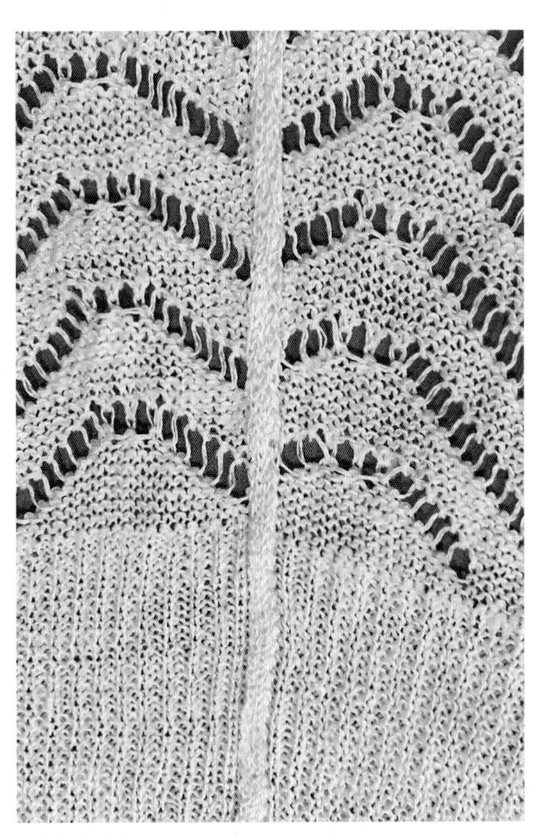

（b）链式缝合

图5.16
缝合示例

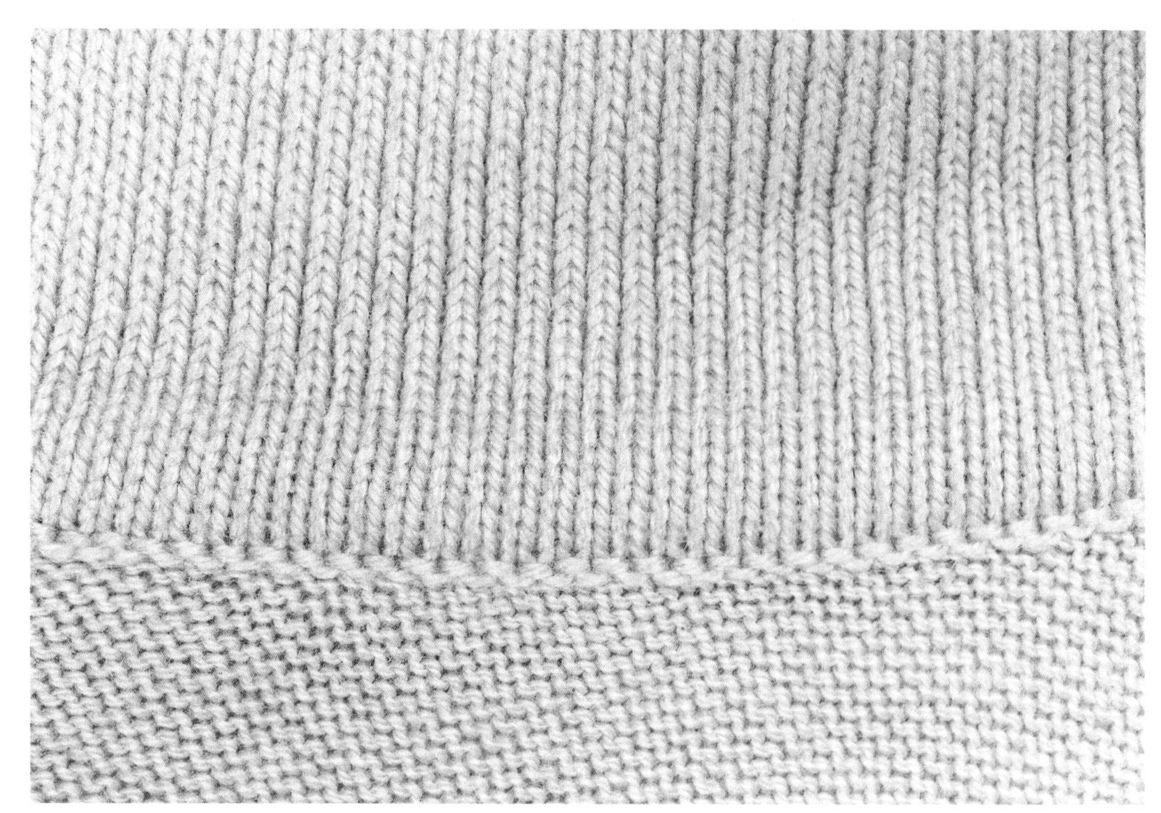

图5.17
空气层组织+1×1罗纹起口示例

（a）2×2罗纹青果领

（b）包边领口和空气层组织袖口

图5.18
领子和袖子处理示例

面料和组织结构信息

有时需要在工艺文稿中加入有关面料和组织结构的信息。创建一个组织结构信息表，以显示针织物组织及其在服装中的具体位置（图5.19）。一般来说，设计师在开发系列设计时，头脑中已经预先设定了某些特定的组织结构。设计师可以采用扫描、复印或针织样品来展示某个款式所使用的针织组织结构。设计师可以使用许多资源，如网络下载、书籍、针织样片和其他样衣，帮助他们开发适合自己设计风格的组织结构。特殊组织结构的样片，也称作针织小样，可以是由设计师或助手编织，也

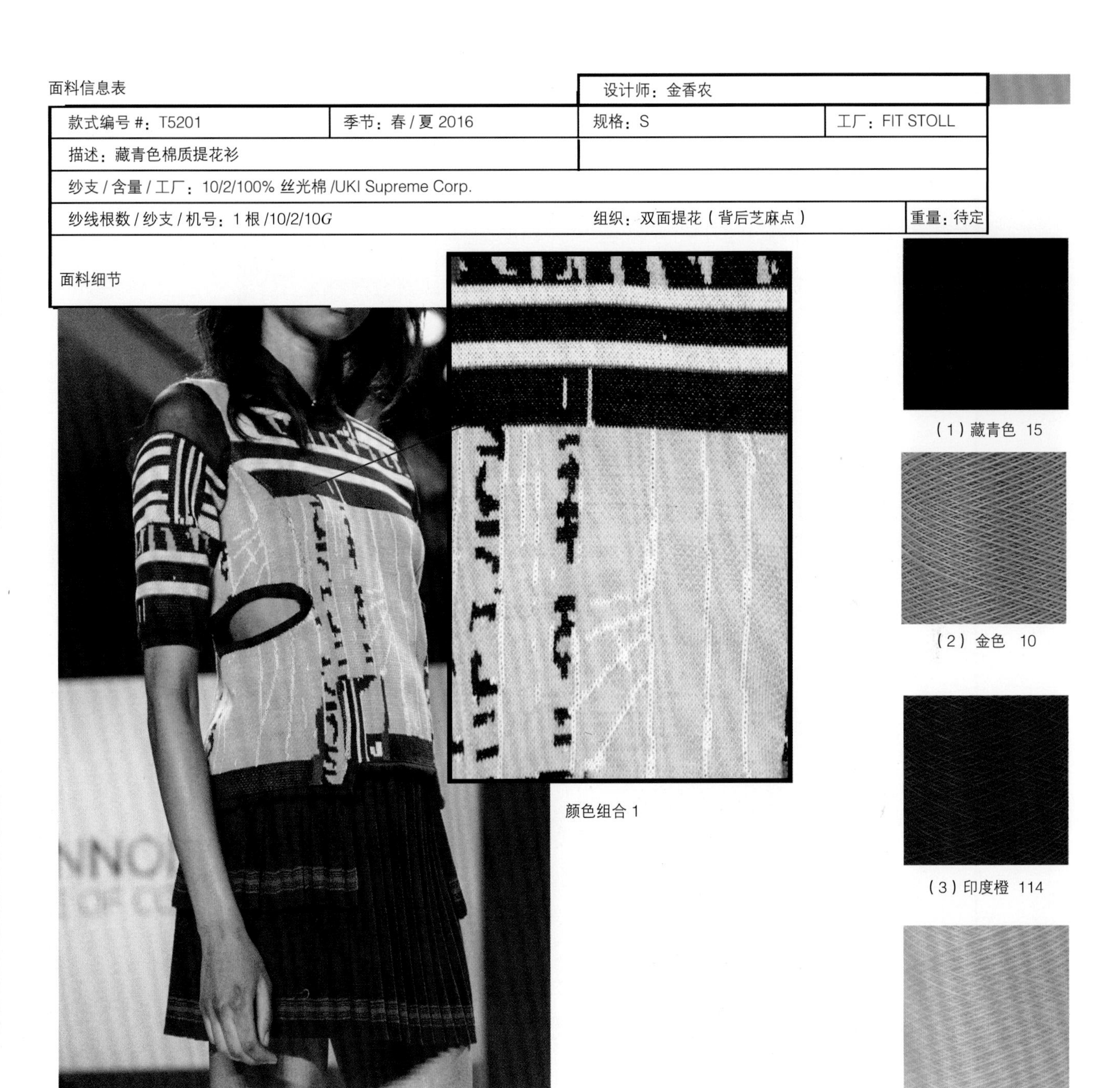
面料信息表

设计师：金香农			
款式编号 #：T5201	季节：春 / 夏 2016	规格：S	工厂：FIT STOLL
描述：藏青色棉质提花衫			
纱支 / 含量 / 工厂：10/2/100% 丝光棉 /UKI Supreme Corp.			
纱线根数 / 纱支 / 机号：1 根 /10/2/10*G*	组织：双面提花（背后芝麻点）		重量：待定
面料细节			

图5.19
面料信息表

可以从外部购买。外部来源可能包括自由编织设计师或针织设计工作室。这两个来源都可以提供一些样片激发设计师创作一个系列的设计灵感，并使之购买（图5.20、图5.21），也可根据需求编织样片（图5.22），或者编织一件完整的样衣（图5.23）。

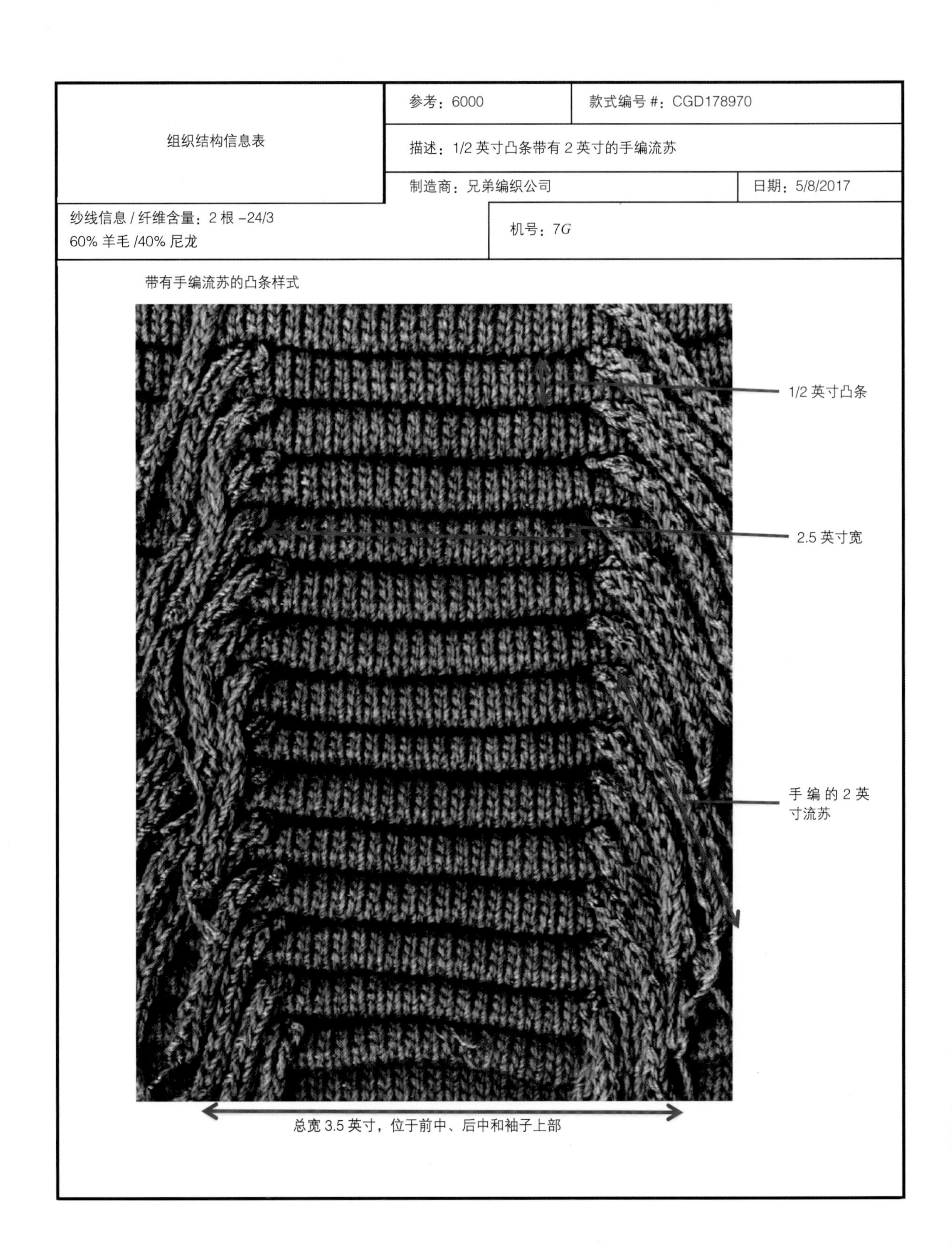

组织结构信息表	参考：6000	款式编号 #：CGD178970
	描述：1/2 英寸凸条带有 2 英寸的手编流苏	
	制造商：兄弟编织公司	日期：5/8/2017
纱线信息 / 纤维含量：2 根 –24/3 60% 羊毛 /40% 尼龙	机号：7*G*	

带有手编流苏的凸条样式

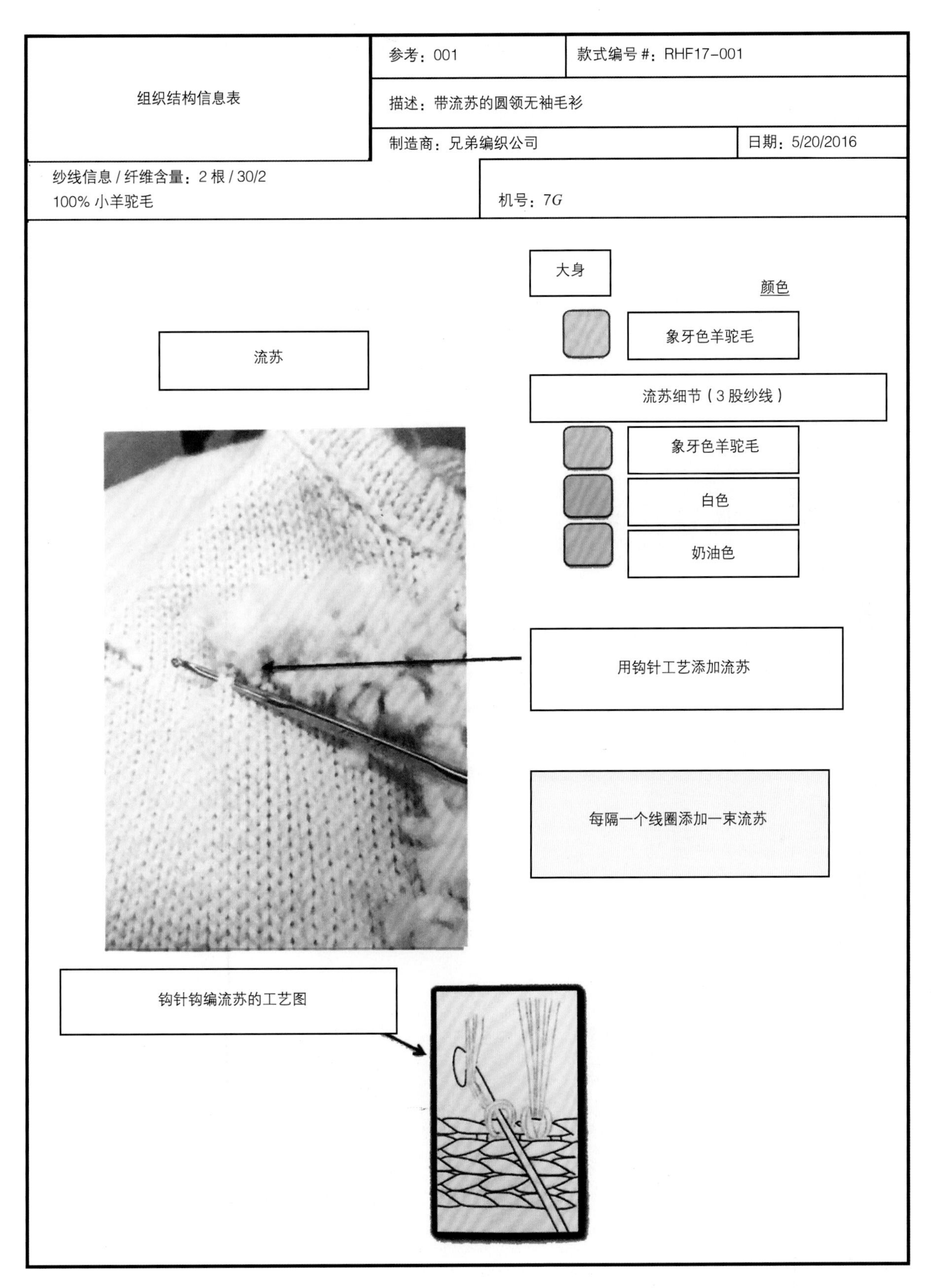

组织结构信息表
参考：001
款式编号 #：RHF17-001
描述：带流苏的圆领无袖毛衫
制造商：兄弟编织公司
日期：5/20/2016
纱线信息 / 纤维含量：2 根 / 30/2
100% 小羊驼毛
机号：7G
大身
颜色
象牙色羊驼毛
流苏
流苏细节（3 股纱线）
象牙色羊驼毛
白色
奶油色
用钩针工艺添加流苏
每隔一个线圈添加一束流苏
钩针钩编流苏的工艺图

图5.20
组织结构细节表

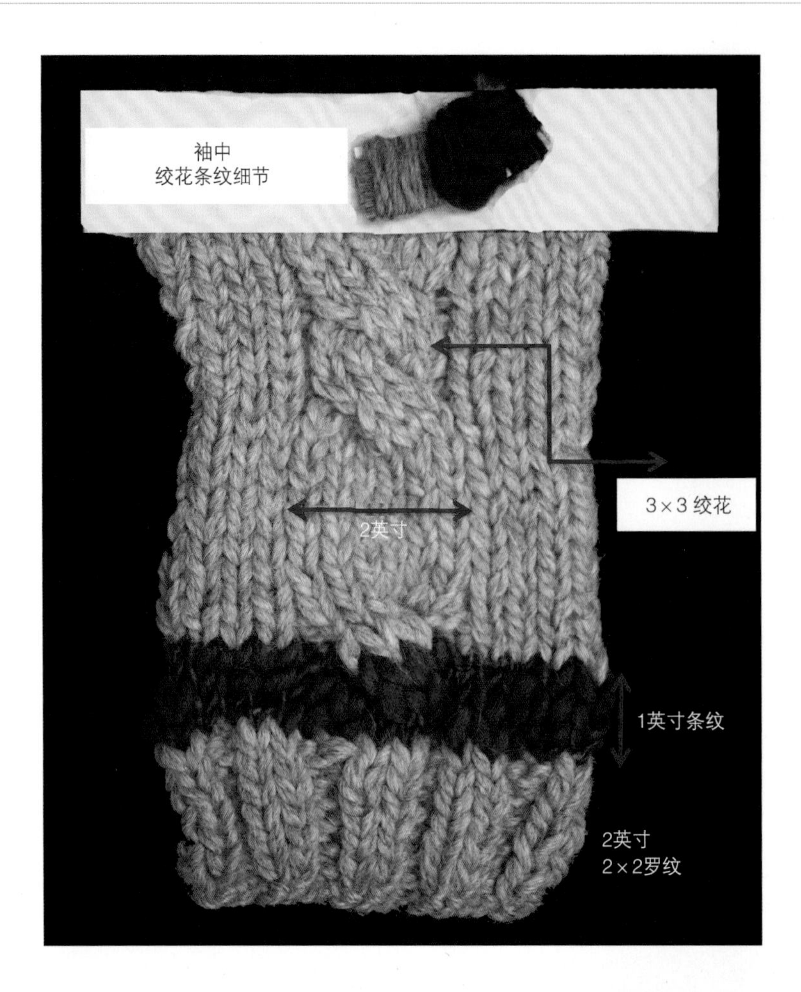

图5.21
样片细节

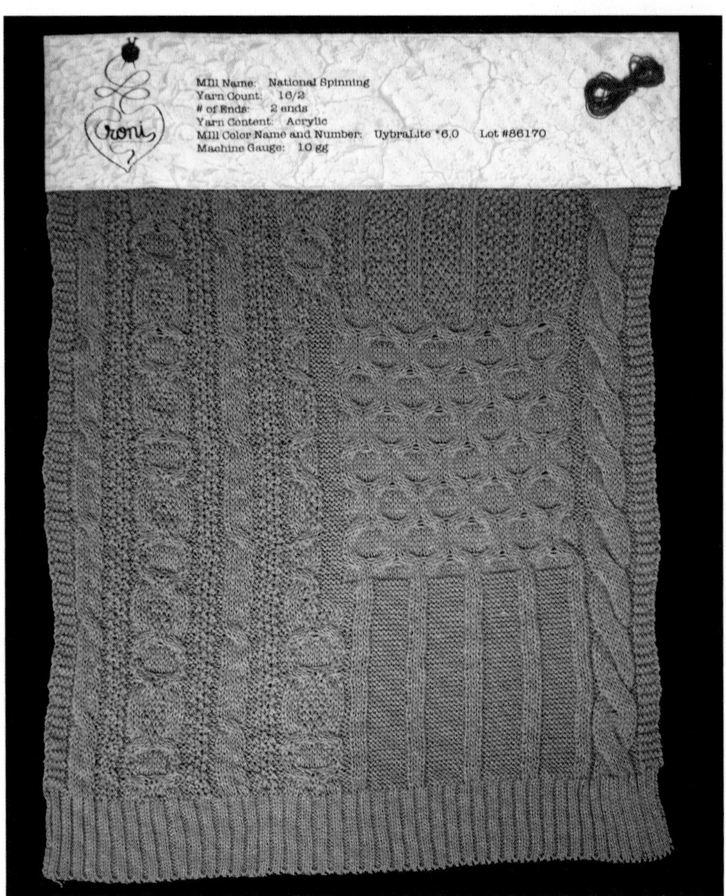

图5.22
在10*G*斯托尔横机上编织的灵感样片

图5.23
手编灵感服装样衣

颜色信息

颜色信息表是一种文稿，带有色标或色彩搭配信息，满足开发特殊花型图案和款式的需求。颜色信息表可以由手工制作（图5.24），也可以由计算机制作（图5.25）。

绘制图形

用于绘制或图解毛衣纹样和组织结构的方法称作绘图。绘图是用绘画的方式将织物花型形象地表示出来的一种方法，图形的大小、比例与织物一致。当绘图纸上线圈的比例与实际织物一致时，纸上展示的花型与实际编织的效果完全一样。所绘制的图形也可以按照服装比例的大小进行开发或复制，但它们依旧可以显示出整个款式的图案效果。编织者可以用手绘或电脑绘图的方式，创建或开发花型纹样。在使用绘制的图形时，编织者会根据编织方向，从下往上读取花型。有两种绘图方法：颜色标识法（图5.26）和编织符号标识法（图5.27）。有时在一张图纸上这两种方法会组合使用（图5.28）。这两种方法都可以显示织物的图案风格，然而为了正确读取花型两者都需要一个设定。这个设定是已绘制图形中关于颜色或符号编码的一个列表。图形既可以使用手工绘制，也可以采用计算机辅助设计（CAD）软件绘制（参见第七章）。

颜色信息表

款式编号 #：JCS8990		纱线 / 纤维信息：3/8 100% 有机美丽奴羊毛				
样品	色彩组合 1	色彩组合 2	色彩组合 3	色彩组合 4	色彩组合 5	色彩组合 6
色彩 A  象牙色	玛瑙色	咖啡色 	枣红色 			
色彩 B  黑色	象牙色	草绿 	玛瑙色			
色彩 C  棕色	咖啡色	玛瑙色	咖啡色			
色彩 D						
色彩 E						
色彩 F						
色彩 G						

样片色彩组合：A—象牙色，B—黑色，C—棕色

图5.24
手工绘制的颜色信息表

颜色组合 / 信息表　　　　设计师：金香农

款式编号 #：T5201	季节：春 / 夏 2016	规格：S	工厂：FIT STOLL
描述：藏青色棉质提花衫			
纱支 / 含量 / 工厂：10/2/100% 丝光棉 /UKI Supreme Corp.			
# 纱线根数 / 纱支 / 机号：1 根 /10/2/10G	组织：双面提花（背后芝麻点）		重量：待定

序号 / 成分	(1)	(2)	(3)	(4)	(5)
	底色				
色彩组合 1	藏青 15	金色 10	印度橙 114	漂白 001	
	(6)	(7)	(8)	(9)	(10)
序号 / 成分	(1)	(2)	(3)	(4)	(5)
	底色				
色彩组合 2					
	(6)	(7)	(8)	(9)	(10)
序号 / 成分	(1)	(2)	(3)	(4)	(5)
	底色				
色彩组合 3					
	(6)	(7)	(8)	(9)	(10)

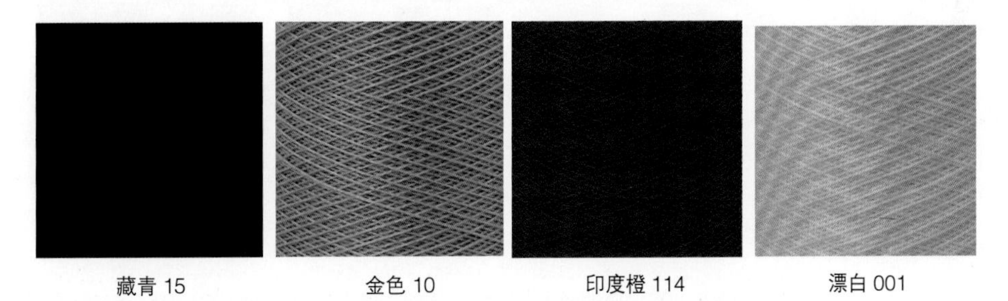

图5.25
计算机生成的颜色信息表

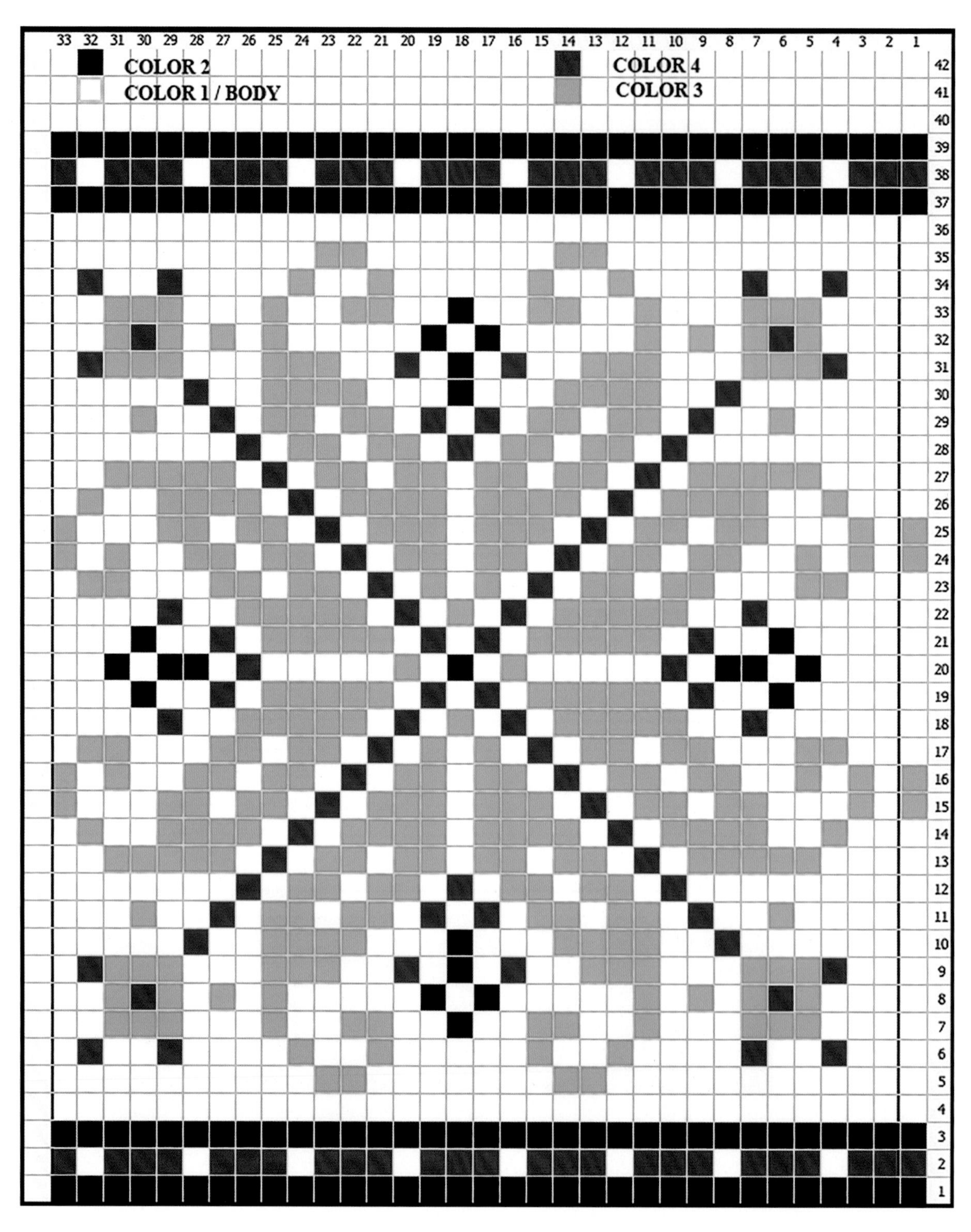

图5.26
颜色表示的图形

33	32	31	30	29	28	27	26	25	24	23	22	21	20	19	18	17	16	15	14	13	12	11	10	9	8	7	6	5	4	3	2	1	
	●	Color / Stitch 2							◇	Color / Stitch 4																							42
	□	Color / Stitch 1							V	Color / Stitch 3																							41
																																	40
●	●	●	●	●	●	●	●	●	●	●	●	●	●	●	●	●	●	●	●	●	●	●	●	●	●	●	●	●	●	●	●	●	39
◇		◇	◇	◇		◇	◇	◇		◇	◇	◇		◇	◇	◇		◇	◇	◇		◇	◇	◇		◇	◇	◇		◇	◇	◇	38
●	●	●	●	●	●	●	●	●	●	●	●	●	●	●	●	●	●	●	●	●	●	●	●	●	●	●	●	●	●	●	●	●	37
																																	36
										V	V								V	V													35
	◇			◇					V			V						V			V					◇			◇				34
		V	V	V				V			V	V			●			V	V			V				V	V	V					33
		V	◇	V		V		V						●		●						V		V		V	◇	V					32
	◇	V	V	V				V	V	V			◇		●		◇			V	V	V				V	V	V	◇				31
					◇			V	V	V	V				●				V	V	V	V			◇								30
			V			◇		V	V		V	V		◇		◇		V	V		V	V		◇			V						29
							◇		V	V		V	V		◇		V	V		V	V		◇										28
		V	V	V	V	V		◇		V	V		V	V		V	V		V	V		◇		V	V	V	V	V					27
	V			V	V	V	V		◇		V	V	V	V		V	V	V	V		◇		V	V	V	V			V				26
V				V	V		V	V		◇		V	V	V		V	V	V		◇		V	V		V	V				V		V	25
V		V			V	V		V	V		◇		V	V		V	V		◇		V	V		V	V			V		V		V	24
	V	V				V	V		V	V		◇		V		V		◇		V	V		V	V				V	V				23
				◇			V	V	V	V	V		◇		V		◇		V	V	V	V	V			◇							22
			●			◇		V	V	V	V	V		◇		◇		V	V	V	V	V		◇			●						21
		●		●	●		◇						V		●		V						◇		●	●		●					20
			●			◇		V	V	V	V	V		◇		◇		V	V	V	V	V		◇			●						19
				◇			V	V	V	V	V		◇		V		◇		V	V	V	V	V			◇							18
	V	V				V	V		V	V		◇		V		V		◇		V	V		V	V				V	V				17
V		V			V	V		V	V		◇		V	V		V	V		◇		V	V		V	V			V		V		V	16
V				V	V		V	V		◇		V	V	V		V	V	V		◇		V	V		V	V				V		V	15
	V			V	V	V	V		◇		V	V	V	V		V	V	V	V		◇		V	V	V	V			V				14
		V	V	V	V	V		◇		V	V		V	V		V	V		V	V		◇		V	V	V	V	V					13
							◇		V	V		V	V		◇		V	V		V	V		◇										12
			V			◇		V	V		V	V		◇		◇		V	V		V	V		◇			V						11
					◇			V	V	V	V				●				V	V	V	V			◇								10
	◇	V	V	V				V	V	V			◇		●		◇			V	V	V				V	V	V	◇				9
		V	◇	V		V		V						●		●						V		V		V	◇	V					8
		V	V	V				V			V	V			●			V	V			V				V	V	V					7
	◇			◇					V			V						V			V					◇			◇				6
										V	V								V	V													5
																																	4
●	●	●	●	●	●	●	●	●	●	●	●	●	●	●	●	●	●	●	●	●	●	●	●	●	●	●	●	●	●	●	●	●	3
◇		◇	◇	◇		◇	◇	◇		◇	◇	◇		◇	◇	◇		◇	◇	◇		◇	◇	◇		◇	◇	◇		◇	◇	◇	2
●	●	●	●	●	●	●	●	●	●	●	●	●	●	●	●	●	●	●	●	●	●	●	●	●	●	●	●	●	●	●	●	●	1

图5.27
线圈/符号表示的图形

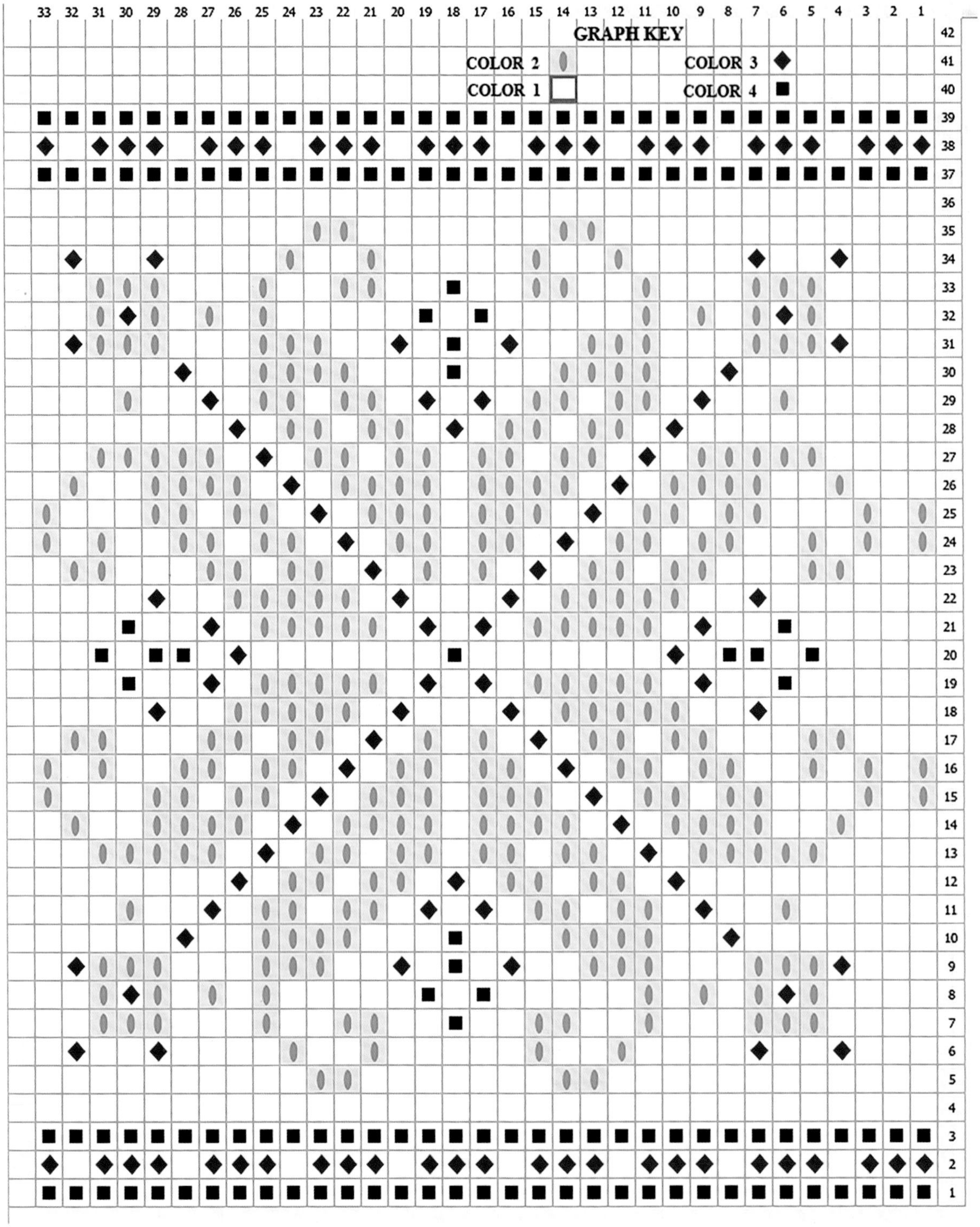

GRAPH KEY

COLOR 2 COLOR 3

COLOR 1 COLOR 4

图5.28
颜色与符号组合表示的图形

样品开发

设计研发系列文稿完成后，就可以将其送到本地或海外代理、办事处，或者直接送到工厂去打样。在打样过程中，不管原始设计研发系列文稿中提供的信息是否完整，设计师都应对服装制作过程中所出现的问题作出回应。问题总是会出现的，为了获得理想的款式风格有必要进行一些修改和调整。

当设计样品到达后，通常会给样品贴上标签并检查样品制作的准确性。标签需要列出原型或参考号、接收日期和样品阶段，即第一次、第二次、第三次等。此时，设计师、设计师助理和工艺设计师将服装与原始设计开发文稿进行对比，评价规格及设计的精确度。要使造型和设计元素的搭配达到理想的效果，样品需要经过多次修正，因此样品有时需要经历多个阶段。设计师经常会在原始规格表上对样品做标记（图5.29），他们也可以使用另一种称作修正工艺单的表格（图5.30），记录已收到样品的相关信息。

在样品开发阶段中，如果样品与设计相符，保留样品并用于展示设计系列的理念；如果样品与设计不符，则需要修正样品。设计师必须谨慎对待样品的修改需求，因为打样的过程是非常昂贵的。当样品款式被确定以后，设计师会开始开发系列款式图（图5.31），用作系列款式信息的快速参考。款式图也可以帮助设计师创建样品的参考信息，或帮助公司销售团队向商家展示产品系列。

图5.32 ~ 图5.38是图5.5中所列基本款式的规格表。这个规格表中款式的测量是参照女装M码的尺寸规格。

参考：H8722　　款式编号 #：

描述：　钩针编织衫

制造商：　　日期：7-18-07

	上衣规格	规格：S		
		日期：7/18/05		
		原型		
1	衣长：从侧颈点向下直量	22 3/4		
2	下胸宽：袖窿向下 1 英寸横量	1		
3	肩宽：肩端点横量	14 3/4		
4	肩斜			
5	挂肩：直量	8 1/2		
6	前插肩袖			
7	后插肩袖			
8	上臂袖宽	5 1/2		
9	前臂袖宽（距袖口 ____ 英寸）			
10	袖口宽	3 1/2		
11	袖口罗纹高：6 英寸 满针罗纹			
12	袖长：26 1/2，从肩端点直量			
13	领口宽（缝对缝）			
14	前领深			
15	后领深：2 英寸，从侧颈点向下直量			
16	领边：单独一行钩编处理			
17	腰宽 （从侧颈点向下量 ____ 15____ 英寸）	15 1/2		
18	下摆宽	14		
19	下摆边高：4 1/4 英寸满针罗纹			
20	上胸宽：从侧颈点向下 5 英寸横量	13		
21	后背宽：从侧颈点向下 5 英寸横量	13 1/2		
22				
23				
24				
25				
26	重量：			

细节平面图

前身　后身

H8722 细节

装饰：

纤维含量：55/45 棉 / 亚克力纤维

组织 / 机号： 新型针织机 /12*G*

客户：

特殊说明：

图5.29
样板规格表

常规套衫规格表	季节：秋 17	日期：6/15/2017
	原型 / 参考：LD1004	款式编号 #：秋 17-BPC8910
	描述：圆领装袖套衫	
上衣工艺单		
确认阶段：第一批生产确认样	组织 / 机号：平针 /7G	
工厂：Sunnyside	纱线信息 / 纤维含量：30/2 超细美利奴羊毛 100% 丝光处理优质美利奴羊毛（2 根）	

	测量点	原始	样品	试穿注释
1	前衣长：从侧颈点到下摆底边	**25**	**24**	**+1**
2	后衣长：从侧颈点到下摆底边	**25**	**24**	**+1**
3	下胸宽：挂肩向下 1 英寸横量	**18**	**19.5**	**-1**
4	胸宽：腋下点到点横量	**19**	**20**	**-1**
5	上胸宽：从侧颈点向下 5 英寸横量	**15**	**16**	**ok**
6	后背宽：从侧颈点向下 5 英寸横量	**15.5**	**16.5**	**ok**
7	肩宽：肩端点横量	**16.5**	**16.5**	**ok**
8	肩斜：从虚线处量	**1.5**	**1.5**	**ok**
9	挂肩：直量（缝到缝）	**7.5**	**8**	**ok**
10	前插肩袖：直量	/	/	/
11	后插肩袖：直量	/	/	/
12	上臂袖宽：挂肩向下 1 英寸	**6.5**	**7.5**	**ok**
13	前臂袖宽：从袖口向上 6 英寸	**4.5**	**5**	**ok**
14	袖口宽：边口处量	**3.5**	**3.5**	**ok**
15	袖口罗纹高：1×1 罗纹	**2**	**2**	**ok**
16	袖长：从后领中量	**30.5**	**30.5**	**ok**
17	袖底缝	**16.6**	**17**	**ok**
18	领口宽（缝对缝）	**7.5**	**8**	**ok**
19	前领深：衣长参照线到前中领口线	**3**	**3.5**	**ok**
20	后领深：衣长参照线到后中领口线	**1.5**	**2**	**-0.5**
21	领口边：1×1 罗纹加 1/4 空气层组织	**1**	**1**	**ok**
22	腰宽（距侧颈点 ___ 16___ 英寸）	**15**	**16**	**ok**
23	衣领宽（点对点）	/	/	/
24	口袋边	/	/	/
25	口袋（长 / 宽）	/	/	/
26	下摆宽	**18**	**18**	**ok**
27	下摆边高：1×1 罗纹	**2**	/	/
28	口袋位置：从前中量	/	/	/
29	口袋位置：从侧颈点量	/	/	/
30	口袋（长 / 宽）	/	/	/

款式图

装饰：1×1 罗纹边带有 1/4 英寸空气层组织起针

特殊说明：干洗或冷水手洗 / 平放晾干，所有缝线套口缝合，领边采用 1/4 英寸空气层组织起针

图5.30
工艺规格表

集合：经典合身上衣系列

系列款式图	季节：秋款 2017
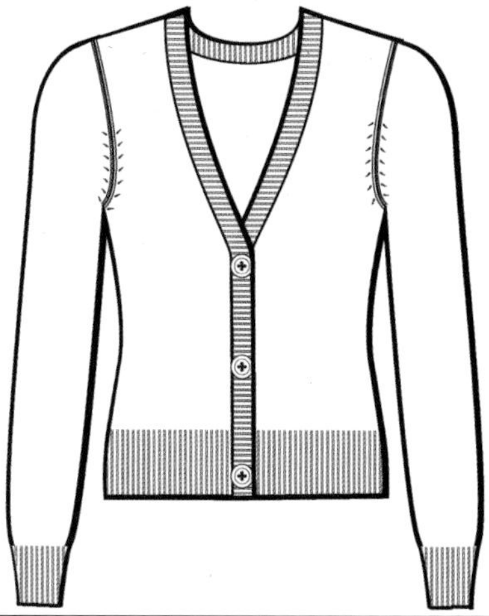	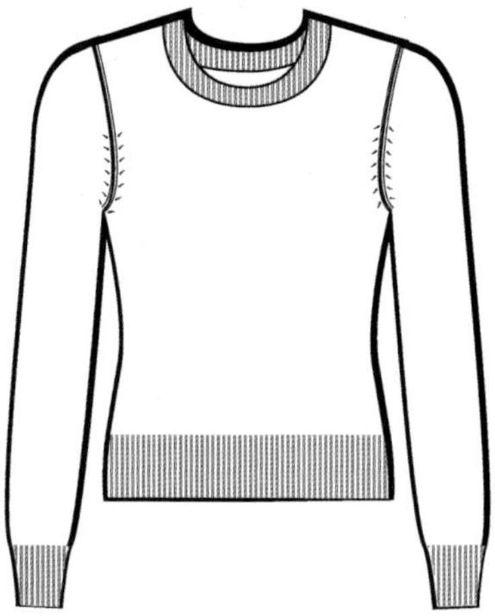
款式编号 #：BCS8910	款式编号 #：BCS8920
颜色组合：黑色、灰褐色、橄榄色、赤褐色、天蓝色	颜色组合：黑色、灰褐色、橄榄色、赤褐色、天蓝色
描述：V 领 3 粒扣合身开衫基本款	描述：圆领套衫基本款
织物组织 / 机号：平针 / 7*G*	织物组织 / 机号：平针 / 7*G*
纤维含量：100% 丝光处理超细美利奴羊毛	纤维含量：100% 丝光处理超细美利奴羊毛
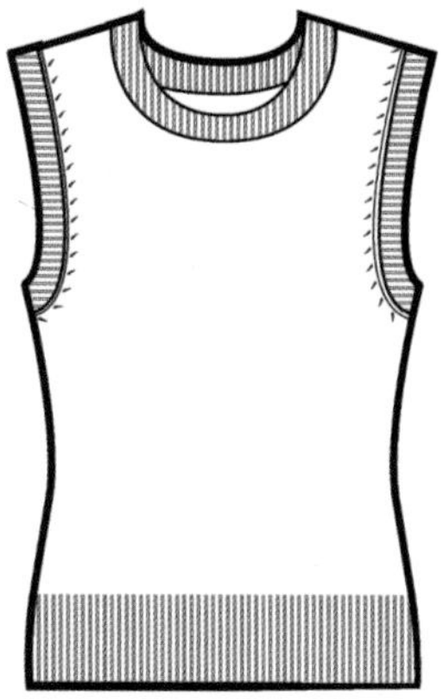 款式编号 #：BPS8930	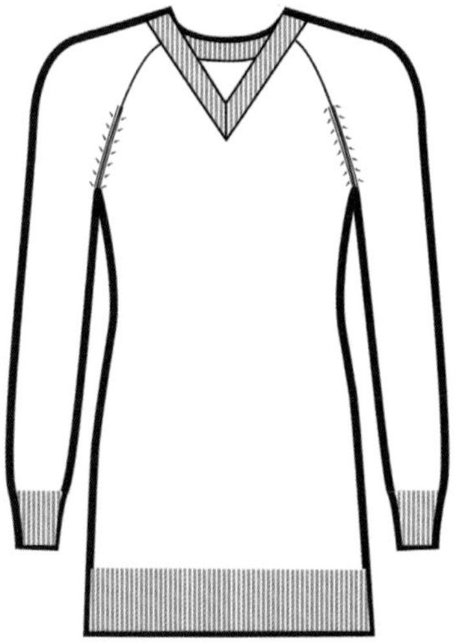 款式编号 #：BVR8940
颜色组合：黑色、灰褐色、橄榄色、赤褐色、天蓝色	颜色组合：黑色、灰褐色、橄榄色、赤褐色、天蓝色
描述：圆领无袖背心基本款	描述：V 领插肩袖长套衫基本款
织物组织 / 机号：平针 / 7*G*	织物组织 / 机号：平针 / 7*G*
纤维含量：100% 丝光处理超细美利奴羊毛	纤维含量：100% 丝光处理超细美利奴羊毛

图5.31
系列款式图

合身开衫基本款 针织上衣基本款规格		参考：5.32	款式编号 #：秋 17_BVC8900
		描述：V 领 3 粒扣合身开衫基本款	
		制造商：　工厂名称	日期：5/15/2017
		规格：M	组织 / 机号：平针 /7G
1	衣长：从侧颈点向下直量	24	纱线信息 / 纤维含量：30/2 100% 丝光处理超细美利奴羊毛（2 根）
2	下胸宽：挂肩向下 1 英寸横量	18	
3	胸宽：腋下点到点横量	19	装饰：3 粒扣，杂黄褐色塑料 4 眼扣 24L/15 毫米
4	肩宽：肩端点横量	16.5	
5	肩斜	1.5	
6	挂肩：直量	7.5	特殊说明：干洗或冷水手洗 / 平放晾干 • 样品颜色为赤褐色
7	前插肩袖	/	
8	后插肩袖	/	
9	上臂袖宽	6.5	
10	前臂袖宽（从袖口向上量 __6__ 英寸）	4.5	客户：自有品牌
11	袖口宽	3.5	
12	袖口罗纹高：1×1 罗纹	2	重量：14.5 磅 / 打
13	袖长：从后领中量	30.5	
14	袖底缝	16.5	
15	领口宽（缝对缝）	7.5	
16	前领深：衣长参照线到前中领尖内口	8.5	
17	后领深：衣长参照线到后中领口线	1.5	
18	领口边：1×1 罗纹	1	
19	腰宽（从侧颈点量 __16__ 英寸）	15	
20	下摆宽	18	
21	下摆边高：1×1 罗纹	2	
22	上胸宽：从侧颈点向下 5 英寸横量	15	
23	后背宽：从侧颈点向下 5 英寸横量	15.5	

7G 平针
赤褐色

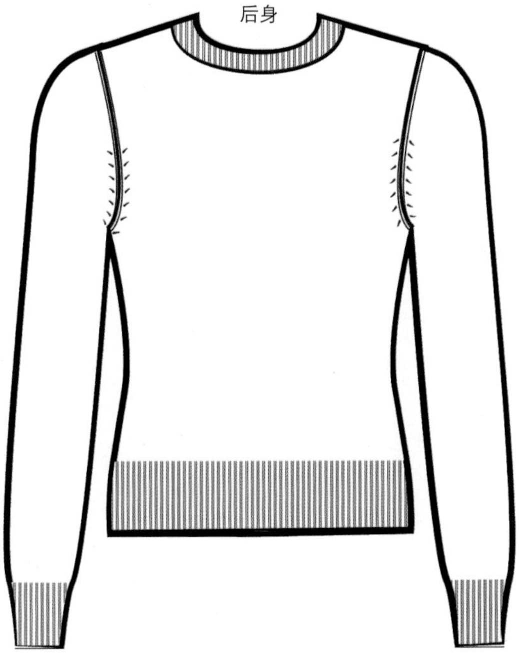

后身

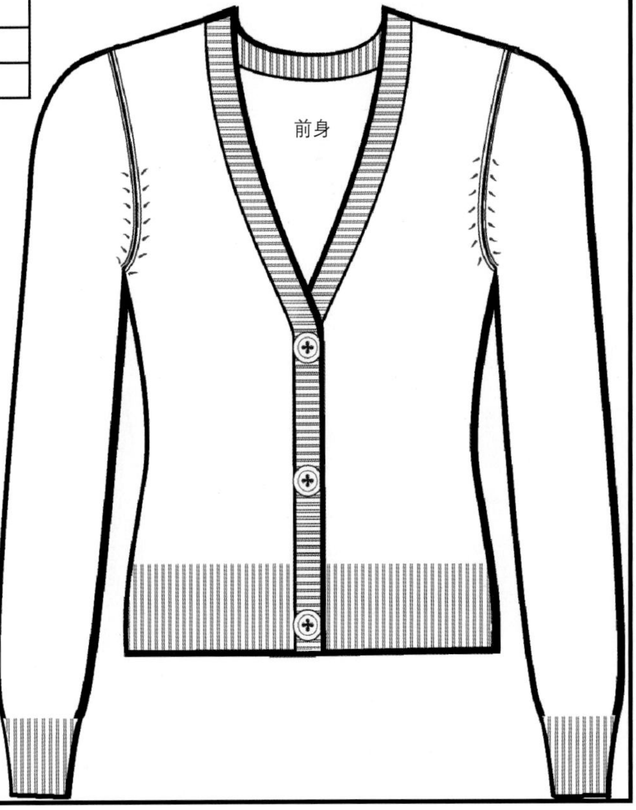

前身

图5.32
开衫基本款式规格表

圆领基本款 针织上衣基本款规格		参考：5.33	款式编号 #：秋 17_BPC8910
		描述：圆领套衫基本款	
		制造商： 工厂名称	日期：5/15/2017
		规格：M	组织 / 机号：平针 /7G

1	衣长：从侧颈点向下直量	25	纱线信息 / 纤维含量： 30/2 100% 丝光处理超细美利奴羊毛（2 根）
2	下胸宽：挂肩向下 1 英寸横量	18	
3	胸宽：腋下点到点	19	装饰：
4	肩宽：肩端点横量	16.5	
5	肩斜	1.5	
6	挂肩：直量	7.5	特殊说明：干洗或冷水手洗 / 平放晾干 •样品颜色为灰褐色
7	前插肩袖	/	
8	后插肩袖	/	
9	上臂袖宽	6.5	
10	前臂袖宽（从袖口向上量 __6__ 英寸）	4.5	客户：自有品牌
11	袖口宽	3.5	
12	袖口罗纹高：1×1 罗纹	2	重量：14.5 磅 / 打
13	袖长：从后领中量	30.5	7G 平针 灰褐色
14	袖底缝	16.5	
15	领口宽（缝对缝）	7.5	
16	前领深：衣长参照线到前中领口线	3	
17	后领深：衣长参照线到后中领口线	1.5	
18	领口边： 1×1 罗纹	1	
19	腰宽（从侧颈点量 __16__ 英寸）	15	
20	下摆宽	18	
21	下摆边高：1×1 罗纹	2	
22	上胸宽：从侧颈点向下 5 英寸横量	15	
23	后背宽：从侧颈点向下 5 英寸横量	15.5	

前身

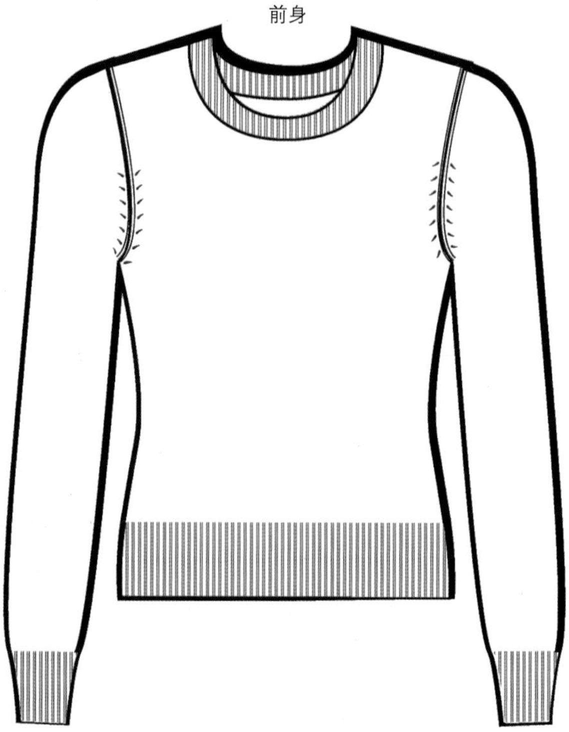

后身

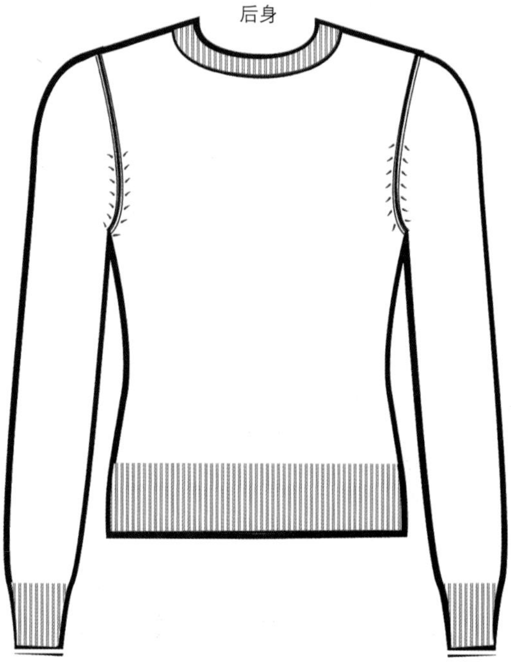

图5.33
圆领套衫基本款式规格表

背心基本款

针织上衣基本款规格

参考：5.34

款式编号 #：秋 17_BCS8920

描述：圆领无袖背心基本款

制造商： 工厂名称

日期：5/15/2017

规格：M

组织 / 机号：平针 /7G

序号	部位	M
1	衣长：从侧颈点向下直量	24
2	下胸宽：挂肩向下 1 英寸横量	17
3	胸宽：腋下点到点	18
4	肩宽：肩端点横量	15.5
5	肩斜	1.5
6	挂肩：直量	7
7	前插肩袖	/
8	后插肩袖	/
9	上臂袖宽	/
10	前臂袖宽（从袖口向上量 __6__ 英寸）	/
11	袖口宽	/
12	袖口罗纹高：1×1 罗纹	1
13	袖长：从后领中量	/
14	袖底缝	/
15	领口宽（缝对缝）	7.5
16	前领深：衣长参照线到前中领口线	3
17	后领深：衣长参照线到后中领口线	1.5
18	领口边：1×1 罗纹	1
19	腰宽（从侧颈点量 __16__ 英寸）	15
20	下摆宽	18
21	下摆边高：1×1 罗纹	2
22	上胸宽：从侧颈点向下 5 英寸横量	14
23	后背宽：从侧颈点向下 5 英寸横量	14.5

纱线信息 / 纤维含量：30/2 100% 丝光处理超细美利奴羊毛（2 根）

装饰：

特殊说明：干洗或冷水手洗 / 平放晾干

• 样品颜色为天蓝色

客户：自有品牌

重量：14.5 磅 / 打

7G 平针
天蓝色

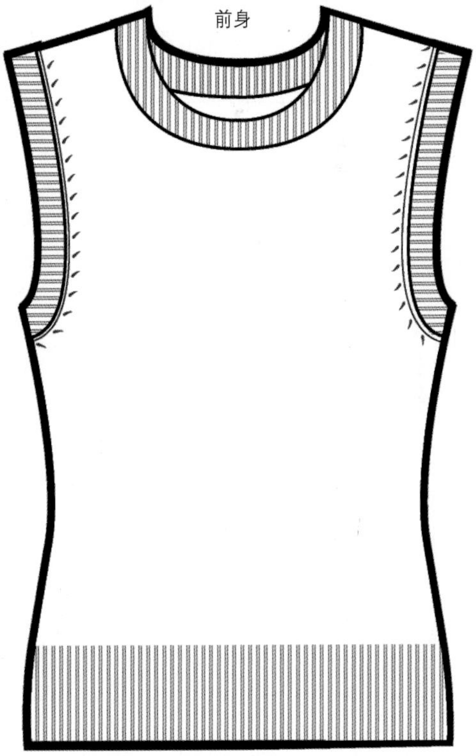

前身

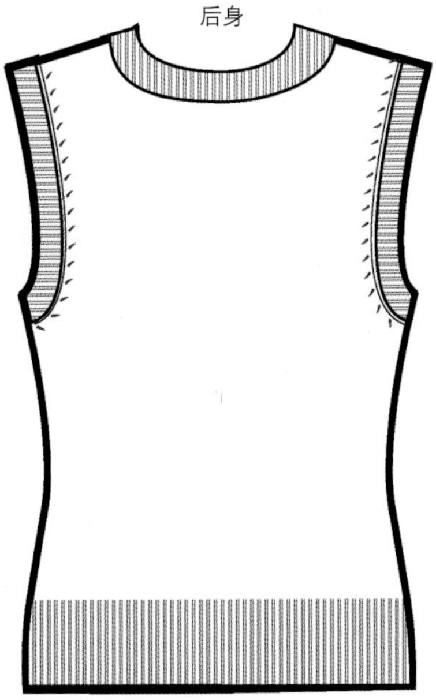

后身

图5.34
圆领无袖背心基本款式规格表

V领插肩袖长套衫 针织上衣基本款规格		参考：5.35	款式编号 #：秋 17_BVR8930
		描述：V领插肩袖长套衫	
		制造商： 工厂名称	日期 ：5/15/2017
		规格：M	组织 / 机号：平针 /7G
1	衣长：从侧颈点向下直量	33	纱线信息 / 纤维含量 : 30/2 100% 丝光处理超细美利奴羊毛（2 根）
2	下胸宽：挂肩向下 1 英寸横量	19	
3	胸宽：腋下点到点	19.5	装饰：1×1 罗纹领边
4	肩宽：肩端点横量	/	
5	肩斜	1.5	
6	挂肩：直量	/	特殊说明 : 干洗或冷水手洗 / 平放晾干 •样品颜色为橄榄色
7	前插肩袖	9.5	
8	后插肩袖	10.5	
9	上臂袖宽	8	
10	前臂袖宽（从袖口向上量 __6__ 英寸）	5	客户 : 自有品牌
11	袖口宽	3.5	
12	袖口罗纹高：1×1 罗纹	2	重量 :14.5 磅 / 打
13	袖长：从后领中量	30.5	7G 平针 橄榄色
14	袖底缝	16.5	
15	领口宽（缝对缝）	8	
16	前领深：衣长参照线到前中领尖内口	8	
17	后领深：衣长参照线到后中领口线	1.5	
18	领边：1×1 罗纹	1	
19	腰宽 （从侧颈点量 __16__ 英寸）	16.5	
20	下摆宽	19.5	
21	下摆边高：1×1 罗纹	2	
22	上胸宽：从侧颈点向下 5 英寸横量	15	
23	后背宽：从侧颈点向下 5 英寸横量	15.5	

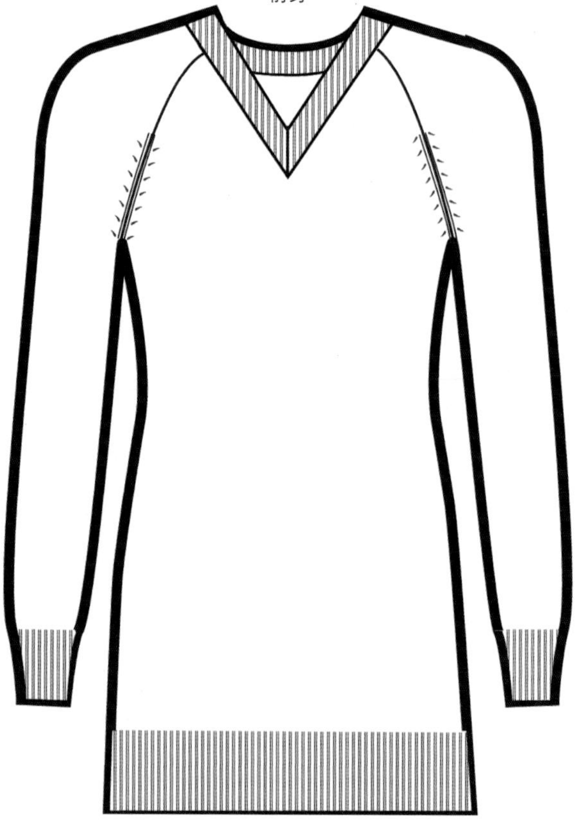

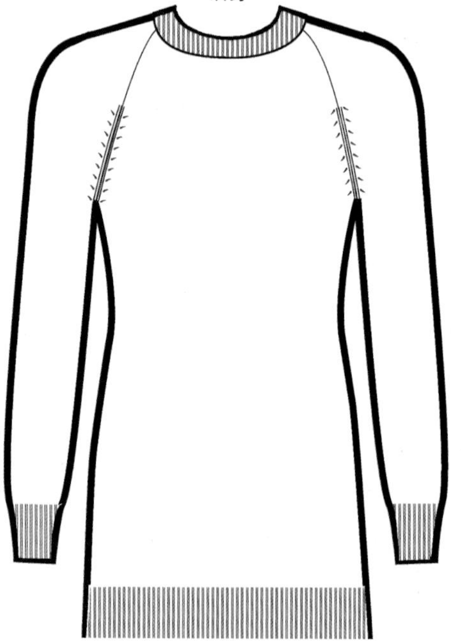

图5.35
V领插肩袖长套衫基本款式规格表

船领基本款 针织上衣基本款规格		参考：5.36	款式编号 #：秋 17_BPB8960
		描述：船领落肩套衫基本款	
		制造商：　工厂名称	日期：5/15/2017
		规格：M	组织 / 机号：平针 /7G
1	衣长：从侧颈点向下直量	22	纱线信息 / 纤维含量：30/2 100% 丝光处理超细美利奴羊毛（2 根）
2	下胸宽：挂肩向下 1 英寸横量	20	
3	胸宽：腋下点到点	20	装饰：
4	肩宽、肩端点横量	18	
5	肩斜	1.5	
6	挂肩：直量	8	特殊说明：干洗或冷水手洗 / 平放晾干 •样品颜色为浅橙色
7	前插肩袖	/	
8	后插肩袖	/	
9	上臂袖宽	7	
10	前臂袖宽（从袖口向上量 __6__ 英寸）	4.5	客户：自有品牌
11	袖口宽	3.5	
12	袖口罗纹高：1×1 罗纹	2	重量：14.5 磅 / 打
13	袖长：从后领中量起	30.5	7G 平针 浅橙色
14	袖底缝	16.5	
15	领口宽（缝对缝）	9	
16	前领深：衣长参照线到前中领口线	1.5	
17	后领深：衣长参照线到后中领口线	1.5	
18	领边：1×1 罗纹	1	
19	腰宽（从侧颈点量 __16__ 英寸）	/	
20	下摆宽	20	
21	下摆边高：1×1 罗纹	2	
22	上胸宽：从侧颈点向下 5 英寸横量	18	
23	后背宽：从侧颈点向下 5 英寸横量	18	

后身

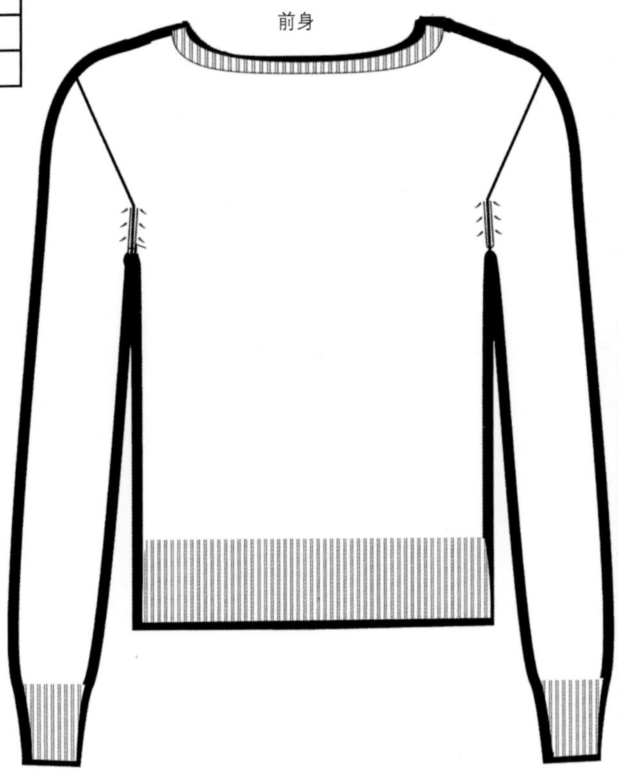

前身

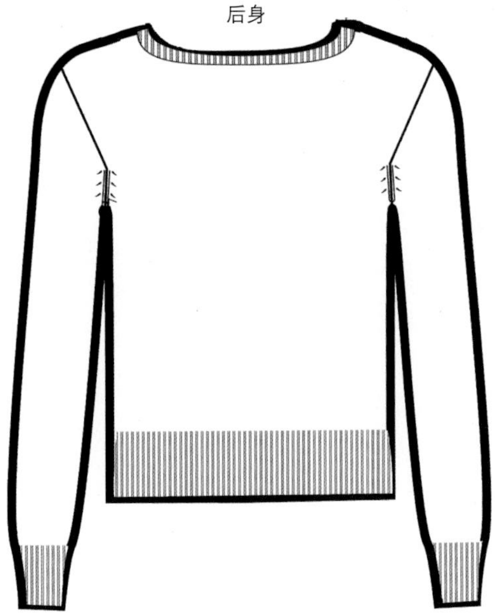

图5.36
船领落肩套衫基本款式规格表

<table>
<tr><td colspan="2" rowspan="4">裙子基本款
针织裙基本款规格</td><td>参考：5.37</td><td colspan="2">款式编号 #：秋 17_BKS8940</td></tr>
<tr><td colspan="3">描述：后中开衩紧身针织直筒裙</td></tr>
<tr><td colspan="2">制造商：　工厂名称</td><td>日期：5/15/2017</td></tr>
<tr><td>规格：M</td><td colspan="2">组织 / 机号：平针 /7G</td></tr>
<tr><td>1</td><td>侧缝长（腰部以下）</td><td>22</td><td colspan="2" rowspan="2">纱线信息 / 纤维含量：30/2 100% 丝光处理超细美利奴羊毛（2 根）</td></tr>
<tr><td>2</td><td>腰宽：自然量（边对边）</td><td>14</td></tr>
<tr><td>3</td><td>最大拉伸腰宽（边对边）</td><td>18</td><td colspan="2" rowspan="3">装饰：腰头是 1 英寸空气层组织，内加 3/4 英寸配色橡筋带</td></tr>
<tr><td>4</td><td>腰头高（空气层 / 白色或配色橡筋带）</td><td>1</td></tr>
<tr><td>5</td><td>上臀宽（腰下 3 英寸）</td><td>16</td></tr>
<tr><td>6</td><td>下臀宽（腰下 7 英寸）</td><td>18</td><td colspan="2" rowspan="4">特殊说明：干洗或冷水手洗 / 平放晾干
•样品颜色为天蓝色</td></tr>
<tr><td>7</td><td>裙摆宽：横量</td><td>16</td></tr>
<tr><td>8</td><td>裙摆边高：1×1 罗纹</td><td>2</td></tr>
<tr><td>9</td><td>后中开衩高</td><td>9</td></tr>
<tr><td>10</td><td>后中开衩折边宽：原身布折边</td><td>1</td><td colspan="2" rowspan="2">客户：自有品牌</td></tr>
<tr><td>11</td><td>内衬信息</td><td>/</td></tr>
<tr><td colspan="3"></td><td colspan="2">重量：8 磅 / 打</td></tr>
</table>

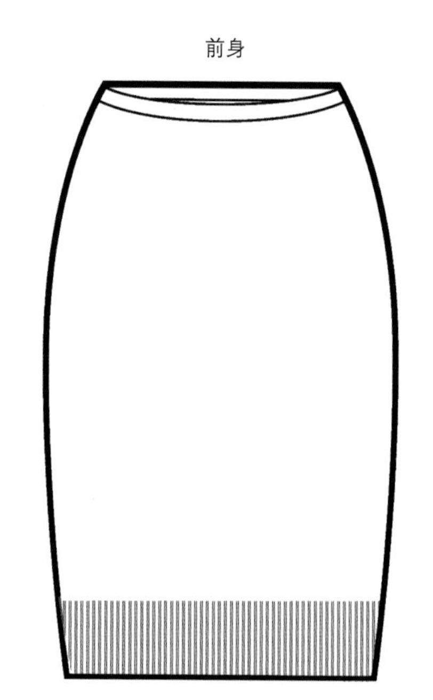

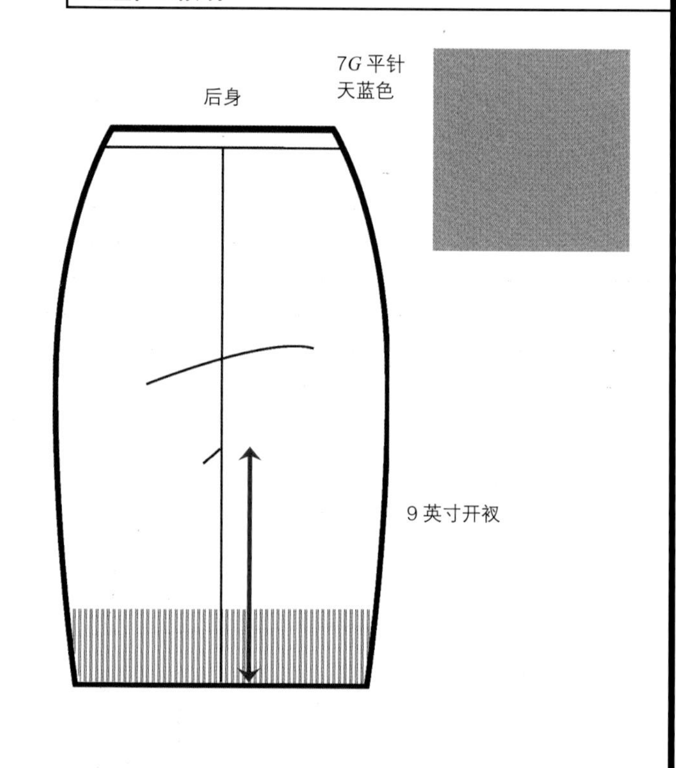

图5.37
裙子基本款式规格表

裤子基本款 针织裤基本款规格		参考：5.38	款式编号 #：秋 17_BKP8950
		描述：紧身针织长裤	
		制造商： 工厂名称	日期：5/15/2017
		规格：M	机号 / 组织：10G/ 平针
1	裤侧缝长 （腰部以下）	34	纱线信息 / 纤维含量：30/2 100% 丝光处理超细美利奴羊毛（2 根）
2	腰宽：自然量（边对边）	14	
3	最大拉伸腰宽（边对边）	17	装饰：腰头和裤脚边均为 1×1 罗纹
4	腰头高：1×1 罗纹	2	
5	上臀宽（腰下 2 英寸）	15	
6	下臀宽（腰下 6 英寸）	17	特殊说明：干洗或冷水手洗 / 平放晾干 • 样品颜色为黑色
7	前 / 后裆长	7.5/10	
8	大腿根宽	9	
9	裤下裆缝长（裆缝到底边）	27	
10	裤脚口宽：横量	4.5	客户：自有品牌
11	裤脚边高：1×1 罗纹	2	
12	拉链长：腰下	/	重量：11.5 磅 / 打
13	裤腰头搭门宽	/	黑色
14	口袋（长 / 宽）	/	
15	口袋细节（袋盖 / 开口）	/	
16	内衬信息	/	

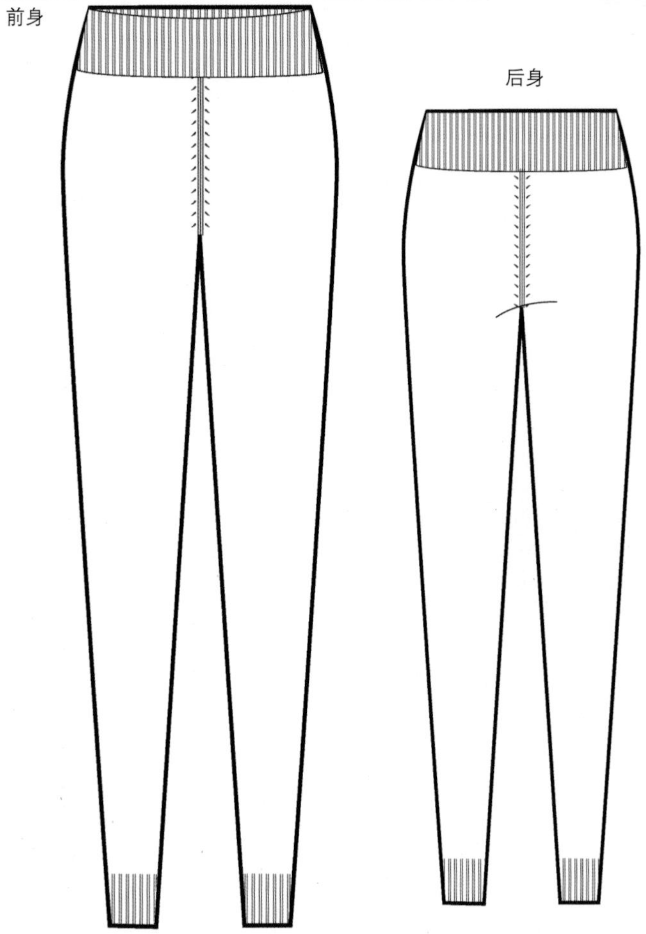

前身

后身

图5.38
裤子基本款式规格表

设计师简介：马克·雅可布（Marc Jacobs）

b. 1963年，出生于美国纽约

www.marcjacobs.com

马克·雅可布的祖母从小教他如何编织，这为他整个职业生涯奠定了基础。在帕森斯设计学院读书期间，他设计了他的第一个系列——手工针织上衣，并将这一系列卖给了美国纽约市Charivari精品店。马克·雅可布毕业于纽约市艺术与设计高中（New York City High School of Art and Design），后来进入帕森斯设计学院继续深造。1987年，他获得了美国服装设计师协会（CFDA）的"最佳设计新秀奖"，也是当时获得此奖项最年轻的设计师（图5.39）。

1988年，他加入派瑞·艾力斯（Perry Ellis）公司担任首席设计师。1993年，他和好友罗伯特·达菲（Robert Duffy）一同创办了雅可布达菲设计公司（Jacobs Duffy Designs）。1997年，雅可布被任命为路易·威登的创意总监，负责路易·威登一线品牌，为其开发服装。他一直担任这个职务，直到2014年辞职，之后专注于自己的同名时尚系列品牌。2001年春天，雅可布推出了他的二线品牌——马克·雅可布之马克（Marc by Marc Jacobs）。

据说，马克·雅可布的设计灵感来自于多种渠道，他运用"混搭"的理念，从街头潮流中汲取灵感，如他在1992年的垃圾摇滚系列中使用了20世纪70年代的风格，将少许学院风元素与高定时装融合在一起。而下一季的服装风格可能又会参照另一个完全不同的年代风格。马克·雅可布系列的艺术魅力在于，他擅于采用多种方法将这些资源相融合（图5.40）。*

嘉奖

在他的众多奖项中，最著名的有：

2011年，荣获美国服装设计师协会终身成就奖

1991年、1992年、1997年、2010年，荣获美国服装设计师协会年度女装设计奖

1998年、1999年、2002年、2003年、2005年，获得美国服装设计师协会年度配饰设计奖

* 布里奇特·福利（Bridget Foley），马可·雅可布 著，《回忆录》（*Memoirs*），纽约：阿苏林出版社（Assouline），2014年。

图5.39
马克·雅可布和安娜·温图尔于2015年的合影

图5.40
马克·雅可布在2016年纽约梅赛德斯·奔驰时装周中展示的春季时装系列

设计师简介：罗达特（Rodarte）

凯特·穆里维（Kate Mulleavy）和劳拉·穆里维（Laura Mulleavy）

创立：2005年

www.rodarte.net

“凯特·穆里维和劳拉·穆里维，她们让人们重新注意到美国时尚中那些引人深思、发人深省的美丽服饰。”

——西蒙·昂格力斯（Simon Ungless），美国旧金山艺术大学时装学院常务董事*

凯特·穆里维和劳拉·穆里维创立了美国奢侈品牌——罗达特，她们将一套穿着迷你版服装的纸娃娃寄给纽约的时尚编辑们，展示了她们最初设计的十件服装系列。2005年2月3日，《女装日报》在其封面上刊登了这个系列。** 2005年9月，罗达特在纽约时装周上展示了她们第一个完整的T台系列，使她们成为当年纽约市时尚界的明星。

在过去的十年里，这对姐妹在许多方面都有所发展。她们为塔吉特百货设计了一个胶囊系列，为众多杂志担任客座编辑。与艺术家合作，为2010年的《黑天鹅》（*Black Swan*）、2012年洛杉矶爱乐乐团（*Los Angeles Philharmonic*）的《唐璜》（Don Giovanni）和纽约市芭蕾舞团（New York City Ballet）的《两颗心》（*Two Hearts*）制作舞台装。

该品牌以层层叠叠的机织、针织概念造型和制作闻名，在整个系列中展示了带有艺术元素和现代女性气质的高级定制时装（图5.41）。罗达特的作品被永久收藏在大都会艺术博物馆时装学院（Metropolitan Museum of Art）、波士顿美术博物馆（Museum of Fine Arts）、纽约市时装技术学院博物馆和洛杉矶艺术博物馆（Los Angeles County Museum of Art）。***

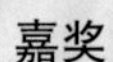

嘉奖

2005年，荣获艾可酒庄（Ecco Domani）时尚基金奖

2009年，荣获美国服装设计师协会年度女装设计师奖

2010年，荣获库珀休伊特国家（Cooper Hewitt National）时装设计奖

2013年，荣获芝加哥艺术学院时尚传奇奖

图5.41
罗达特在2016年纽约梅赛德斯·奔驰时装周中展示的秋/冬时装系列

* 托尼·布拉沃（Tony Bravo）著，《罗达特今年春天被艺术学院授予荣誉：巴尼斯的战士力量》（*Rodarte to Be Honored by Academy of Art This Spring: Warrior Power at Barneys*），《旧金山记事报》（*San Francisco Chronicle*），出版日期：2016.3.29，www.sfchronicle.com/style/article/ Rodarte-to-be-honored-by-Academy-of-Art-this-7216252.php，检索日期：2016年4月5日。

** 南迪尼·德·索萨（Nandini D' Souza）著，《姐妹行为》（*Sister Act*），《女装日报》，出版日期：2005年2月3日，wwd.com/fashion-news/fashion-features/sister-act-585648/，检索日期：2016年4月5日。

*** Bio，《罗达特》（*Rodarte*），www.rodarte. net/bio/，检索日期：2016年4月5日。

设计师简介：马克·法斯特（Mark Fast）

b. 出生于加拿大马尼托巴省温尼伯市

www.markfast.net

法斯特在伦敦中央圣马丁艺术与设计学院获得学士和硕士学位。在创建自己的时尚品牌之前，他曾与博拉·阿克苏（Bora Aksu）和斯图尔特·维弗斯（Stuart Vevers）合作。

马克·法斯特的设计专注于手工编织连衣裙，突出女性的身体曲线。他的目标客户是生活在城市环境中、具有强烈自我激励意识的当代女性（图5.42）。

他的系列主题运用“魅力与贫穷”，*最终，他以一种既富有创意又美丽的服装解决了这个难题，诠释了穿“法斯特”（Fast）品牌服装的女性力量。

生活在伦敦文化中心的法斯特充满活力，身边围绕着雄心勃勃的创意人士，他们的信条是“一切皆有可能”。

* 卡罗尔·布朗（Carol Brown）著，《针织品设计》（*Knitwear Design*），伦敦：劳伦斯·金出版社（Laurence King Publishing），2013年。

图5.42
马克·法斯特在伦敦时装周T台秀中展示了2014年春/夏时装系列

本章总结

设计研发系列文稿是整个行业中非常重要的工具，设计师需要完成这些文稿才能传达服装系列的开发信息。

本章中，我们探讨了设计师如何从最初的灵感出发，通过各个步骤和文稿完成创意系列的样品开发。涉及的内容包括：最初灵感、设计日志、情绪板的开发。之后，举例介绍了如何采用手绘和计算机绘图的方式开发设计文稿，包括款式图、服装规格表、纹样图案、织物信息表、织物样片和组织结构、缝纫、边口处理等。

关键词和概念

平面款式图
颜色信息表
细节表
平面展开
着装效果图
绘制图形
手织样片
系列款式图
展板
测量点
原型
参考尺寸
草图
规格表
样片或组织结构信息表
工艺文件
工艺单

工作室活动

访问针织服装设计工作室网址www.bloomsburyfashioncentral.com。关键要素是：

- 多项选择
- 带有关键词和定义的抽认卡
- 额外可下载的样品资料，包括款式图、成本核算表、颜色表、规格表

项目

1. 使用本章介绍的方法开始制作一本创意设计日志，然后针对特定客户开发一个创意系列故事板。

2. 根据研究主题开发一系列毛衫款式，包括纱线和缝合信息。

3. 从设计系列中提取出单个款式完成相关文稿，需要完成本章所讨论的各个文稿（例如，细节表、颜色信息表、纹样图案等）。

4. 用六种颜色设计一款提花毛衫，展示你的灵感来源，并创建花型设计所需的纹样色彩组合和规格表，包括完成样品所需的所有文稿。

5. 设计一系列组织结构新颖的毛衫，创建必要的组织结构细节表和纹样图案。

6

第六章 样品开发

本章探讨了毛衫样衣开发的不同方法，包括手工编织和机器编织的全成形样品，以及先编织针织坯布然后全部或部分裁剪、缝合成衣的样品。介绍了制板、立体裁剪和缝合整理的方法。同时，对可持续发展在毛衫制作过程中的实践进行了探索，如回收、再利用、升级改造等。

在毛衫样品工作室中，设计师将使用各种方法来完成一个系列的最初原型和概念设计。他们可以利用现有的毛衫面料进行立体裁剪，进行款式和廓型的试验。同时在纸面上进行组织结构和纱线的设计。原型设计概念完成后，在准备实际打样之前必须研发样品工艺文稿（参见第五章）。在针织行业中，毛衫制作通常采用裁片缝制法或编织全成形样片。每个样片上都有罗纹起针。服装的整理、缝合方法是根据编织方法和成衣的成本决定的。全成形针织服装最常用的缝合方法是套口缝合（参见图4.7）。有的时候，也会采用带有链式线迹的包缝机进行缝合。裁片缝制的毛衫织片也可以用拷针收边。最新的针织技术可以直接编织全成形毛衫，不需要额外的缝合工序，整件服装可以在针织机上一次编织成形（参见第四章）。

机器编织

在手摇横机上编织样品的过程是设计师理解毛衫构造原理的宝贵经历。在机器上手工编织的方法包括：加针或减针形成成形衣片，以及局部编织形成肩部和领口。通过这种经历，设计师能够理解毛衫的结构、款式和后整理对设计有何影响。在编织和制作完成一件基本款套衫后，设计师可以使用各种感兴趣的组织结构设计一些更为复杂的廓型。对编织过程的了解提高了设计师的专业技能，有助于掌握针织的基础知识，从而可以应用于机器编织。

采用电脑横机编织毛衫时，工艺员通常需要编程然后在机器上打样生产。然而，随着高科技针织机械和先进CAD设计软件的技术进步，设计人员在技术协助方面的作用越来越大。如本章所述，为了解毛衫和针织服装的结构，毛衫设计师必须对实际编织过程有基本的了解。

机器编织全成形针织样品

在手摇机上编织样品，必须了解机器编织的基础知识：起针、拷（收）针、加针和减针，以及用于成形的局部编织。完成一件手摇横机毛衣样品需要以下设备和材料：

- 标准机号针织机和基本配套工具：舌针，单眼和双眼移圈工具，选针梳
- 毛衫的主纱：1~2磅的筒纱
- 对比色废纱（筒纱，纱用过后丢弃）
- 剪刀
- 规格表（参见附录A）

- 绘图纸（参见附录A）
- 笔记本（记录开发过程）
- 铅笔
- 卷尺
- 透明塑料尺
- 计算器
- 缝衣针和钩针
- 桌子
- 蒸汽熨斗
- 垫布
- 烫板
- 金属直别针和T形针

编织样衣所需的步骤如下：

第1步：选择纱线。

第2步：将纱线在机器上试织，确定毛衫的编织密度和组织结构。

第3步：画出毛衫前、后片的草图。

第4步：创建毛衫尺寸规格表。

第5步：编织密度小样。

第6步：根据密度小样，测量和计算横、纵密度。

第7步：创建编织工艺。

第8步：绘制毛衫后片、前片、袖子的工艺图，包括袖口、下摆边和领边。

第9步：编织毛衫后片、前片、两个袖子和边口。

第10步：定型、缝合毛衫。

样品开发

第1步：选择纱线

主纱：100%羊毛，纱支12/2（1个筒子），或纱支24/2（2个筒子，约1.75磅）。

废纱：1个筒子，主纱的对比色，纱支与主纱相似。

参见第二章“纱线基础知识”，快速查阅适合编织本样衣的纱线。

第2步：试织——根据组织结构和编织密度测试纱线

参见第三章“针织基础知识”，回顾各种可用于设计毛衫的组织结构。

第3步：画出毛衫前、后片的款式图

见图6.1。

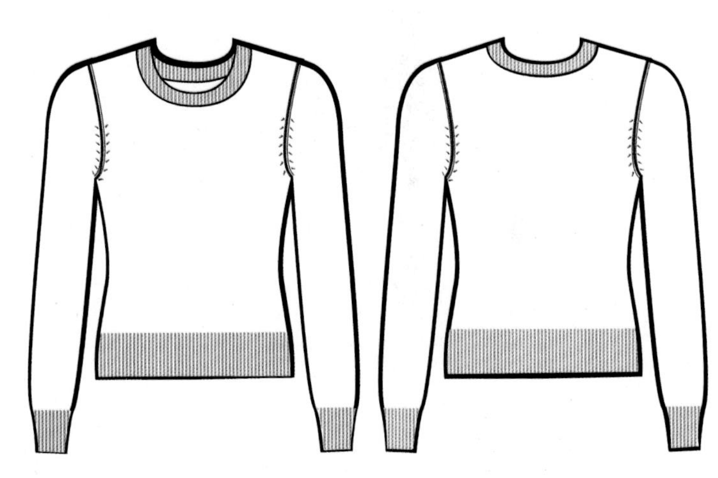

图6.1
装袖圆领基本款套衫款式图（前片和后片）

第4步：创建毛衫尺寸规格表

参见图5.10测量图创建毛衫的规格，参见附录A“文稿模板”作为样衣的规格表。图6.2为图6.1所示纬平针织套衫的规格表。

第5步：编织密度小样

密度小样非常重要，根据小样可以准确计算出针数和横列数，从而保证样衣的尺寸正确、质量符合要求。使用小样的密度，是将规格表上的尺寸数值乘以每英寸的针数（NPI）和横列数（CPI），以确定样衣所需的针数和横列数，从而得到准确样衣的尺寸。

密度小样（图6.3）在编织时使用的纱线、组织结构要与样衣一致，大小为100针、100横列。如果设计的毛衫包含的组织结构或纱线多于一种，则需要针对每一种纱线、每一种组织结构各编织一块密度小样。不要偷工减料，如果不注意这一步，编织的毛衫尺寸可能会不合适。

<table>
<tr><td colspan="2" rowspan="4">针织上衣基本款规格</td><td>参考：7.2</td><td>款式编号 #：7.2 样衣</td></tr>
<tr><td colspan="2">描述：装袖圆领套衫</td></tr>
<tr><td colspan="2">制造商：　工厂名称　　日期：5/15/2017</td></tr>
<tr><td>规格：M</td><td>组织 / 机号：平针 /7G</td></tr>
<tr><td>1</td><td>衣长：从侧颈点向下直量</td><td>25</td><td rowspan="2">纱线信息 / 纤维含量：24/2 100% 丝光处理超细美利奴羊毛（2 根）</td></tr>
<tr><td>2</td><td>下胸宽：挂肩向下 1 英寸横量</td><td>18</td></tr>
<tr><td>3</td><td>胸宽：腋下点到点</td><td>19</td><td rowspan="3">装饰：</td></tr>
<tr><td>4</td><td>肩宽：肩端点横量</td><td>16.5</td></tr>
<tr><td>5</td><td>肩斜</td><td>1.5</td></tr>
<tr><td>6</td><td>挂肩：直量</td><td>7.5</td><td rowspan="16">特殊说明：干洗或冷水手洗 / 平放晾干
•样品颜色为灰褐色</td></tr>
<tr><td>7</td><td>前插肩袖</td><td>/</td></tr>
<tr><td>8</td><td>后插肩袖</td><td>/</td></tr>
<tr><td>9</td><td>上臂袖宽</td><td>6.5</td></tr>
<tr><td>10</td><td>前臂袖宽（距袖口__6 英寸__）</td><td>4.5</td></tr>
<tr><td>11</td><td>袖口宽</td><td>3.5</td></tr>
<tr><td>12</td><td>袖口罗纹高：1×1 罗纹</td><td>2</td></tr>
<tr><td>13</td><td>袖长：从后领中量起</td><td>30.5</td></tr>
<tr><td>14</td><td>袖底缝</td><td>16.5</td></tr>
<tr><td>15</td><td>领口宽（缝对缝）</td><td>7.5</td></tr>
<tr><td>16</td><td>前领深：衣长参照线到前中领口线</td><td>3</td></tr>
<tr><td>17</td><td>后领深：衣长参照线到后中领口线</td><td>1.5</td></tr>
<tr><td>18</td><td>领边：1×1 罗纹</td><td>1</td></tr>
<tr><td>19</td><td>腰宽（从侧颈点量__16__英寸）</td><td>15</td></tr>
<tr><td>20</td><td>下摆宽</td><td>18</td></tr>
<tr><td>21</td><td>下摆边高：1×1 罗纹</td><td>2</td></tr>
</table>

图6.2
纬平针织套衫规格表

注意以下缩写：

C = 横列
K = 编织
T = 编织密度
NDL（S）= 针数
CPI = 每英寸的横列数
NPI = 每英寸的针数

然后按照以下步骤编织小样：

1. 标注纤维含量__，纱线粗细__，组织结构 __，编织密度#__。
2. 用废纱起针100针（50–0–50）。
3. 编织20横列。
4. 换主纱。
5. 编织100横列。
6. 换废纱。
7. 编织20横列。
8. 刷片（落片）。

第6步：测量和计算小样的横密、纵密度

纬平针小样会卷边，所以为了测量准确需要先将样片定型。有些纱线，如羊毛或棉，需要先洗涤然后再定型。如有必要，请按照纱线标签上的说明对密度小样进行处理。小样的处理方式应该和准备编织的衣服一致（请注意：如果你对密度小样的结果不满意，应当重新编织，直到获得理想的结果为止）。

使用台面平整的蒸汽烫台或烫板固定样片，不要拉或拽样片，使样片自然松弛，这种自然状态下测量的尺寸才准确。用汽蒸样片时，不要让熨斗接触样片，否则高温会将小样烫坏或使纱线变形。如果样片是洗过的，则要确保样片在熨烫和测量前已经完全干燥。

样片熨烫好后，用直尺或卷尺在样片中间测量。宽度测量将用于计算NPI（横密），长度测量将用于计算CPI（纵密）（图6.3）。

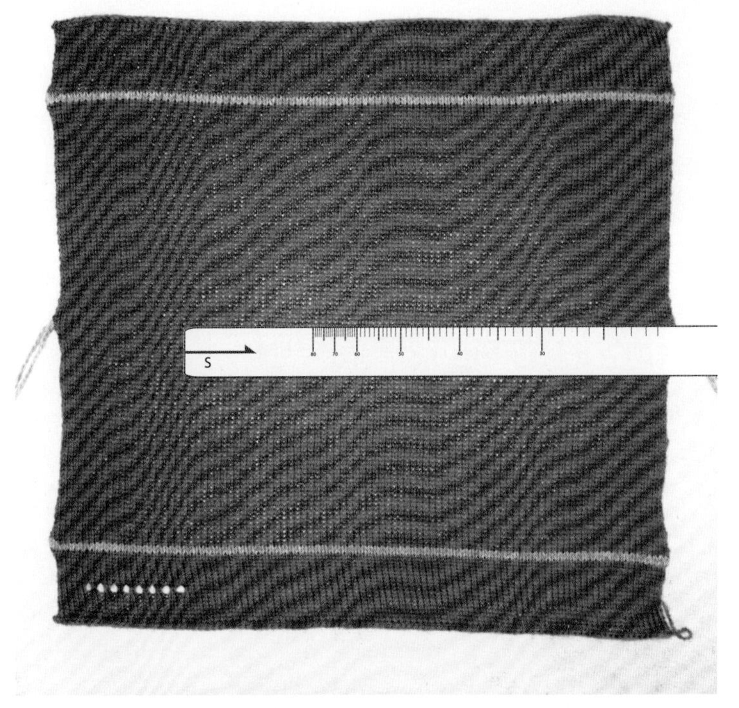

（a）横向测量每英寸的针数（NPI）

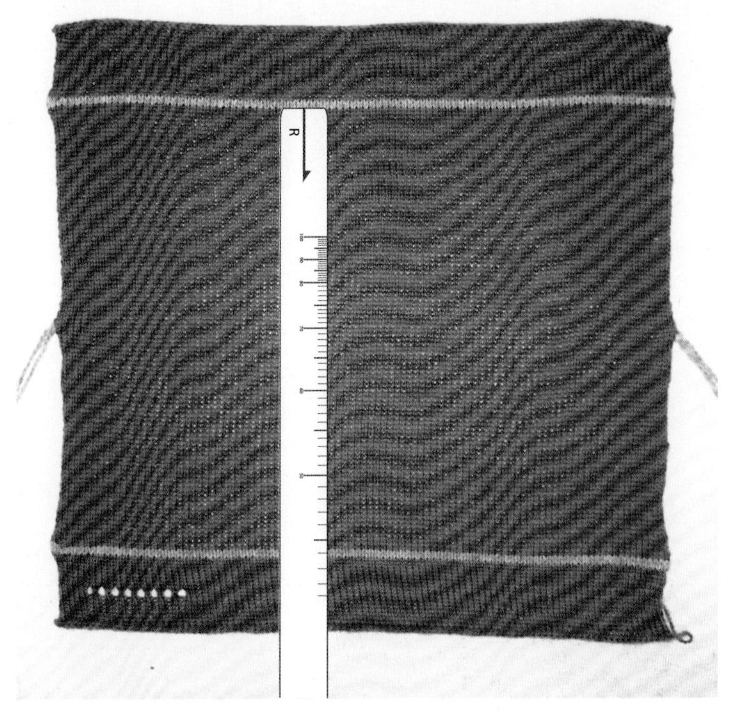

（b）纵向测量每英寸的横列数（CPI）

图6.3
密度小样测量区域

NPI（横密）和CPI（纵密）的计算公式：

横密：100针÷样片宽度（英寸）=NPI

纵密：100横列÷样片长度（英寸）=CPI

横密和纵密确定后，就可以根据服装规格表中的尺寸计算编织工艺了。使用的公式：

NPI × 样衣宽度= 起针针数

CPI × 样衣长度 = 编织横列数

例如：

100针/12.25英寸= 8.16NPI

8.16×16英寸=130.56，取整后，起针131针

100横列/9英寸 = 11.11 CPI

11.11×19.5英寸=216.64，取整后，编织217横列

在毛衫的细部规格中，需要用NPI计算横向针数的部位：下摆宽、胸宽、肩宽、领宽、袖口宽、袖宽。

在毛衫的细部规格中，需要用CPI计算纵向横列数的部位：衣长、挂肩、前领深、袖长。

第7步：创建编织工艺和指令

样品开发的下一个步骤是根据测量的尺寸创建编织工艺，用来指导什么时候进行编织、加针、减针或移圈。编织工艺是供编织人员使用的一种工具，其中包含所有编织服装所需的必要信息。编织工艺计算的依据是规格表中的尺寸和用密度小样计算出的横密和纵密。编织工艺中应当包含：纱线信息，密度小样和计算信息，所有将要编织的部件平面图和测量尺寸、编织说明，以及每个样片的成形计算结果。

编织工艺和说明书可以手写也可以用计算机创建。计算机程序中Microsoft Word和Adobe Illustrator软件可以用来创建编织工艺（图6.4）；也可以使用专用的服装和花型设计软件，如Cochenille设计工作室开发的服装设计师软件（Garment Designer）（图6.5）。这个软件是针织服装花型设计软件。该软件具有标准尺寸和形状的模板，设计师可以通过选择和使用拖拽功能设置自己的款式图。当创建编织工艺和说明时，无论是采用手写还是数字的形式，开发过程和格式的一致性是至关重要的。编织人员会严格按照编织工艺操作，任何不合常规的改变都会导致样衣的尺寸不准确或在操作过程中出现错误。

领口和袖口为平针卷边的装袖半高领套衫

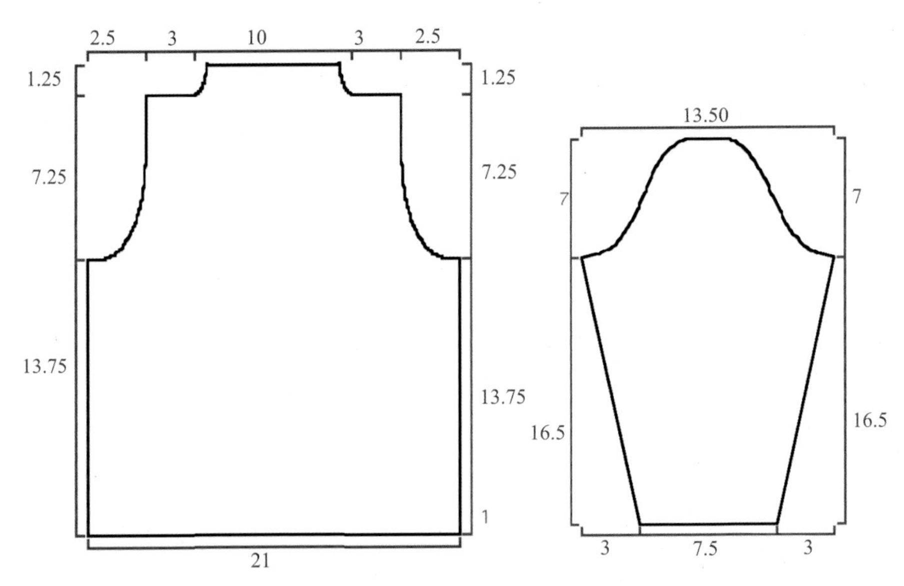

图6.4
用 Microsoft Word 和 Adobe Illustrator 创建的落肩半高领套衫编织工艺

编织密度：8

织物密度：横密每英寸6针/纵密 每英寸9 横列（1根12/2 100%美利奴羊毛）

后片和前片：编织两片

1. 废纱起针126针。编织10个横列准备正式编织。
2. 换毛纱编织。密度盘调至T7，编织9个横列。然后，在第9横列，使用舌针将废纱（主纱的对比色）挂在两侧边针上做标记。
3. 密度盘重新调至位置T8。
4. 编织111横列后，开始挂肩收针。分别在111横列/112横列每边执行4针的拷针，剩余118针。
5. 每隔一横列每边减1针共11次，分别是第114、116、118、120、122、124、126、128、130、132、134横列（使用3眼移圈具减针），剩余96针。
6. 编织到肩部开始收针。在188/189横列每边拷18针，剩余60针织领子。
7. 编织领子。密度盘设为T8，编织中间剩余的针数到201行；然后密度盘调至T7编织4横列，再调至T8编织4横列。最后钩针锁边刷片。
8. 毛衫后片编织完成后，将其放在一边准备编织前片。

袖子：编织两片

1. 废纱起针46针。编织10个横列准备正式编织。
2. 换毛纱编织。密度盘调至T7，编织9个横列。然后，在第9横列，使用舌针将废纱（主纱的对比色）挂在两侧边针上做标记。
3. 重置密度盘到T 8位置。
4. 在第19、26、33、40、47、54、61、68、75、82、89、96、103、110、117、124、131、138横列加针，每边加1针加18次，总针数为82针。
5. 编织到146/147横列，每边拷4针。剩余的74针，每边减1针直到207横列。为了调整奇数计算，在150/151横列每边收2针，最后在207横列剩余12针。
6. 在207横列钩针锁边。重复以上步骤再编织一个袖片。

整理

1. 缝合右侧肩部。将前片右肩连同领子挂到缝合机上，再将后片右肩、领子挂上，将前片右肩、领子和对应的后片右肩、领子缝合在一起。平针织物前片的正面对着后片的正面（即两个衣片正面相对），衣片反面正对缝合机旁的操作人员。总共33针，缝合一个横列后，刷片。
2. 按照步骤1对左侧肩部和领子进行处理，之后刷片。.

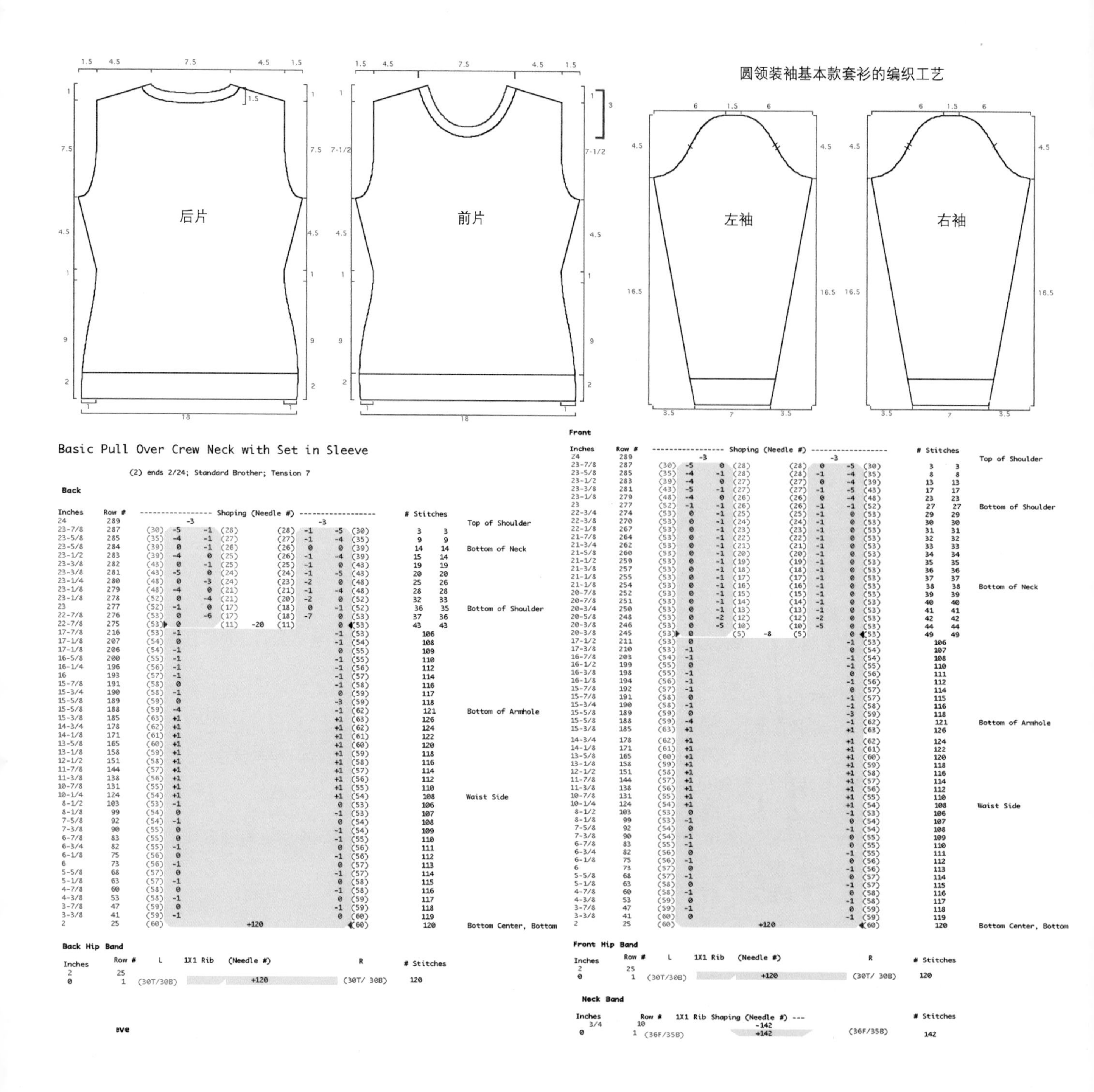

Basic Pull Over Crew Neck with Set in Sleeve

(2) ends 2/24; Standard Brother; Tension 7

Back

Inches	Row #	Shaping (Needle #)									# Stitches		
24	289		-3						-3				Top of Shoulder
23-7/8	287	(30)	-5	-1	(28)		(28)	-1	-5	(30)	3	3	
23-5/8	285	(35)	-4	-1	(27)		(27)	-1	-4	(35)	9	9	
23-5/8	284	(39)	0	-1	(26)		(26)	0	0	(39)	14	14	Bottom of Neck
23-1/2	283	(39)	-4	0	(25)		(26)	-1	-4	(39)	15	14	
23-3/8	282	(43)	0	-1	(25)		(25)	-1	0	(43)	19	19	
23-3/8	281	(43)	-5	0	(24)		(24)	-1	-5	(43)	20	20	
23-1/4	280	(48)	0	-3	(24)		(23)	-2	0	(48)	25	26	
23-1/8	279	(48)	-4	0	(21)		(21)	-1	-4	(48)	28	28	
23-1/8	278	(52)	0	-4	(21)		(20)	-2	0	(52)	32	33	
23	277	(52)	-1	0	(17)		(18)	0	-1	(52)	36	35	Bottom of Shoulder
22-7/8	276	(53)	0	-6	(17)		(18)	-7	0	(53)	37	36	
22-7/8	275	(53)▶	0		(11)	-20	(11)		0	◀(53)	43	43	
17-7/8	216	(53)	-1						-1	(53)	106		
17-1/8	207	(54)	0						-1	(54)	108		
17-1/8	206	(54)	-1						0	(55)	109		
16-5/8	200	(55)	-1						-1	(55)	110		
16-1/4	196	(56)	-1						-1	(56)	112		
16	193	(57)	-1						-1	(57)	114		
15-7/8	191	(58)	0						-1	(58)	116		
15-3/4	190	(58)	-1						0	(59)	117		
15-5/8	189	(59)	0						-3	(59)	118		
15-5/8	188	(59)	-4						-1	(62)	121		Bottom of Armhole
15-3/8	185	(63)	+1						+1	(63)	126		
14-3/4	178	(62)	+1						+1	(62)	124		
14-1/8	171	(61)	+1						+1	(61)	122		
13-5/8	165	(60)	+1						+1	(60)	120		
13-1/8	158	(59)	+1						+1	(59)	118		
12-1/2	151	(58)	+1						+1	(58)	116		
11-7/8	144	(57)	+1						+1	(57)	114		
11-3/8	138	(56)	+1						+1	(56)	112		
10-7/8	131	(55)	+1						+1	(55)	110		
10-1/4	124	(54)	+1						+1	(54)	108		Waist Side
8-1/2	103	(53)	-1						0	(53)	106		
8-1/8	99	(54)	0						-1	(53)	107		
7-5/8	92	(54)	-1						0	(54)	108		
7-3/8	90	(55)	0						-1	(54)	109		
6-7/8	83	(55)	0						-1	(55)	110		
6-3/4	82	(55)	-1						0	(56)	111		
6-1/8	75	(56)	0						-1	(56)	112		
6	73	(56)	-1						0	(57)	113		
5-5/8	68	(57)	0						-1	(57)	114		
5-1/8	63	(57)	-1						0	(58)	115		
4-7/8	60	(58)	0						-1	(58)	116		
4-3/8	53	(58)	-1						0	(59)	117		
3-7/8	47	(59)	0						-1	(59)	118		
3-3/8	41	(59)	-1						0	(60)	119		
2	25	(60)				+120				◀(60)	120		Bottom Center, Bottom

Back Hip Band

Inches	Row #	L	1X1 Rib (Needle #)	R	# Stitches
2	25				
0	1	(30T/30B)	+120	(30T/ 30B)	120

Front

Inches	Row #	Shaping (Needle #)									# Stitches		
24	289		-3						-3				Top of Shoulder
23-7/8	287	(30)	-5	0	(28)		(28)	0	-5	(30)	3	3	
23-5/8	285	(35)	-4	-1	(28)		(28)	-1	-4	(35)	8	8	
23-1/2	283	(39)	-4	0	(27)		(27)	0	-4	(39)	13	13	
23-3/8	281	(43)	-5	-1	(27)		(27)	-1	-5	(43)	17	17	
23-1/8	279	(48)	-4	0	(26)		(26)	0	-4	(48)	23	23	
23	277	(52)	-1	-1	(26)		(26)	-1	-1	(52)	27	27	Bottom of Shoulder
22-3/4	274	(53)	0	-1	(25)		(25)	-1	0	(53)	29	29	
22-3/8	270	(53)	0	-1	(24)		(24)	-1	0	(53)	30	30	
22-1/8	267	(53)	0	-1	(23)		(23)	-1	0	(53)	31	31	
21-7/8	264	(53)	0	-1	(22)		(22)	-1	0	(53)	32	32	
21-3/4	262	(53)	0	-1	(21)		(21)	-1	0	(53)	33	33	
21-5/8	260	(53)	0	-1	(20)		(20)	-1	0	(53)	34	34	
21-1/2	259	(53)	0	-1	(19)		(19)	-1	0	(53)	35	35	
21-3/8	257	(53)	0	-1	(18)		(18)	-1	0	(53)	36	36	
21-1/8	255	(53)	0	-1	(17)		(17)	-1	0	(53)	37	37	
21-1/8	254	(53)	0	-1	(16)		(16)	-1	0	(53)	38	38	Bottom of Neck
20-7/8	252	(53)	0	-1	(15)		(15)	-1	0	(53)	39	39	
20-7/8	251	(53)	0	-1	(14)		(14)	-1	0	(53)	40	40	
20-3/4	250	(53)	0	-1	(13)		(13)	-1	0	(53)	41	41	
20-5/8	248	(53)	0	-2	(12)		(12)	-2	0	(53)	42	42	
20-3/8	246	(53)	0	-5	(10)		(10)	-5	0	(53)	44	44	
20-3/8	245	(53)▶	0		(5)	-8	(5)		0	◀(53)	49	49	
17-1/2	211	(53)	0						-1	(53)	106		
17-3/8	210	(53)	-1						0	(54)	107		
16-7/8	203	(54)	-1						-1	(54)	108		
16-1/2	199	(55)	0						-1	(55)	110		
16-3/8	198	(55)	-1						0	(56)	111		
16-1/8	194	(56)	-1						-1	(56)	112		
15-7/8	192	(57)	-1						0	(57)	114		
15-7/8	191	(58)	0						-1	(57)	115		
15-3/4	190	(58)	-1						-1	(58)	116		
15-5/8	189	(59)	0						-3	(59)	118		
15-5/8	188	(59)	-4						-1	(62)	121		Bottom of Armhole
15-3/8	185	(63)	+1						+1	(63)	126		
14-3/4	178	(62)	+1						+1	(62)	124		
14-1/8	171	(61)	+1						+1	(61)	122		
13-5/8	165	(60)	+1						+1	(60)	120		
13-1/8	158	(59)	+1						+1	(59)	118		
12-1/2	151	(58)	+1						+1	(58)	116		
11-7/8	144	(57)	+1						+1	(57)	114		
11-3/8	138	(56)	+1						+1	(56)	112		
10-7/8	131	(55)	+1						+1	(55)	110		
10-1/4	124	(54)	+1						+1	(54)	108		Waist Side
8-1/2	103	(53)	0						-1	(53)	106		
8-1/8	99	(53)	-1						0	(54)	107		
7-5/8	92	(54)	0						-1	(54)	108		
7-3/8	90	(54)	-1						0	(55)	109		
6-7/8	83	(55)	-1						0	(55)	110		
6-3/4	82	(56)	0						-1	(55)	111		
6-1/8	75	(56)	-1						0	(56)	112		
6	73	(57)	0						-1	(56)	113		
5-5/8	68	(57)	-1						0	(57)	114		
5-1/8	63	(58)	0						-1	(57)	115		
4-7/8	60	(58)	-1						0	(58)	116		
4-3/8	53	(59)	0						-1	(58)	117		
3-7/8	47	(59)	-1						0	(59)	118		
3-3/8	41	(60)	0						-1	(59)	119		
2	25	(60)				+120				◀(60)	120		Bottom Center, Bottom

Front Hip Band

Inches	Row #	L	1X1 Rib (Needle #)	R	# Stitches
2	25				
0	1	(30T/30B)	+120	(30T/ 30B)	120

Neck Band

Inches	Row #		1X1 Rib Shaping (Needle #) ---		# Stitches
3/4	10		-142		
0	1	(36F/35B)	+142	(36F/35B)	142

Left Sleeve

Inches	Row #	-- Shaping (Needle #) ---				# Stitches	
22-1/4	268		-18				Top of Cap
22-1/8	267	(9)	0	-1	(9)	18	
22-1/8	266	(9)	-3	-1	(10)	19	
22	265	(12)	0	-3	(11)	23	
21-7/8	264	(12)	-2	0	(14)	26	
21-7/8	263	(14)	-1	0	(14)	28	
21-3/4	262	(15)	-1	-1	(14)	29	
21-5/8	260	(16)	0	-1	(15)	31	
21-1/2	259	(16)	-1	-1	(16)	32	
21-3/8	258	(17)	-1	0	(17)	34	
21-3/8	257	(18)	0	-1	(17)	35	
21-1/8	255	(18)	-1	0	(18)	36	
21-1/8	254	(19)	0	-1	(18)	37	
20-7/8	252	(19)	-1	-1	(19)	38	
20-5/8	249	(20)	-1	-1	(20)	40	
20-5/8	248	(21)	-1	0	(21)	42	
20-3/8	246	(22)	0	-1	(21)	43	
20-3/8	245	(22)	-1	-1	(22)	44	
20	241	(23)	-1	-1	(23)	46	
19-3/4	238	(24)	-1	-1	(24)	48	
19-1/2	235	(25)	-1	-1	(25)	50	
19-3/8	233	(26)	0	-1	(26)	52	
19-1/4	232	(26)	-1	0	(27)	53	
19-1/8	230	(27)	-1	-1	(27)	54	
18-7/8	228	(28)	0	-1	(28)	56	
18-7/8	227	(28)	-1	0	(29)	57	
18-5/8	225	(29)	0	-1	(29)	58	
18-5/8	224	(29)	-1	-1	(30)	59	
18-1/2	223	(30)	-1	0	(31)	61	
18-3/8	221	(31)	-1	-1	(31)	62	
18-1/4	220	(32)	0	-1	(32)	64	
18-1/8	219	(32)	-1	-1	(33)	65	
18-1/8	218	(33)	-1	0	(34)	67	
18	217	(34)	-1	-1	(34)	68	
17-7/8	216	(35)	-1	-1	(35)	70	
17-7/8	215	(36)	-1	-1	(36)	72	
17-3/4	214	(37)	-1	-1	(37)	74	
17-5/8	213	(38)	0	-5	(38)	76	
17-5/8	212	(38)	-5	0	(43)	81	
17-1/2	211	(43)	-1	-1	(43)	86	Bottom of Cap
17-1/8	206	(44)	+1	+1	(44)	88	
16-3/8	197	(43)	+1	+1	(43)	86	
15-5/8	188	(42)	+1	+1	(42)	84	
14-3/4	178	(41)	+1	+1	(41)	82	
14	169	(40)	+1	+1	(40)	80	
13-1/4	160	(39)	+1	+1	(39)	78	
12-1/2	151	(38)	+1	+1	(38)	76	
11-5/8	141	(37)	+1	+1	(37)	74	
10-7/8	132	(36)	+1	+1	(36)	72	
10-1/8	123	(35)	+1	+1	(35)	70	
9-3/8	113	(34)	+1	+1	(34)	68	
8-5/8	104	(33)	+1	+1	(33)	66	
7-7/8	95	(32)	+1	+1	(32)	64	
7	85	(31)	+1	+1	(31)	62	
6-1/4	76	(30)	+1	+1	(30)	60	
5-1/2	67	(29)	+1	+1	(29)	58	
4-3/4	58	(28)	+1	+1	(28)	56	
3-7/8	48	(27)	+1	+1	(27)	54	
3-1/8	39	(26)	+1	+1	(26)	52	
2-3/8	30	(25)	+1	+1	(25)	50	
2	25	(24)	+48	◀	(24)	48	Bottom Sleeve

Wrist Band

Inches	Row #	1X1 Rib (Needle #) ---				# Stitches
2	25		-47			
0	1	(11F/12B	+47	◀	(12F/12B)	47

Right Sleeve

Inches	Row #	-- Shaping (Needle #) ---				# Stitches	
22-1/4	268		-18				
22-1/8	267	(9)	-1	-2	(9)	18	
22-1/8	266	(10)	-1	-1	(11)	21	
22	265	(11)	-1	-2	(12)	23	
21-7/8	264	(12)	-2	0	(14)	26	
21-7/8	263	(14)	0	-1	(14)	28	
21-3/4	262	(14)	-1	-1	(15)	29	
21-5/8	260	(15)	-1	0	(16)	31	
21-1/2	259	(16)	-1	-1	(16)	32	
21-3/8	258	(17)	0	-1	(17)	34	
21-3/8	257	(17)	-1	0	(18)	35	
21-1/8	255	(18)	0	-1	(18)	36	
21-1/8	254	(18)	-1	0	(19)	37	
20-7/8	252	(19)	-1	-1	(19)	38	
20-5/8	249	(20)	-1	-1	(20)	40	
20-5/8	248	(21)	0	-1	(21)	42	
20-3/8	246	(21)	-1	0	(22)	43	
20-3/8	245	(22)	-1	-1	(22)	44	
20	241	(23)	-1	-1	(23)	46	
19-3/4	238	(24)	-1	-1	(24)	48	
19-1/2	235	(25)	-1	-1	(25)	50	
19-3/8	233	(26)	-1	0	(26)	52	
19-1/4	232	(27)	0	-1	(26)	53	
19-1/8	230	(27)	-1	-1	(27)	54	
18-7/8	228	(28)	-1	0	(28)	56	
18-7/8	227	(29)	0	-1	(28)	57	
18-5/8	225	(29)	-1	0	(29)	58	
18-5/8	224	(30)	-1	-1	(29)	59	
18-1/2	223	(31)	0	-1	(30)	61	
18-3/8	221	(31)	-1	-1	(31)	62	
18-1/4	220	(32)	-1	0	(32)	64	
18-1/8	219	(33)	-1	-1	(32)	65	
18-1/8	218	(34)	0	-1	(33)	67	
18	217	(34)	-1	-1	(34)	68	
17-7/8	216	(35)	-1	-1	(35)	70	
17-7/8	215	(36)	-1	-1	(36)	72	
17-3/4	214	(37)	-1	-1	(37)	74	
17-5/8	213	(38)	0	-5	(38)	76	
17-5/8	212	(38)	-5	0	(43)	81	
17-1/2	211	(43)	-1	-1	(43)	86	Bottom of Cap
17-1/8	206	(44)	+1	+1	(44)	88	
16-3/8	197	(43)	+1	+1	(43)	86	
15-5/8	188	(42)	+1	+1	(42)	84	
14-3/4	178	(41)	+1	+1	(41)	82	
14	169	(40)	+1	+1	(40)	80	
13-1/4	160	(39)	+1	+1	(39)	78	
12-1/2	151	(38)	+1	+1	(38)	76	
11-5/8	141	(37)	+1	+1	(37)	74	
10-7/8	132	(36)	+1	+1	(36)	72	
10-1/8	123	(35)	+1	+1	(35)	70	
9-3/8	113	(34)	+1	+1	(34)	68	
8-5/8	104	(33)	+1	+1	(33)	66	
7-7/8	95	(32)	+1	+1	(32)	64	
7	85	(31)	+1	+1	(31)	62	
6-1/4	76	(30)	+1	+1	(30)	60	
5-1/2	67	(29)	+1	+1	(29)	58	
4-3/4	58	(28)	+1	+1	(28)	56	
3-7/8	48	(27)	+1	+1	(27)	54	
3-1/8	39	(26)	+1	+1	(26)	52	
2-3/8	30	(25)	+1	+1	(25)	50	
2	25	(24)	+48	◀	(24)	48	Bottom Sleeve

Wrist Band

Inches	Row #	1X1 Rib (Needle #) ---				# Stitches
2	25		-47			
0	1	(11F/12B	+47	◀	(12F/12B)	47

图6.5
用 Cochenille 设计工作室开发的服装设计师软件（Garment Designer）创建的圆领装袖基本款套衫的编织工艺

第8步：绘制毛衫后片、前片、袖子的工艺图

编织工艺开发完后，就可以完成带有编织说明的工艺图了。利用编织工艺计算的结果，可以很容易地开发出工艺图。手绘和数字绘图的许多技术都可以用于绘制毛衫的工艺图（图6.6）。最重要的问题是考虑使用哪种绘图纸。专用的毛衫编织绘图纸可以参照密度小样计算的横密和纵密印制。在这种自制绘图纸上绘制的图形大小比例与实际样品完全一致，这对于编织嵌花组织或大纹样设计尤为重要（有关使用方格绘图纸的信息参见图3.12）。如果使用标准绘图纸，图形呈现时感觉会被拉长。

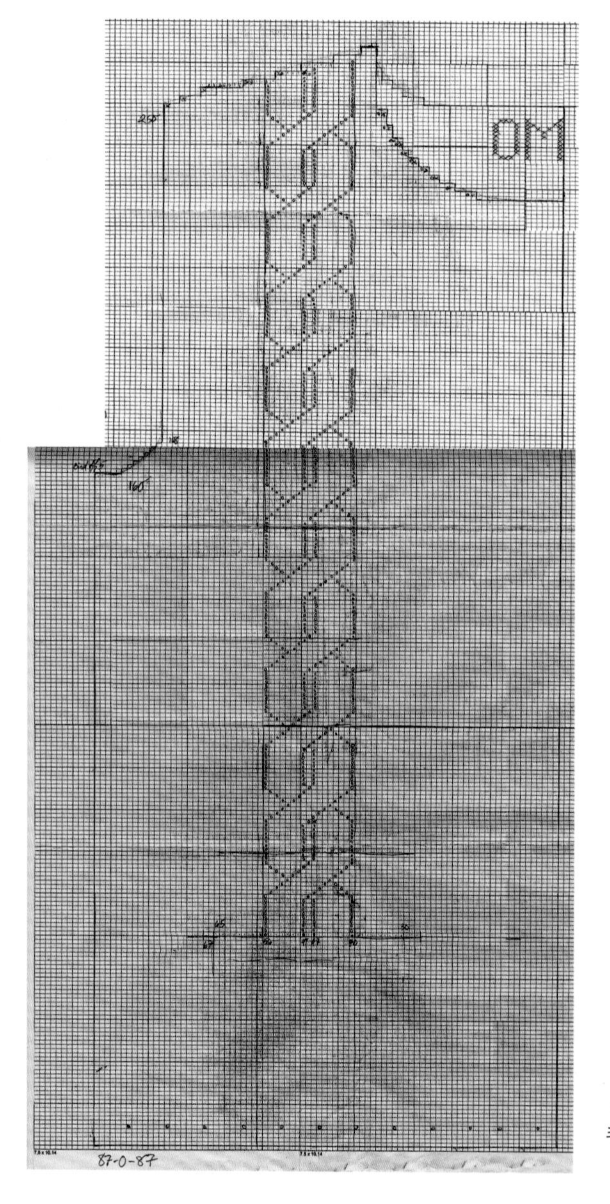

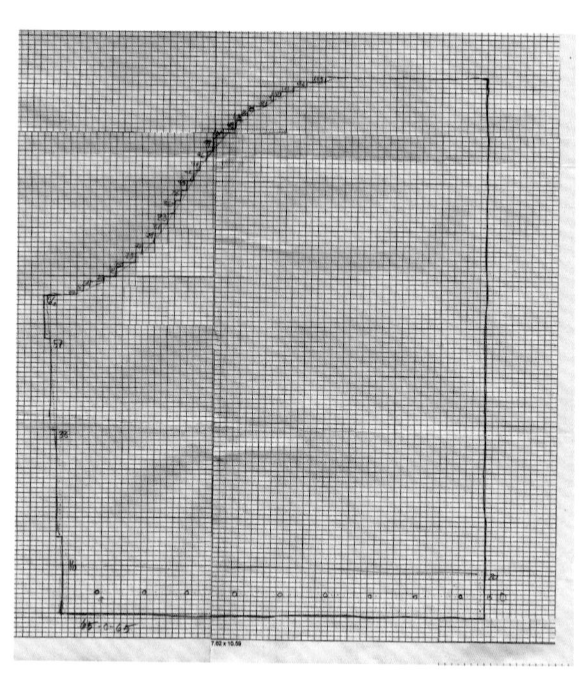

（a）带有移圈挑孔和绞花图形的装袖圆领毛衫（用自制绘图纸手绘的1:1图形）

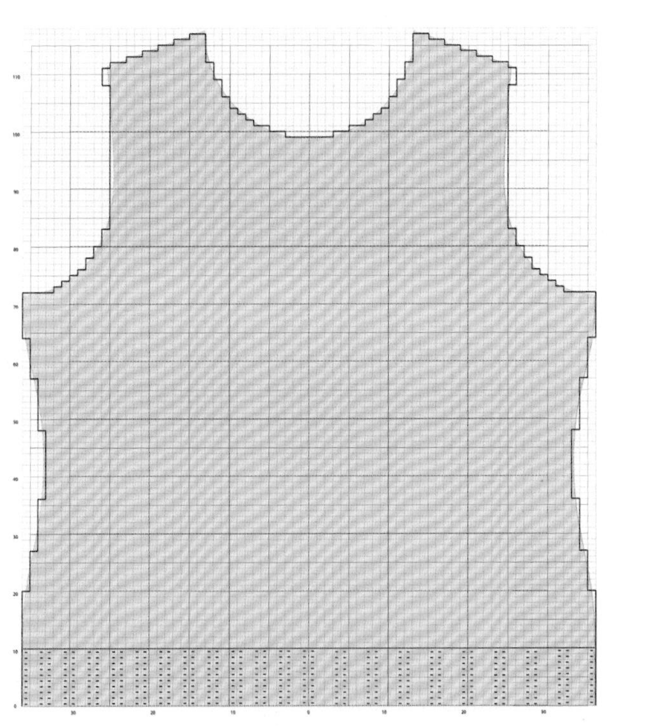

（b）用 Adobe Illustrator 创建的 1/2 比例图形：
装袖圆领套衫基本款前片和袖片

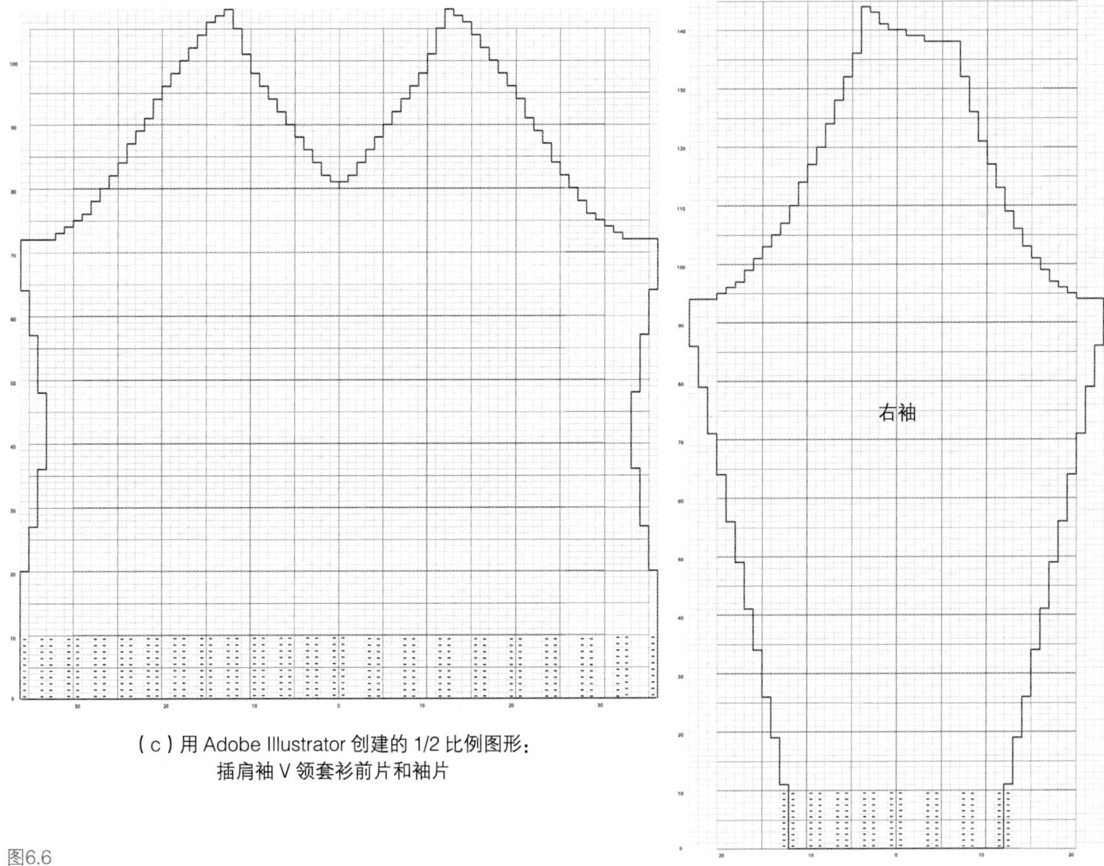

（c）用 Adobe Illustrator 创建的 1/2 比例图形：
插肩袖 V 领套衫前片和袖片

图6.6
手绘和数字绘图的毛衫工艺图示例

第9步：编织毛衫

在所有的准备工作和技术细节完成以后，就可以编织样衣了。编织样衣时，要确保编织说明和工艺图放在一起且在最显眼的位置。

- 开始编织所有衣片：后片、前片、两个袖片和需要的边饰。
- 根据需要设置密度盘、织针和图案。
- 确保已将样纱和废纱穿好。
- 参照编织说明和工艺图进行编织。
- 根据工艺图和编织说明定期检查编织状况。

第10步：定型和缝合毛衫

当所有的样片编织好后，就是将这些样片进行定型和缝合。

定型

定型是将毛衫衣片用蒸汽处理，按照规格表固定毛衫衣片尺寸的过程（图6.7）。

定型毛衫的步骤与前面定型密度小样的步骤一样。如有必要，应确保按照所有纱线标签上的建议进行洗涤和熨烫。

缝合

缝合前所有的衣片都需要定型，可以采用套口机进行缝合，也可以采用手缝倒回针或钩针进行手工缝合。如图6.8和图6.9所示，用手缝针和钩针穿上毛衫的纱线进行缝合。缝合衣片时通常应先缝一侧肩部，然后再缝合另一侧，如果领边是分开编织的话还需缝合领边。肩部缝合完后，将袖山与衣片的袖窿部位缝合在一起。最后一步是缝合侧缝，从袖口开始沿着袖底缝到腋下，最后沿着衣片侧缝一直缝到毛衫的底边。

图6.7
毛衫的定型

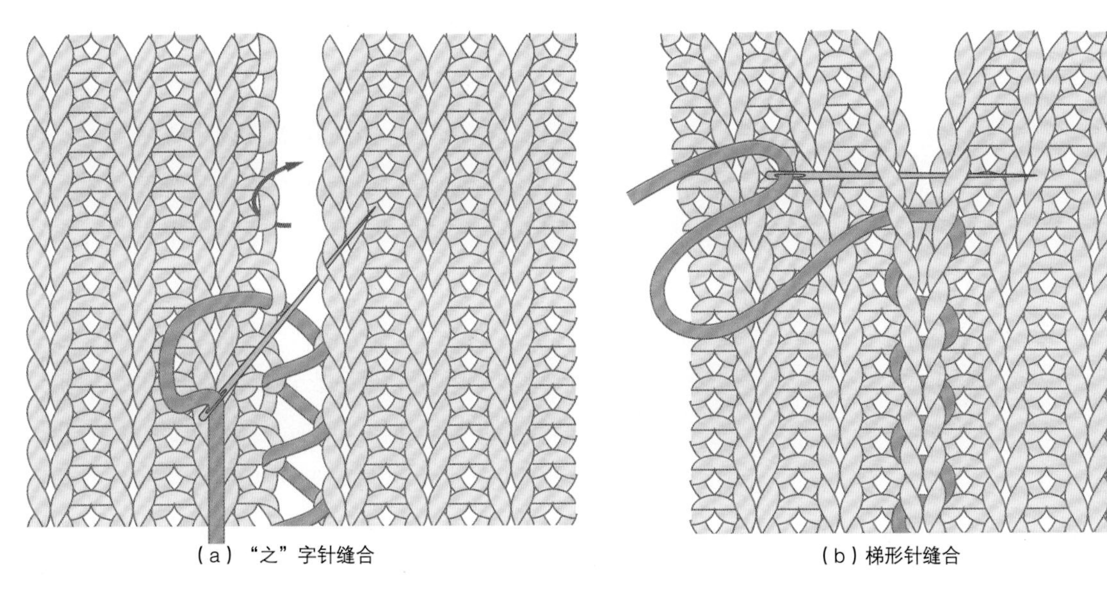

图6.8
缝合衣片

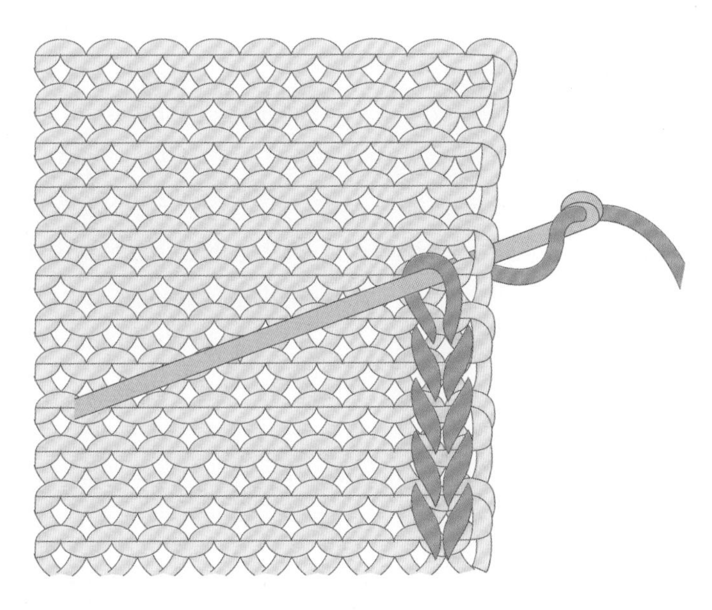

图6.9
用钩针缝合衣片

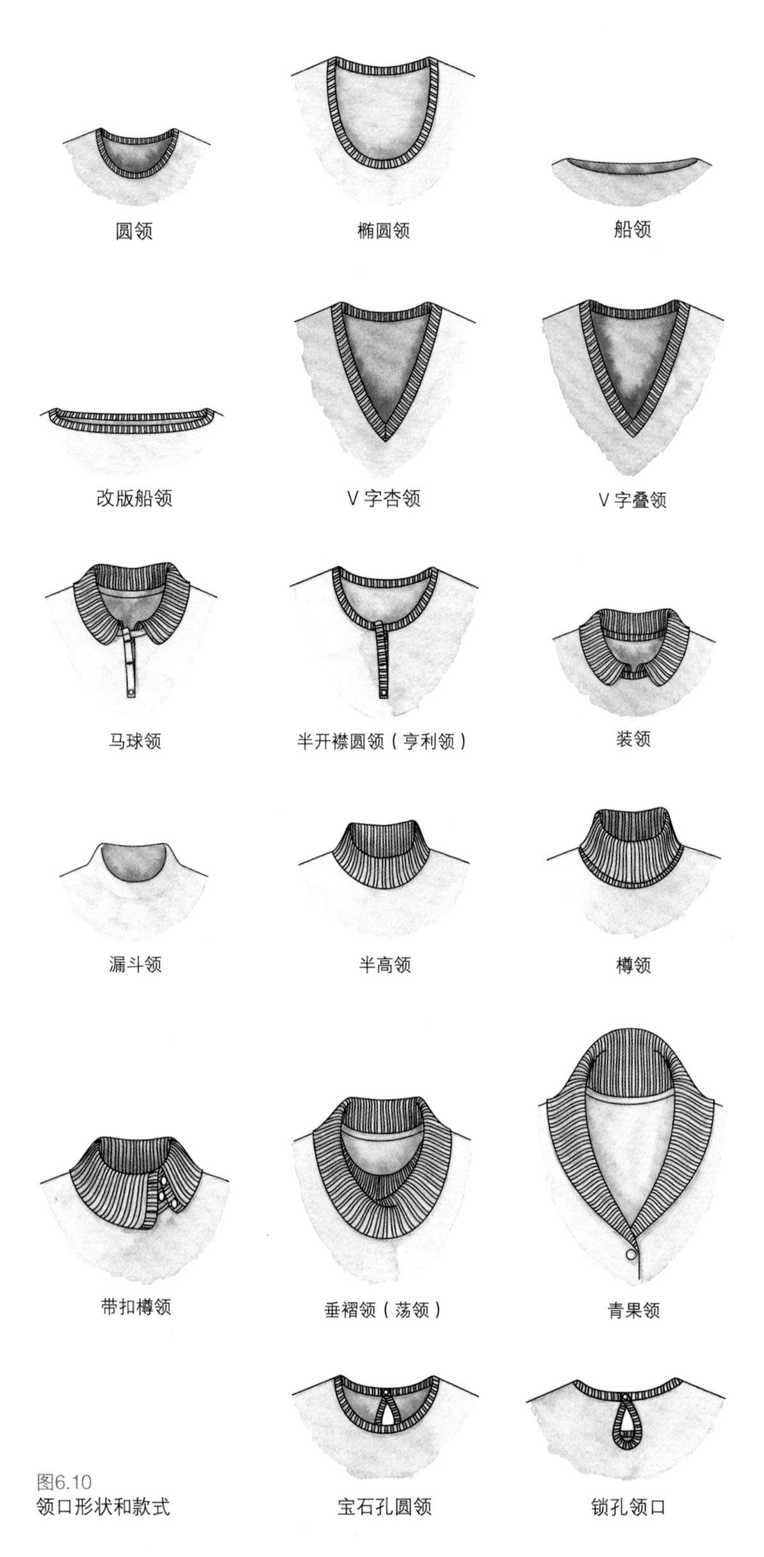

图6.10
领口形状和款式

设计衍变

了解了毛衫样品的常规编织方法之后，就可以尝试创造性地采用加针或减针的技术，改变肩型和领型，同时设计师可以根据自己的设计改变大身的形状和长度。随着设计师在编织、绘制工艺图和编写编织工艺等方面经验的累积，设计师可以编织其他一些更复杂的袖型，例如，插肩袖和马鞍袖，并尝试编织挑孔等新颖花型。图6.10所示为一些常规领型及其演变的样式，包括：圆领、椭圆领、船领、改版船领、杏领、V字杏领、V字叠领、马球领、半开襟圆领、装领、漏斗领、半高领、樽领、带扣樽领、垂褶领、青果领、宝石孔圆领和锁孔领口。

可持续性设计研发案例

在没有针织机械和设备的情况下，开发毛衫的另一种方法是使用回收的毛衫，将其重新利用再造成新的款式（图6.13）。许多设计师在制作一个全新的针织样品前，会使用这种方法对组织结构、廓型和织物重量进行试验，以确定设计细节。由于常规款毛衫一般采用全成形的方法在针织机上直接编织成形，所以通常不需要纸样。当一件毛衫是用匹头针织布或回收的针织毛片进行开发时，通常需要样板。采用这种产品开发方式，设计师将用毛衫作为面料，通过拆开缝线解构服装，最大限度地使用针织毛片。当面料拆开且可再利用时，就可以将

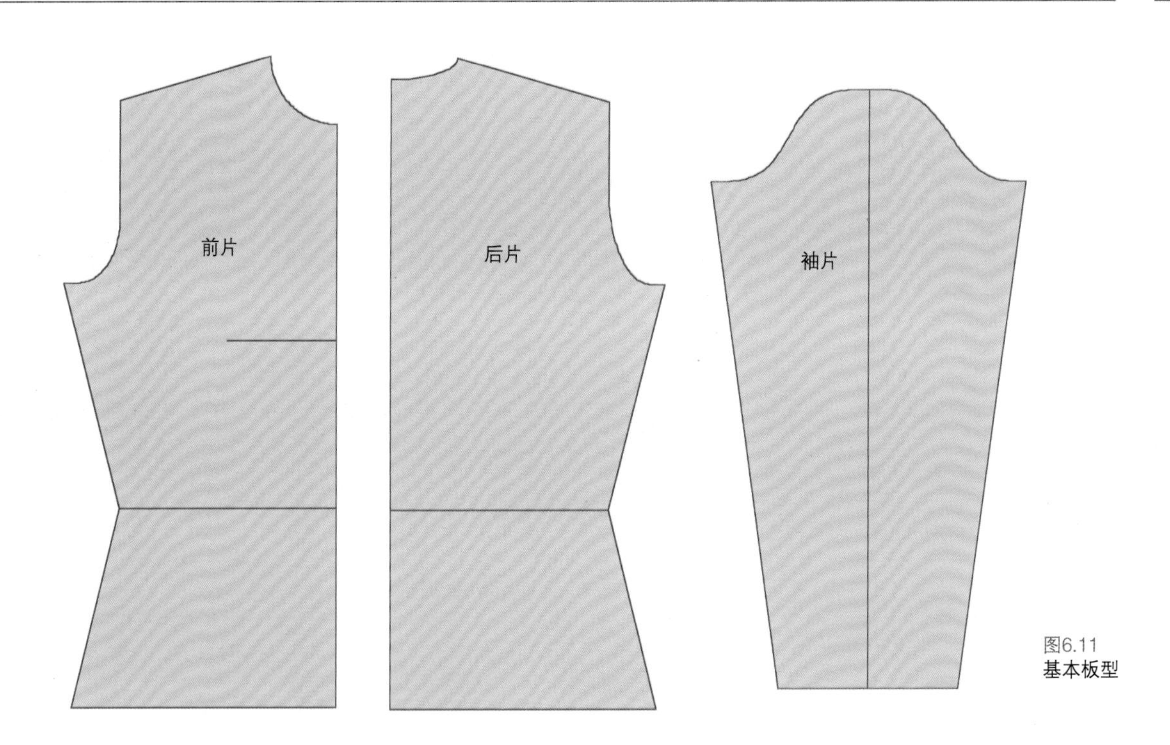

图6.11
基本板型

其重新缝合成更大的面料片或直接以服装的形式进行创意处理。针织面料被拆开后，可以重新织成更大的衣片，或经过创造性地处理后，直接用在衣服上。这种方法通常需要一个用正方形或矩形构建的基本板型，如图6.11所示。然后可以修改板型，例如：修改领口、肩部和袖窿，设计更为合适的款式。为了开发一个常规毛衫的板型，需要一个完整的用于测量人体尺寸的规格表。根据第五章“设计研发系列文稿”中基本体型规格测量的相关内容，绘制如图6.12所示的常规款平面纸样，包括：落肩原样船领衫、落肩改版船领衫、装袖圆领套衫、V领插肩袖长款毛衫、紧身裙子和裤子。

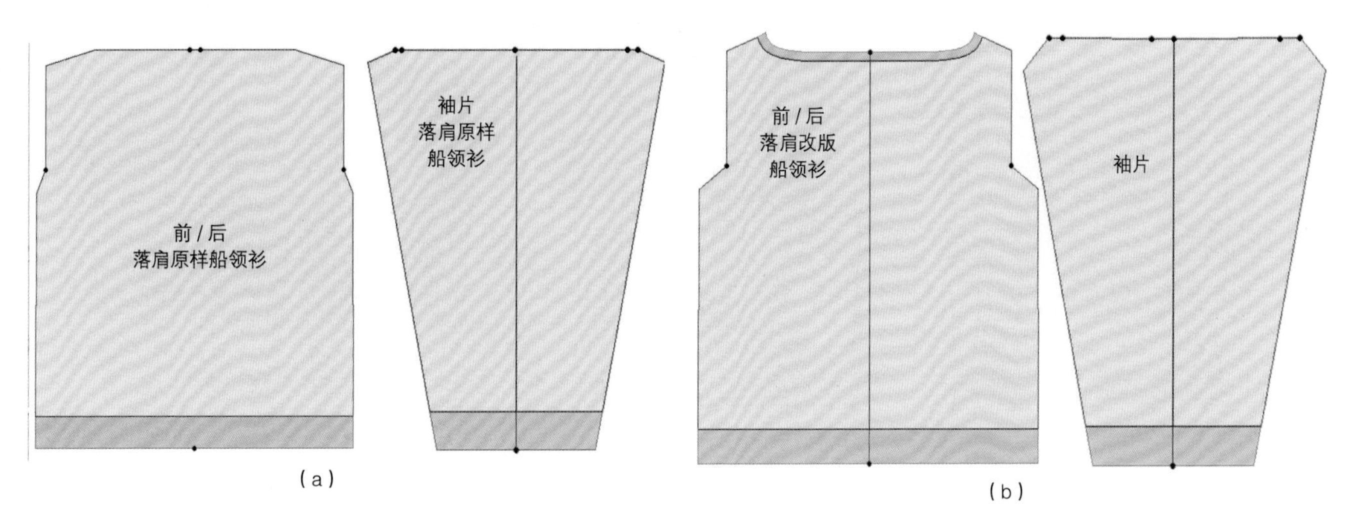

图6.12

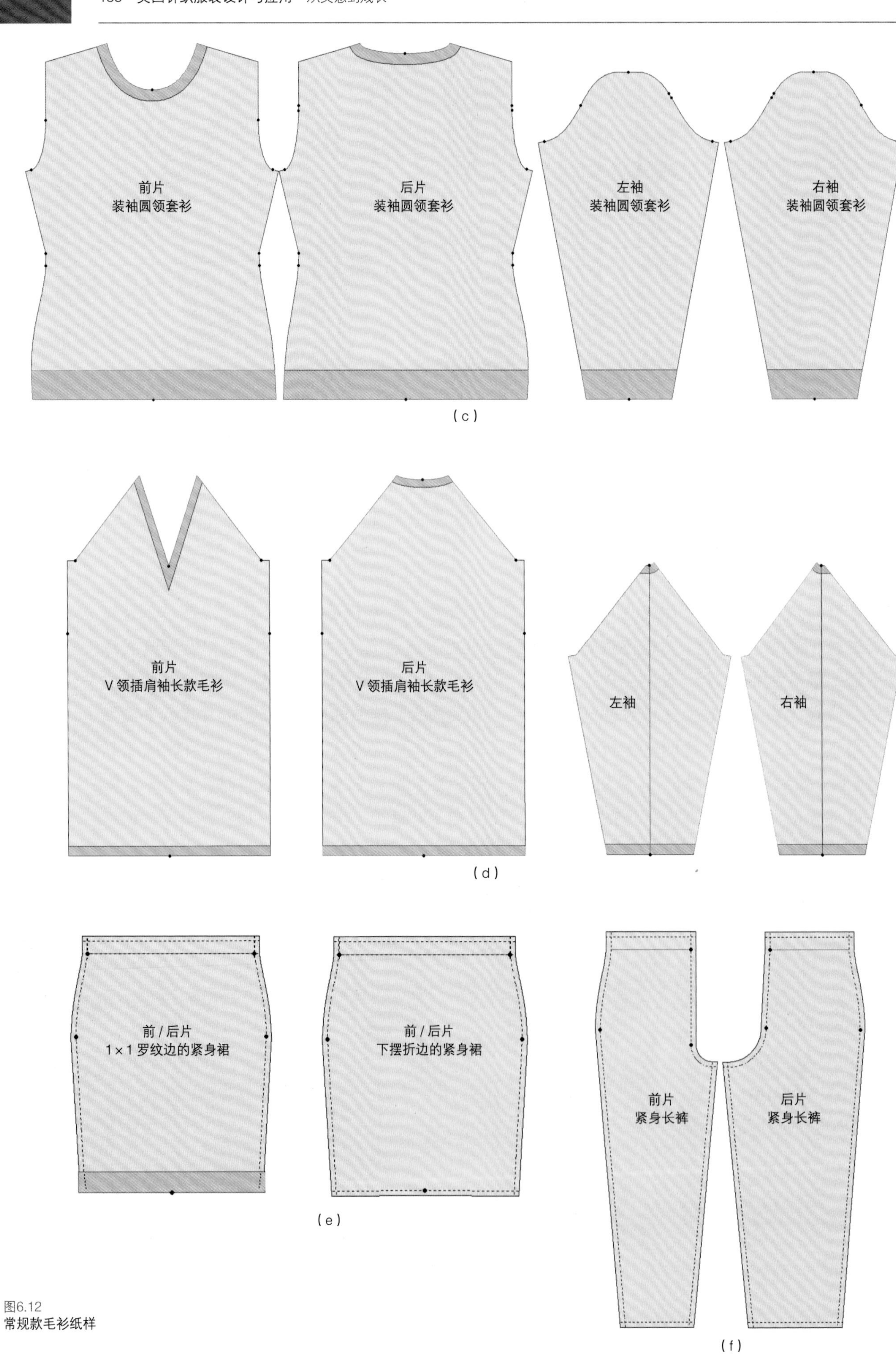

图6.12
常规款毛衫纸样

为了开发裹身廓型或独特的造型风格，设计师将会采用三维立体裁剪。这种方法允许设计师使用不同重量的面料尝试开发各种新颖的造型，从而在整理出最终样品之前确定出款型和风格。当在三维人台上整理出想要的造型并产生布片样板后，随之能够开发出规格尺寸和平面纸样，并提供用实际纱线编织最终样品的整套信息文件。图6.13所示为用可回收的旧衣物披裹在人台上所设计完成的款式。

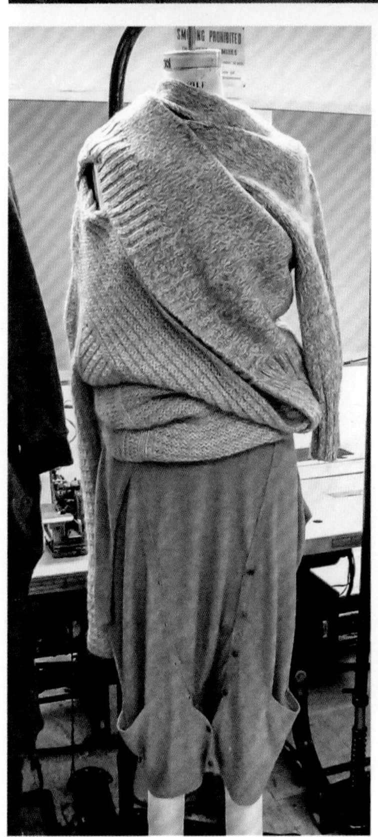

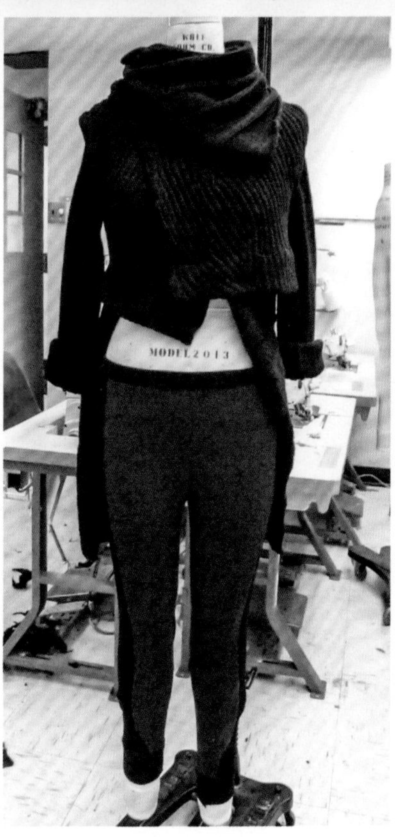

图6.13
用可回收的旧衣物再创造的裹身服装

服装业中打样的费用是很昂贵的，因此为了控制成本，需要尽可能精确的开发。在许多情况下，设计公司可能不具备带有针织设备的打样室或可用的针织资源来充分开发新系列样品的款式概念。有时设计公司和设计师会使用样品开发公司打样，如位于纽约市的斯托尔针织公司就可以提供毛衫设计和样品开发。

斯托尔针织公司是一家毛衫设计与开发公司，许多高端设计师都在这里开发系列样品。这家公司隶属于美国斯托尔，由卡罗尔·爱德华兹（Carol Edwards）运营和管理，她是样品开发和培训部主管，她的员工中有杰出的设计师、程序员、编织人员和后整理人员。他们提供整套的设计和样品服务，并收取费用。工作室配备了最新的斯托尔针织机、手摇横机以及套口和缝合设备（图6.14）。

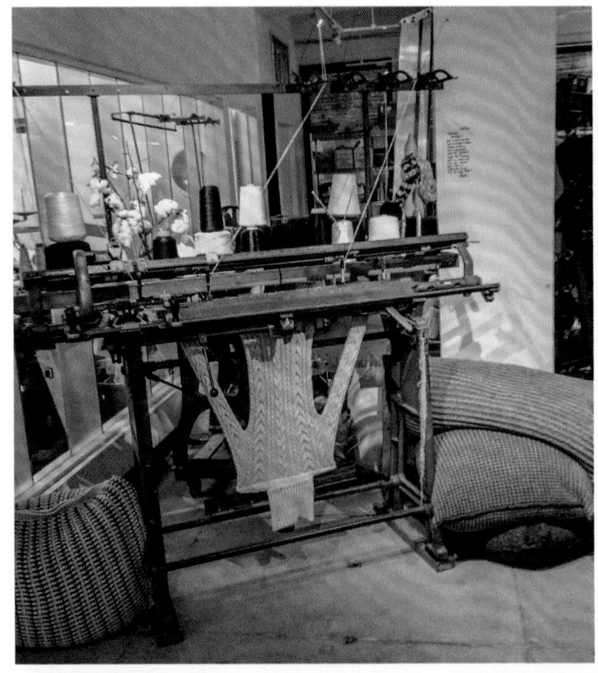

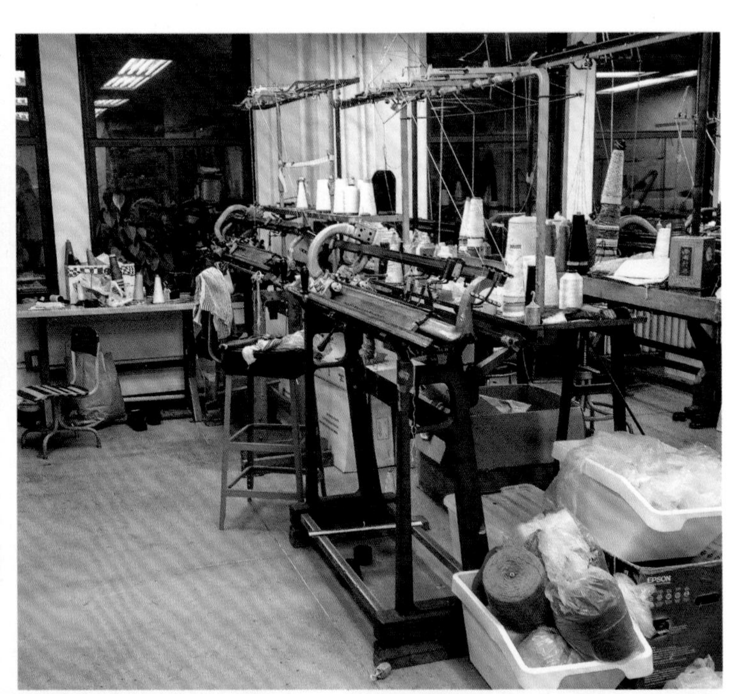

图6.14
纽约市的斯托尔针织公司

设计师简介：
贝纳通（Benetton）集团设计师

卢西亚诺·贝纳通（Luciano Benetton）
b. 1935年，出生于意大利特雷维索

朱丽安娜·贝纳通（Giuliana Benetton）
b. 1938年，出生于意大利特雷维索

吉尔伯特·贝纳通（Gilberto Benetton）
b. 1941年，出生于意大利特雷维索
d. 2018年10月，卒于意大利特雷维索

卡罗祥·贝纳通（Carlo Benetton）
b. 1943年，出生于意大利特雷维索
d. 2018年7月逝世

www.benettongroup.com

贝纳通集团是由贝纳通家族的兄弟姐妹卢西亚诺、吉尔伯特、卡罗祥和朱丽安娜共同创立的家族企业。朱丽安娜十几岁的时候就开始在家里的针织机上织毛衣了。她与哥哥卢西亚诺合作，卢西亚诺的营销理念是：他们把朱丽安娜编织的毛衫染成鲜艳的颜色，而当时市面上的衣服颜色单调只有土褐色。卢西亚诺购买了一家工厂，开创了成衣染色的先河，可以根据客户的要求对成品服装进行染色。1965年，贝纳通集团成立。卢西亚诺是一位公认的营销天才，他以全色彩的贝纳通（United Colors of Benetton）为公司名称，开展了一系列具有煽动性和争议性的广告宣传活动，树立了贝纳通公司的形象。

21世纪头十年，贝纳通使用梵蒂冈宣布放弃的教皇图像继续推广其挑衅性的广告营销活动。

如今，贝纳通旗下有四个品牌：全色彩的贝纳通，低调色彩贝纳通（Undercolors of Benetton），希思黎（Sisley）和惬意生活（Playlife）。产品系列包括女装、男装、童装、内衣、旅行包等配件。目前，公司在全球拥有6000多家门店（图6.15）。*

图6.15
法国巴黎蓬皮杜中心，全色彩的贝纳通纪念40周年时装表演

* 饭山源治（Genji Iiyama），玉津八木（Tamatsu Yagi），广田惠美子（Emiko Kaji），庄治宏（Hiroshi Shoji），贝纳通 著，《全球视野：全色彩的贝纳通》（*Global Vision: United Colors of Benetton*），东京：罗邦多出版社（Robundo），1993年。

设计师简介：欧恩·蒂特尔（Ohne Titel）品牌设计师

创立于2006年

设计师亚历克莎·亚当斯（Alexa Adams）

设计师芙洛拉·吉尔（Flora Gil）

www.ohnetitel.com/

欧恩·蒂特尔是当代针织品牌，吸引着一些事业心强、欣赏艺术和文化的都市女性。极简主义艺术、轻元素和几何元素是它的设计美学焦点。两位设计师都喜欢使用新型的面料，探索针织新技术。亚当斯对廓型和结构有着成熟的眼光；吉尔在针织工艺方面富有创造性，注重织物的表面处理（图6.16）。

2006年，设计师亚历克莎·亚当斯和芙洛拉·吉尔创立了她们的公司（图6.17）。早在1999年，两人在纽约市帕森斯设计学院读书时相识。亚历克斯·亚当斯进入海尔姆特·朗公司（Helmut Lang，Inc.）工作，芙洛拉·吉尔为薇薇安·塔姆（Vivienne Tam）工作。随后她们一起为卡尔·拉格菲尔德工作，最终她们选择一起创业（图6.18）。2006年她们创建了自己的公司，之后在2009年，她们推出了第一个系列，并赢得了2009年艾可酒庄时尚基金会女装设计奖。2009年和2011年分别入围参加美国时装设计师协会/Vogue时尚基金的决赛。*

2016年2月，欧恩·蒂特尔在2016/2017年纽约梅赛德斯·奔驰时装周期间推出了她们的秋/冬最新系列。

* 设计师访谈：www.ohnetitel.com; www.nymagazine.com

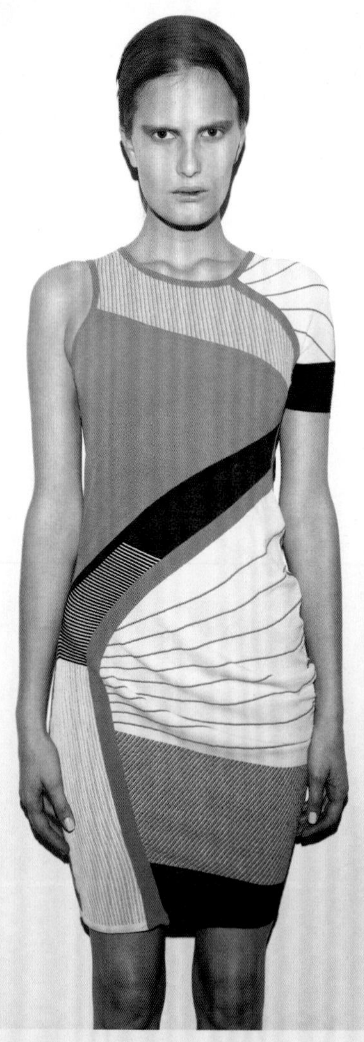

图6.16
2010年，纽约梅赛德斯·奔驰时装周中展示的欧恩·蒂特尔春季系列

设计师简介（续）：
欧恩·蒂特尔品牌设计师

图6.17
2006年，设计师亚历克莎·亚当斯和芙洛拉·吉尔创立了她们的品牌欧恩·蒂特尔

图6.18
2012年，纽约梅赛德斯·奔驰时装周期间发布的欧恩·蒂特尔秋季系列

设计师简介：
布鲁内洛·库奇内利（Brunello Cucinelli）

b. 1953年，出生于意大利卡斯特尔里戈尼

www.brunellocucinelli.com

布鲁内洛·库奇内利是一位意大利时装设计师，以其高端羊绒衫、运动衣系列和零售商店而闻名（图6.19）。1978年，他用相当于500美元的资金创办了布鲁内洛·库奇内利时装公司，并推出一系列色彩鲜艳的羊绒衫。自那时起，该公司已发展到拥有500多名员工，价值超过3亿美元，号称现代经典高端运动装系列。*他的公司奉行的哲学信条是建立在他所描述的道德原则之上的。**

“我相信一个以人为本的企业：应该是以最高尚的方式遵守人类几百年来制定的所有道德准则。我梦想着一种有着深厚历史根基的现代资本主义形式，在这种形式下，利润的产生不会对任何人造成伤害，也不会给任何人构成障碍，其中一部分利润被预留出来，用于那些能够改变人们生活的举措：服务、学校、敬拜场所和文化遗产……在我的公司中，人处于一个生产过程的中心，因为我相信，只有通过重新唤醒良知，才能恢复人的尊严。工作提高了人的尊严和由此而产生的情结……我为来自这个地区而自豪，为我对哲学的热情而自豪，为一切有助于恢复被时间尘封的事物的美丽和尊严而自豪。”***

图6.19
2013年在乌兹别克斯坦举办的布鲁奈罗·库奇内利时装展

嘉奖

2004年，获得佛罗伦萨男装展（the Pitti Immagine Uomo）设计奖

2009年，获得安永年度企业家奖（The Ernst & Young Entrepreneur of The Year Award）

2009年，获得意大利莱昂纳多质量奖（Leonardo Italian Quality Award）

2010年，被任命为意大利共和国骑士

2014年，荣获纽约时尚集团国际时尚之星

* 托马斯·梅特卡夫（Thomas Metcalf），左海尔·西拉吉（Zohair Siraj）著，《库奇内利成为亿万富翁，他的针织开衫标价1920美元》（*Cucinelli Becomes Billionaire Knitting $1920 Cardigans*），Bloomberg.com，检索日期：2015年5月9日。

** 尼古拉斯·福克斯（Nicholas Foulkes）著，《布鲁内洛·库奇内利，羊绒哲学之王》（*Brunello Cucinelli, the Cashmere Philosopher-King*），《新闻周刊》（Newsweek），出版日期：2016年1月9日，检索日期：2016年4月5日。

*** 布鲁内洛·库奇内利，《哲学》（*Philosophy*），brunellocucinelli.com，检索日期：2016年4月5日。

本章总结

本章主要探讨了毛衫样品开发的方法，包括如何使用手摇编织机或机器开发全成形样品，以及如何拼接缝合。提供了如何定制和创建完整的编织工艺信息的方法。探讨了毛衫的制板、立体裁剪和边口处理的方法，并呈现了样品板型。此外，还介绍了采用毛衫回收、再利用、升级改造开发样品的方法。

关键词和概念

回针
定型
每英寸的横列数
钩针
服装设计师
横密
每英寸的纵行数
回收
再利用
原型
密度小样
升级改造
纵密

工作室活动

访问针织服装设计工作室网址www.bloomsburyfashioncentral.com。关键要素是：

- 多项选择
- 带有关键词和定义的抽认卡
- 附加编织工艺

项目

1. 编织一件自己设计的毛衫。按照本章介绍的步骤，编织一个密度小样，写出编织工艺，并绘制毛衫款式图。

2. 设计8件毛衣。绘制前、后片草图，创建8种不同的毛衫样式。根据设计考虑领口、袖型、肩膀、体型，以及衣长。将第三章“针织基础知识”中的不同组织结构应用到设计中去。

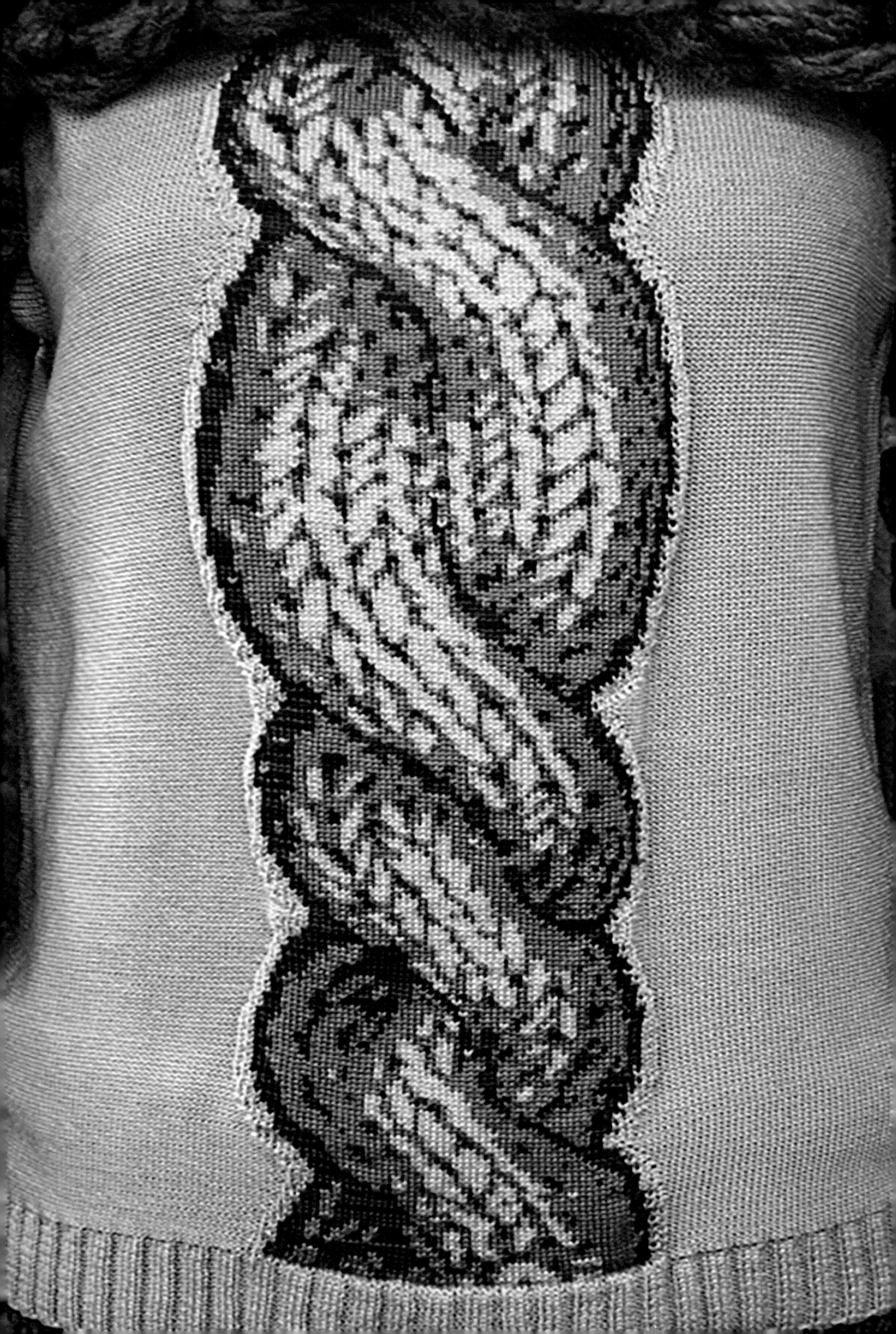

第七章 针织服装计算机辅助设计

7

本章介绍了几个可供针织服装设计师使用的计算机辅助设计（CAD）软件。文中仅介绍了各个软件的优点，但对如何使用这些软件并未详细说明。文中通过实例展示了设计师如何使用数字化设计软件来创建和完成款式系列的设计。这些软件也可用于创建作品集和展示文稿，但在本章中关注的只是针织服装的设计过程。

时装行业使用的CAD软件在不断更新和改进。这一趋势似乎是随着速度更快、文件容量更大且更高效的计算机、扫描仪以及普通消费者可用的打印系统的发展而出现的。这里重点介绍目前业界最常用于设计针织品的一些软件。

计算机辅助设计

麻省理工学院的道格·罗斯（Doug Ross）在1959年创造了“计算机辅助设计”（CAD）一词，根据定义，CAD就是利用计算机技术来设计产品。程序设计和创建的产品取决于用户。专用的CAD软件，可供时装设计师、纺织设计师、工业设计师、建筑师、平面设计师、工程师以及其他许多人使用，创意性用户数不胜数。CAD软件起源于20世纪50年代早期，主要用于汽车和航空航天工业，但直到20世纪80年代早期才发展成为主流应用软件。20世纪80年代中期，用于纺织和时装领域的第一个系统被称为CAD/CAM系统（计算机辅助设计/计算机辅助制造系统）。从那时起，无论行业如何，CAD软件的开发和使用对于设计和开发的各个方面都变得至关重要。

计算机辅助设计开发初衷

在服装业中使用CAD具有极大的优点。通过数字技术开发的信息可以通过电子方式发送到任何地方，这一点非常重要，因为生产可能不是在公司内部进行，甚至不是在本地进行。虽然系列设计与开发可能在工作室或陈列室内进行，但打样和生产极有可能是在其他地方完成。无论是在4英里还是4000英里以外，数字化开发和设计的信息都可以通过电子方式发送，也可以通过专有程序即时发送至工厂。

设计师使用CAD的另一个重要因素是几乎能够立即开发出准确的款式。例如，设计师可能不了解编程和针织机的运行过程，但使用当前的CAD软件，并将特定的机器信息整合到CAD系统中，设计人员设计时就可以根据模拟编织的效果，对创建的款式随时进行修改。使用这些专业的软件，设计师可以超越他们的工作室和陈列室，直接进入制造过程。通过将这些技术直接提供给设计师使用，公司也简化了打样的过程。CAD使设计师和针织工艺师可以更具创造性地合作，以便在第一时间获得准确的款式。打印实际尺寸图像的功能使设计师能够立即查看款式和图案，允许在编织实际样品之前进行更正和修改（打样成本通常很高）。从本质上讲，CAD使设计师能够以更少的错误生成更接近其创意规格的款式，从而节省了错误打样的成本。

针织服装设计软件

计算机辅助设计软件被认为有两种方式：现货、普通零售或专有、专业零售。现货产品通过软件零售商提供给各种类型的消费者。这些软件已被广泛应用于大多数行业的设计创作。普通零售产品的价格从50美元到1000美元不等。

专用的CAD软件是行业特有的，通常可以直接从开发人员或代理商等专业零售场所购买。因为这些软件是针对特定行业的，工具和流程是经过精简排列的，且专注于所需的设计领域。针对行业特定的专有程序，价格范围从插件组件的100美元到整套系统的超过10万美元不等。

通用性软件

Illustrator和Photoshop是针织服装设计师普遍使用的两个CAD软件，它们都是由Adobe公司开发的。针织服装设计师经常使用的还有两个微软的软件——Excel和Word。

Adobe Illustrator是一个绘图软件，主要用于绘制线条、形状和曲线。针织服装设计师使用该程序创建规格表上的款式图和详细的技术图纸（图7.1）。该程序是基于矢量的，这意味着它是基于对象的，并且能够创建具有平滑线条和形状的图像。创建的图像与分辨率和比例无关，因此，即使按原图调整大小，它们也会保持原来的清晰度。如果按比例重新调整，文件不会丢失细节或失真。文件通常较小，允许通过电子邮件以原始文件格式发送图形，也可以很容易地转换为其他更通用的格式，如PDF（便携式文件格式）、TIFF（标记图像文件格式）或JPEG（静止图像压缩格式）。该程序还为设计师提供了导入图像的功能，可以重新修改图像，并将其添加到文稿和款式图中。

Adobe Photoshop功能强大，是当前艺术、摄影和图像编辑行业中常用的图像处理软件。针织服装设计师使用Photoshop扫描、处理、创建和开发面料，定义画笔预设和系列的排版（图7.2、图7.3）。Photoshop是一个基于栅格或位图的程序，它使用像素（正方形像素）构成图像。基于栅格的图像包含大量的细节，文件往往很大。图像以PPI（每英寸像素数）为单位来度量。每英寸像素越多，文件就越大。文件取决于分辨率，也就是说，当图像被放大时，像素变得更大、更可见。因此，图像不能保持其清晰度，可以看见不规则的、锯齿状的线条。在保存Photoshop文件时，需要注意文件的压缩和缩小，因为太多的操作有可能导致图像的细节永久丢失。

Microsoft Excel和Word虽然不是CAD软件，但对针织服装设计师来说都非常有用。它们被用作Illustrator和Photoshop的配套软件。设计人员使用Excel为款式开发创建规格表，使用Word处理文字（图7.4、图7.5）。文件格式往往很小，便于作为电子邮件附件发送。这两个软件可以在普通零售商处购买到，是服装公司的主流产品。

表7.1总结了一些用于针织服装设计的零售软件。

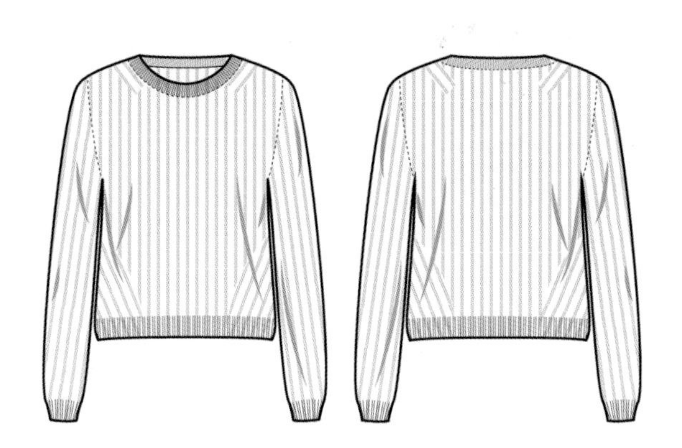

图7.1
用Adobe Illustrator创建的前、后片纹理平面图

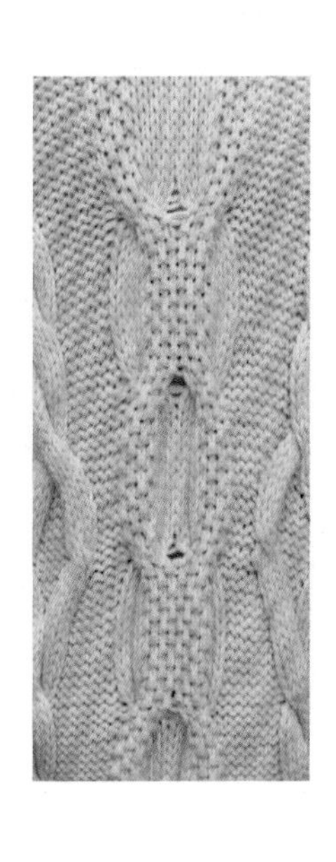

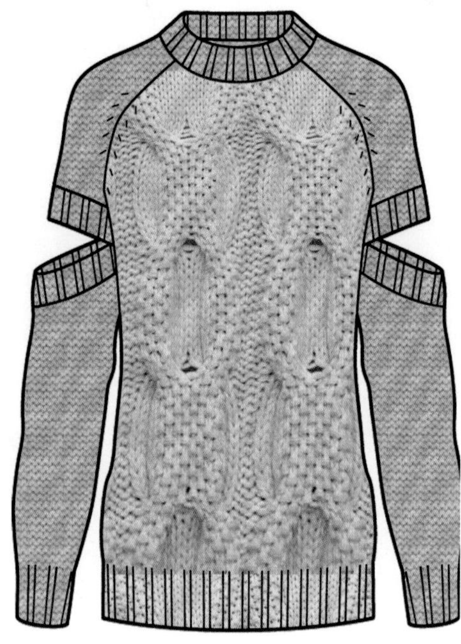

图7.2
用Adobe Photoshop创建的填充图案的款式图

步骤1
打开图像

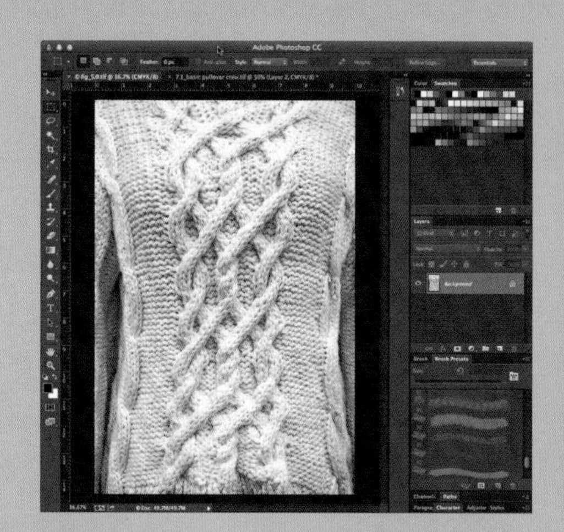

步骤2
选择全部或部分图像

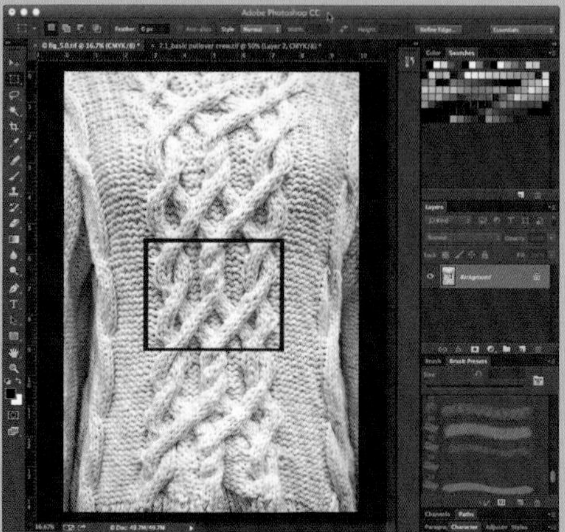

步骤3
在“编辑”列表选择“定义画笔预设”

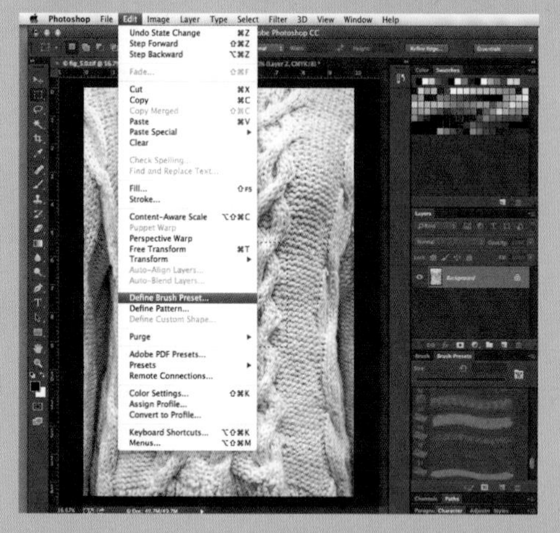

步骤4
打开一个款式图，选择要使用新画笔的区域

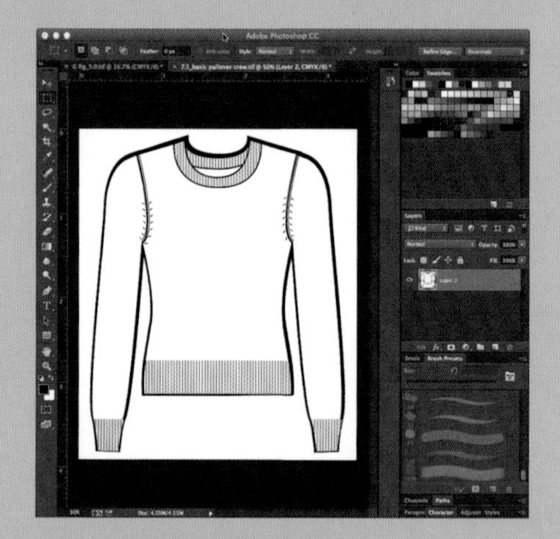

步骤5
选择笔刷工具，从笔刷预设中选择你的笔刷，调整笔刷尺寸然后放置到款式图中选定的区域

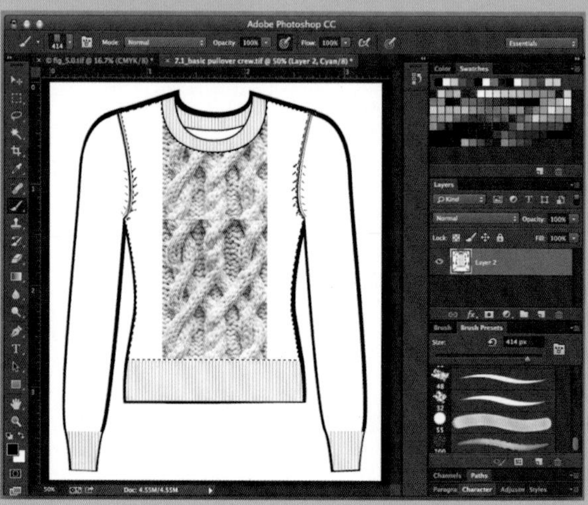

图7.3
Adobe Photoshop图像处理步骤

服装成本核算表

款式：	日期：	季节：
描述：		
尺寸范围：	价格：	
唛架：		

1. 原料	码数	价格	总价	前、后片视图
衬里				
内衬				
材料总成本	$			
2.装饰	数量	价格	总价	
纽扣				
垫肩				
拉链				
贴花				
橡筋带				
标签和尺码牌				
塑料包装袋和衣架				
户外服务费				
装饰总成本	$			
3.人工费				
裁剪				
缝纫				
放码				
排唛架				
人工总成本	$			
4.总成本				
5.价格加成				
6.批发价				
建议零售价				

织物小样

图7.4
用Word创建的服装成本核算表

推板规格表	样品确认日期：		款式编号#：		工厂：		日期：
织物：			描述：				
	针织上衣/毛衫	正公差	负公差	S		L	XL
1	衣长：从侧颈点向下直量	1/4	1/4	−1		1	1 1/2
2	下胸宽：挂肩向下1英寸横量	1/4	1/4	−1		1	1
3	胸宽：腋下点到点	1/4	1/4	−1		1	1
4	肩宽（缝对缝）	1/4	1/4	−1		1	1
5	肩斜	1/4	1/4	0		0	0
6	挂肩：直量	1/4	1/4	−1/2		+1/2	1
7	前插肩袖	1/4	1/4	−1/2		+1/2	1
8	后插肩袖	1/4	1/4	−1/2		+1/2	1
9	上臂袖宽	1/4	1/4	−1/2		+1/2	1
10	前臂袖宽（距袖口6英寸）	1/4	1/4	−1/2		+1/2	1
11	袖口宽	1/4	1/4	0		0	0
12	袖口罗纹高	1/4	1/4	0		0	0
13	袖长：从后领中量起	1/4	1/4	−1		1	1
14	袖底缝	1/4	1/4	−1		1	1
15	领口宽（缝对缝）	1/4	1/4	−1/2		+1/2	1
16	前领深：衣长参照线到前中领口线	1/4	1/4	−1/2		+1/2	1
17	后领深：衣长参照线到后中领口线	1/4	1/4	−1/2		+1/2	1
18	领边	1/4	1/4	0		0	0
19	腰宽（从侧颈点量15英寸）	1/4	1/4	−1		1	1
20	下摆宽	1/4	1/4	−1		1	1
21	下摆高	1/4	1/4	0		0	0
22	前胸宽：从侧颈点向下5英寸横量	1/4	1/4	−1		1	1
23	后背宽：从侧颈点向下5英寸横量	1/4	1/4	−1		1	1
生产意见：					缩略图		

图7.5
用Excel创建的推板规格表

表7.1 针织服装设计师使用的通用软件

程序	制造商网址	用途
Illustrator	www.adobe.com	创建线条和形状的绘图程序，用于开发平面图、规格表、时尚展板或插图
Photoshop	www.adobe.com	艺术和图像编辑程序，编辑和创建织物与组织结构效果图，用于设计开发和时装展示
Excel	www.microsoft.com	数据处理程序，用于创建电子表格格式的规格表
Word	www.microsoft.com	字（词）处理程序，用于创建文本格式的规格表

针织行业专用软件

目前，许多针织制造商都有专门的服装设计软件，及与其兼容的电脑设备。一些针织机械制造商为他们的机器开发了配套的软件，且能够输出到其他品牌的机器上使用。另外，有一些独立的软件公司也开发针织设计软件。

Cochenille公司的Stitch Painter软件是专门为针织、纺织、手工艺设计师开发的一种基于栅格的绘图程序，该程序能帮助针织品设计师创建颜色或符号图形（图7.6）。空白图形或网格是用密度小样的数值创建的，行数和列数可以用正方形也可以用长方形计数。然后，通过使用程序中的工具，例如：铅笔、笔刷、填充、复制、画线或形状等，设计人员可以创建自定义大小的毛衫图形。该程序允许将创作的作品直接打印，或以标准图像格式输出以便在其他程序中使用。Cochenille还提供了额外的插件模块，是一个非常有用的全色导入模块，允许导入数字图像。该模块允许设计师导入图像（绘图、照片、杂志图片等），然后软件将其转换为彩色图形。

Stitch Painter是为家庭手工编织师开发的软件，但其价格优惠且非常有用，可作为针织品自由设计师或学生的基本工具。该软件的Mac OS或Windows系统的版本，可以直接从开发商Cochenille购买，也可以在各种针织或纱线零售店购买。

Pointcarré 的Pro Design是一个专为服装和纺织品设计开发的CAD设计软件，由Monarch针织机械公司于20世纪80年代末开发，旨在与该公司的针织设备相配套，提供程序设计功能。2001年，Pointcarré北美分部作为一个独立的部门成立，并开始提供满足针织和机织设计师需求的软件。当前的针织软件包含在Pro Design模块中，这是一个涵盖印花、针织和机织的全套程序软件。设计师使用这一针织组件能够创建

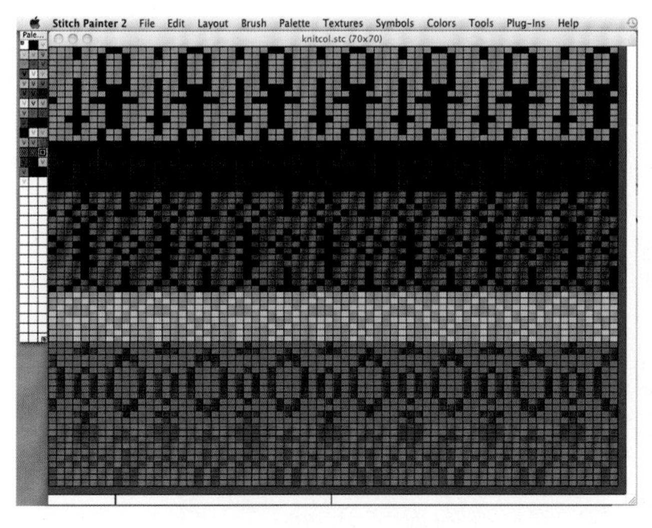

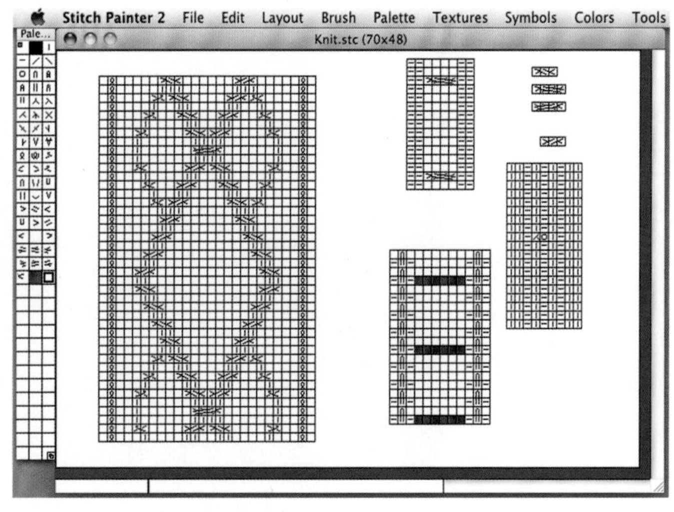

图7.6
用Stitch Painter Gold软件创建的颜色和符号图形视图

提花和多种结构花型的图形或线圈模拟图（图7.7）。程序组件包括精确的尺寸绘制，用于设计开发的绘图工具，自动配色和浮线检测功能，可进行花型循环，颜色组合渲染开发，以及用于创建组织结构的花型库。该程序允许图像以几种标准格式（TIFF、JPEG、PICT、BMP等）保存，以便与其他机器或程序兼容。该程序适用于Mac OS或Windows系统。

Kaledo knit是力克（Lectra）公司自主研发的CAD纺织设计软件。这是一个用于时装、服装业和纺织业设计与交流的专业工具。力克软件为这些公司提供设计开发和展示工具，然后可以直接导出到力克时尚PLM（产品生命周期管理）系统。Kaledo knit是毛衫针织设计组件（图7.8）。该软件允许设计师逐个线圈地扫描、绘制、创建和编辑设计与上色，具有工艺准确性。软件中的纱线和组织结构库里包含常用的纱线和组织结构，也可以扩展纳入新开发的组织结构和扫描的纱线。机号和密度可以随时查看和调整，以适应不同的纱线、样片尺寸和组织结构。该软件允许针织设计以3D组织渲染或作为颜色、符号图形，按比例缩放或以实际尺

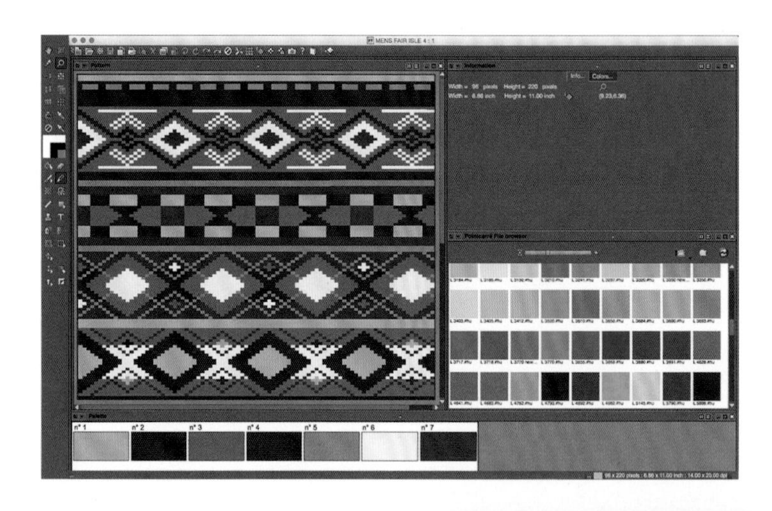

图7.7
Pointcarré纺织软件中Pro Design创建的程序视图、绘制图形和线圈细节

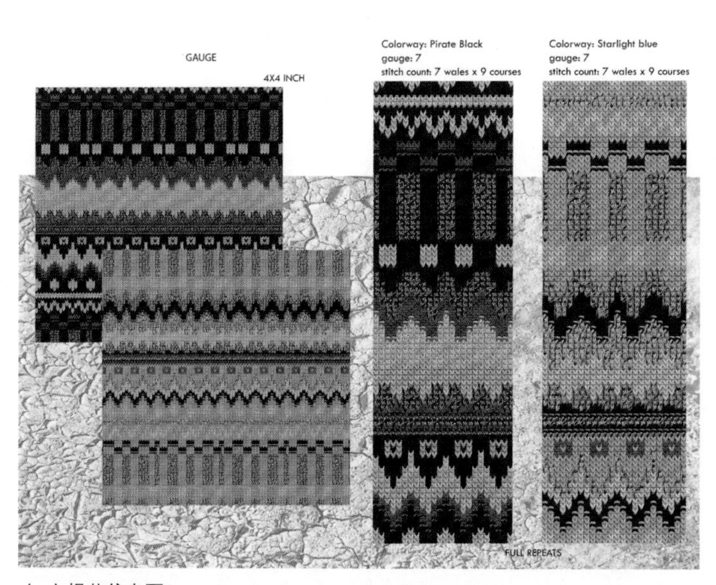

（a）提花信息页

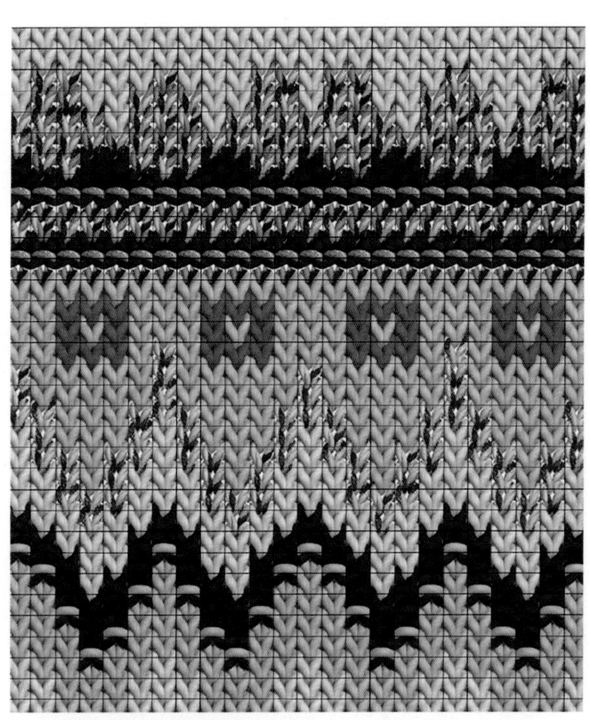

（b）组织结构细节放大图

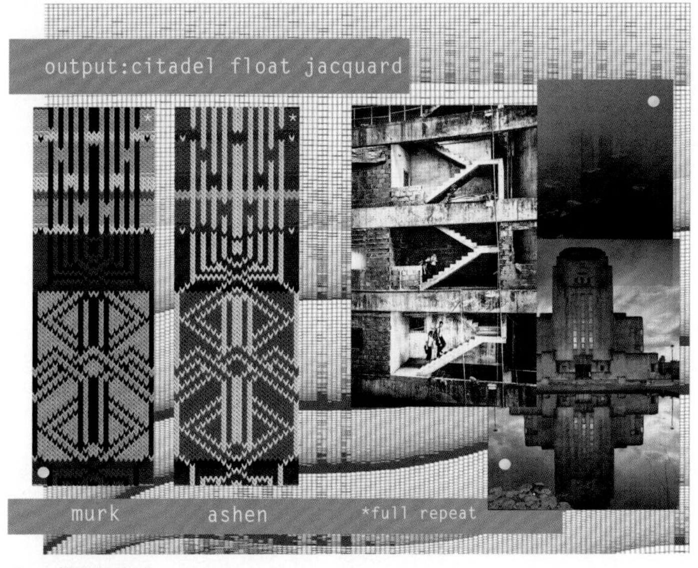

（c）提花和灵感

（d）组织结构细节放大图

图7.8
用Kaledo软件创建的针织物模拟图

寸查看和打印。该软件可以直接在Windows平台上从力克公司购买。

M1 Plus花型设计软件是由斯托尔针织机械有限公司自主研发的设计软件，是设计师和针织技术人员的创作工具。该软件最初仅是斯托尔针织机的配套设计和编程软件，现在可作为独立的计算机辅助设计毛衫和针织服装设计软件，同时具有为机器编程的功能。该程序提供了创建毛衫形状的功能，具有多种尺寸选项，逼真的织物视图和工艺视图，以及丰富的针织物组织结构花型库（图7.9）。花型数据库包括一些基本的和复杂的线圈结构，如阿兰花、绞花、提花、起针和拷针模块，以及斯托尔多针距和斯托尔织可穿的专有设计开发工具。

斯托尔织可穿技术被认为是3D针织产品开发的先驱之一。该数据库允许对现有的针织组

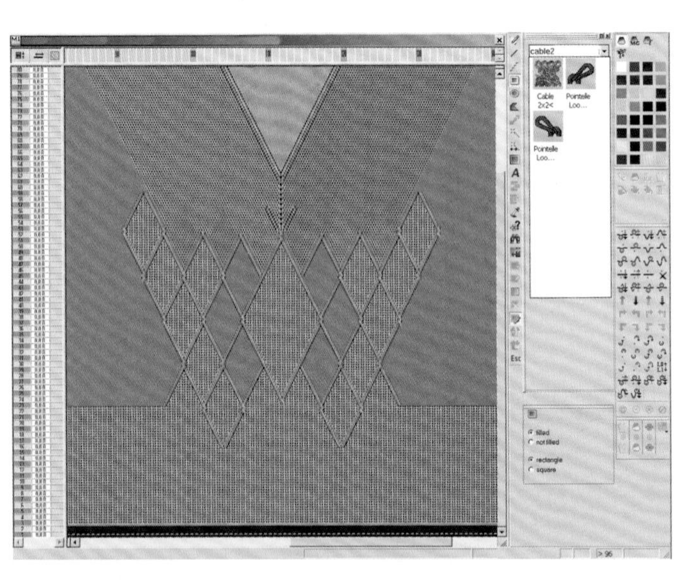

（a）织物视图

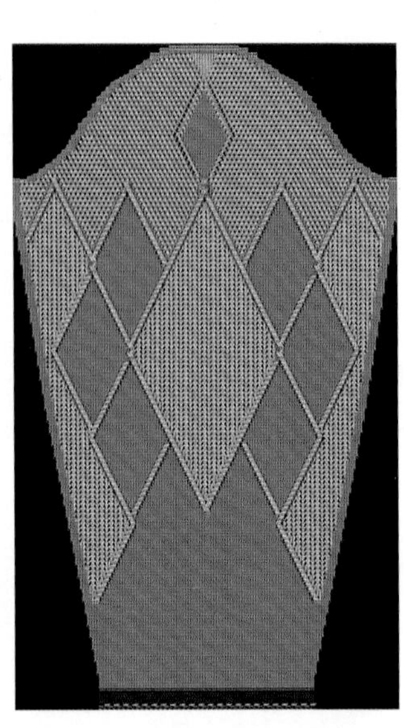

（b）工艺视图

（c）袖片织物视图

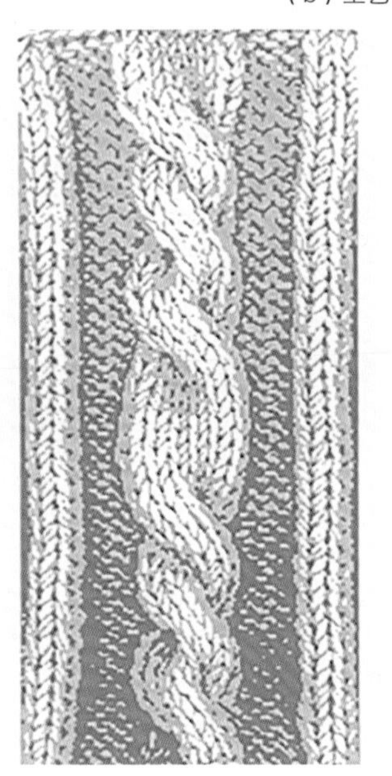

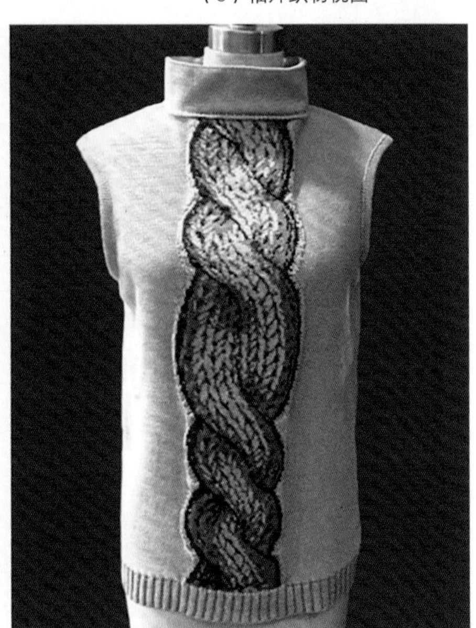

（d）用斯托尔创建的样片和服装的模拟图

图7.9
斯托尔的M1 Plus软件和产品开发视图

织模块进行修改和组合，创建和添加新设计的花型。该程序适用基于Windows系统的个人台式电脑或笔记本电脑。

岛精公司的SDS-ONE APEX 3系统是其自主设计的软件，包括硬件和软件，是一个一体化设计工具，便于设计工作室和生产厂家之间的交流。该软件为产品规划提供的操作功能有：创意设计、虚拟与实际采样、制作、基于人体贴图的3D渲染设计，以及文本展示。该软件具有全新的3D针织设计功能，使用3D技术模拟款式和组织结构，这种开发毛衫的技术称为整件服装编织（WholeGarment）（图7.10）。该软件还提供了一个功能，允许设计的针织款式自动转换为程序数据，使工艺技术人员可以直接将设计的服装上机编织。软件的纱线设计工具可以呈现原始纱线也可以排列现有的纱线，这些纱线可被扫描用于毛衫的设计和绘制。

表7.2所示为总结了专门用于针织服装设计的软件产品。

（a）岛精SDS-ONE APEX 3系统

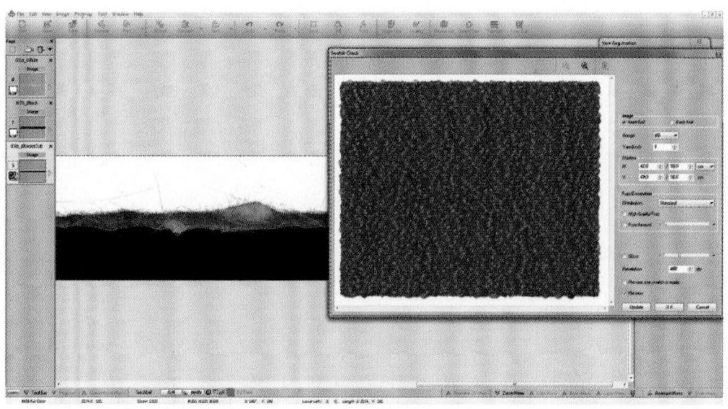

（b）纱线扫描与数据登记

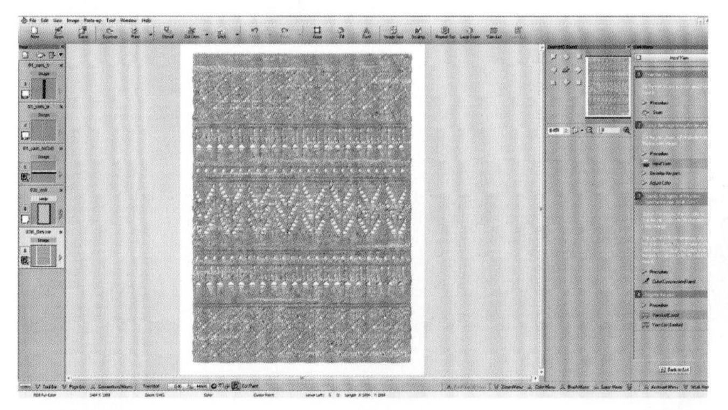

（c）线圈模拟

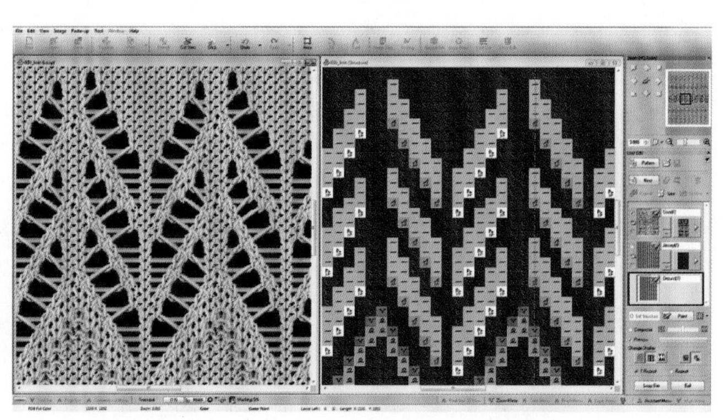

（d）线圈编辑程序

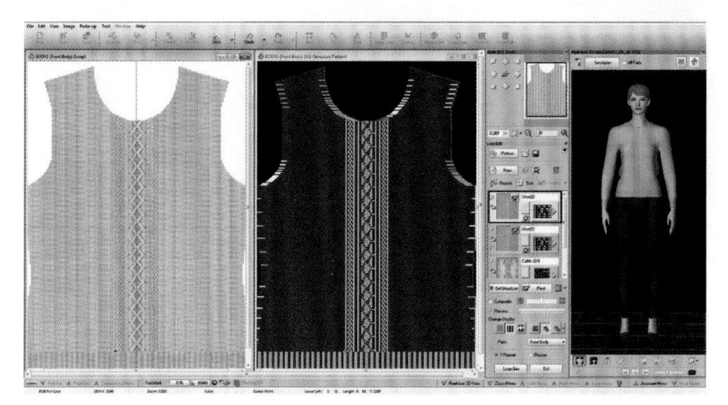

（e）前片视图和3D效果模拟

图7.10
带有线圈结构、纱线和3D程序视图的岛精SDS-ONE APEX 3系统

表7.2 针织品设计CAD软件

软件	制造商的网址	用途
Stitch Painter	www.cochenille.com	针织毛衫绘图软件
Pro Design	www.pointcarre.com	开发针织设计软件和计算机辅助解决方案
Kaledo Knit	www.lectra.com	针织设计专用软件
M1 PLUS	www.stoll.com	斯托尔公司的花型设计软件，与斯托尔的针织机配套使用
SDS-ONE APEX 3	www.shimaseiki.co.jp	岛精公司提供的完整的创意设计系统，直接与岛精针织横机配套使用，也可以输出到其他品牌的针织机上使用

3D打印和针织服装

3D打印是计算机辅助设计和针织技术发展中最新、最前沿的理念。该设计需要使用专业软件根据每个特定打印机模式创建所需的3D格式模型文件。该技术最初是作为一种基于硬质材料生产的快速原型产品开发的，现在正成为针织行业的最新前沿，并向时装行业主流扩展。高级时装设计师艾里斯·范·荷本（Iris Van Herpen）是第一个将这种技术应用于时尚的设计师，但他使用的是极具未来主义风格的防护造型。该技术的最新进展使得开发更为柔软和灵活的可穿戴用品成为可能。在2016年秋季的T台系列中，来自Ohne Titel的针织服装设计师亚历克莎·亚当斯和芙洛拉·吉尔展示了融入传统编织和3D打印环状元素的款式（图7.11）。

图7.11
Ohne Titel2016年秋季时装系列展示的3D打印款式

设计师简介：彼得·皮洛托（Peter Pilotto）

彼得·皮洛托品牌创立于2007年
设计师：彼得·皮洛托和克里斯托弗·德沃斯（Christopher De-Vos），英国伦敦
peterpilotto.com

彼得·皮洛托毕业于安特卫普皇家艺术学院，他和克里斯托弗·德沃斯一起为彼得·皮洛托品牌做设计。他们在安特卫普皇家艺术学院认识。

2008年9月，彼得·皮洛托在英国时装协会的支持下首次亮相伦敦时装周，彼得·皮洛托和克里斯托弗·德沃斯共同设计了这一系列，他们分工合作。克里斯托弗·德沃斯专注于形状和廓型，彼得·皮洛托专注于印花、色彩故事和布局。他们共同协作开发，并在合作过程中互相给予反馈。

图7.12
2016/2017年秋/冬英国时装周中彼得·皮洛托时装秀的毛衫设计

非常相似，他们都有混合血统，彼得·皮洛托有一半奥地利血统和一半意大利血统，而德沃斯有一半是比利时血统和一半秘鲁血统。他们从这些文化影响中汲取灵感，并将其融入自己的设计（图7.12）。

他们为露皮塔·尼永奥（Lupita Nyongo）、伊丽莎白·班克斯（Elizabeth Banks）、艾米莉·布朗特（Emily Blunt）和凯特·布兰切特（Cate Blanchett）等名人设计过服装。

彼得·皮洛托品牌服装在全球50多个国家销售，主要的零售商超过220家，包括伦敦的塞尔福里奇百货（Selfridges）、巴黎的乐蓬马歇百货公司（Le Bon Marché）、纽约的波道夫·古德曼百货（Bergdorf Goodman）、中国香港和内地的乔伊斯百货（Joyce）和连卡佛百货（Lane Crawford）。*

嘉奖：

2009年，获得施华洛世奇女装设计师新秀奖

2011年，获得春/夏时尚前沿赞助

2012年，获得英国时尚协会赞助

2014年，获得英国时尚协会/美国时尚杂志基金赞助

2015年，荣获首届施华洛世奇系列大奖

*《时尚商务》（*Business of Fashion*），彼得·皮洛托，www.businessoffashion.com，2016年。

设计师简介：兄弟（Sibling）

兄弟品牌成立于2008年
乔·贝茨（Joe Bates）
b. 出生于英国莱斯特
d. 2015年去世
席德·布莱恩（Sid Bryan）
麦克里瑞（Cozette McCreery）
www.siblinglondon.com

兄弟品牌推出了自己的第一个系列——男装系列，该系列将鲜艳的色彩、活泼的印花与颇具挑衅性的针织衫混搭在一起。它的首个两件套由羊绒制作，在豹纹提花图案上装饰少许亮片，并发展成一个持续的主题，现在大多数的系列中都有展示。目前，他们的系列是一系列充满鲜艳色彩、极具创意的针织服装（图7.13）。兄弟的女装品牌——兄弟姐妹（Sister by Sibling），以推行年轻精神和现代风格而著称。著名的提花图案针织装（被亲切地称为针织怪兽），已作为羊毛衫现代展的一部分在全球巡回展出。

兄弟品牌2013年推出的亮片卡纳瓦尔（Sequin Kanaval）面具在英国时尚媒体中被广泛报道，其中包括碧昂丝（Beyoncé）登上《CR》时尚杂志（*CR Fashion Book*）的封面。

兄弟姐妹和兄弟品牌一样，他们曾与斯迈利（Smiley）、施华洛世奇（Swarovski）、芭比娃娃（Barbie）、*Fashionary*、G shock、卡塞特·帕莱亚（Cassette Playa）、Lulu & Co、乐飞叶旗下子品牌（Oxbow）、Tween、弗莱德派瑞（Fred Perry）、Topman、彪马（PUMA）和巴黎迪士尼乐园等著名品牌商展开过合作。合作过的艺术家包括诺布尔和韦伯斯特（Noble & Webster）、克莱姆·埃弗登（Clym Evernden）、偌·斯凯林（Noah Scalin）、布鲁姆（Will Broome）、迈克·伊根（Mike Egan）和吉姆·兰比（Jim Lambie）。*

作为兄弟品牌的联合创始人兼设计总监乔·贝茨在与癌症抗争后于2015年去世。

嘉奖

2013年，荣获欧洲羊毛标志奖（WOOLMARK Prize for Europe）

2014年，担任国际羊毛局欧洲代表

2014年，授予新一代男、女奖项（New Generation Award for Men and Women）

*《兄弟品牌》（*About SIBLING*），伦敦兄弟品牌，siblinglondon.com/pages/about-us，londonfashionweek.com

图7.13
2016/2017年伦敦秋/冬时装周“兄弟”秀

设计师简介：
爱丝琳·坎普斯（Aisling Camps）

2013年成立于特立尼达
爱丝琳·坎普斯
特立尼达西班牙港
www.aislingcamps.com

"当旱季开始的时候，我去了格兰德·里维埃（Grande Riviere），我不知道它们是不是蜡菊树——它们是橙色的。绿色变得有点脏了，森林里有一些橙色的小斑点，和海洋并排在一起，还有一种又深又脏的蓝绿色——我忘记了特立尼达的旱季。我忘了你没看到的颜色故事。我忘了它是如此新鲜。" *

设计优雅、时尚与制作相结合，爱丝琳·坎普斯（图7.14）凭借她在哥伦比亚大学机械工程专业和在时装技术学院针织品专业的学习背景，设计出了精美的手工针织衫。2013年毕业后，爱丝

图7.14
设计师爱丝琳·坎普斯

设计师简介（续）：爱丝琳·坎普斯

琳在特立尼达的家中创立了同名品牌。2015年，她搬到纽约为这片更广大的市场带来清新、现代的加勒比海美学，其设计风格多样，从精致的大号毛衣到剪裁前卫的轮廓造型。她的每件作品都出自于手工制作，是在布鲁克林的工作室精心完成的。由于精选最优质的纱线，她的作品体现出了优雅、低调的安逸和无与伦比的舒适感（图7.15、图7.16）。

* 妮可·马丁（Nicole Martin）著，2015年，《采访编织设计师，爱丝琳·坎普斯》（*Interview with Knitwear Designer, Aisling Camps*），《设计师岛》（Designer Island），www.aislingcamps.com，检索日期：2016年4月12日。

图7.15
2014系列中采用透视肩背设计的手工编织长袖套衫

图7.16
2015系列中手工编织长袖麻吉（Machi）套衫

本章总结

本章介绍了目前可供针织设计师使用且在针织行业中常用的计算机辅助设计软件，探讨了每种软件的优点和用途，并给出了实例。文中介绍的通用软件包括Adobe Illustrator、Adobe Photoshop、Microsoft Excel和Microsoft Word。专业软件包括Cochenille的Stitch Painter, Pointcarré的Pro Design, 斯托尔公司的M1 PLUS和岛精公司的SDS-ONE APEX 3花型程序设计软件。最后介绍了整件服装编织和3D打印技术。

关键词和概念

Adobe Illustrator（绘图软件）
Adobe Photoshop（绘图软件）
位图
计算机辅助设计
计算机辅助设计/计算机辅助制造
JPEG（图像文件格式）
Kaledo knit（设计软件）
时尚PLM（产品生命周期管理）系统
M1 Plus（花型设计软件）
Excel（软件）
Word（软件）
PDF（文件格式）
像素
插件
PPI（每英寸像素）
Pointcarré 公司
Pro Design（纺织品设计软件）
栅格
SDS-ONE APEX（岛精花型设计软件）
Shima Seiki（岛精公司）
Stitch Painter（编织设计软件）
TIFF（图像文件格式）
Stoll America（美国斯托尔公司）
矢量
整件服装编织

工作室活动

访问针织服装设计工作室网址www.bloomsburyfashioncentral.com。关键要素是：

- 多项选择题
- 带有关键词和定义的抽认卡

项目

1. 完成软件对比图表，包括当前使用的软件和本章讨论的软件。

2. 使用Word或Excel创建客户规格表。

3. 使用Photoshop或Illustrator软件，创建一个服装平面图放置于规格表中，并完成所有部位的测量。

4. 访问表7.1和表7.2中列出的网站。创建一份报告，分别讨论软件开发人员所强调的软件用途和程序特性。

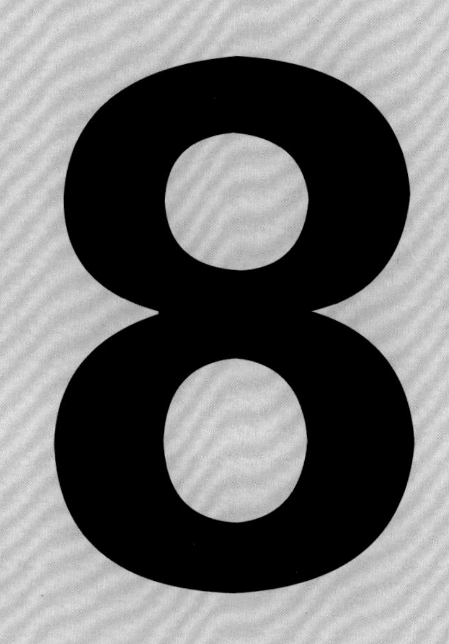

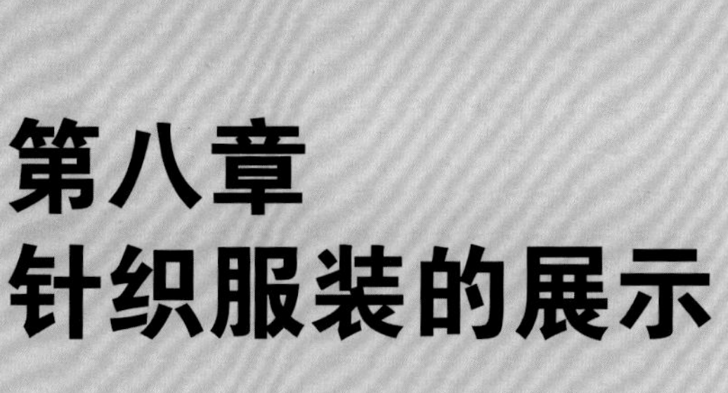

第八章

针织服装的展示

本章的目的是指导你组织作品集，开启设计生涯，找到理想的工作。到目前为止，你已经完成了时装设计的各门课程，如服装设计效果图、缝纫与裁剪、纸样制作和针织服装设计等课程。本章通过视觉案例讨论了多种格式，以便在面试和陈列室展示中最好地呈现你的设计才华和能力。

市场调研的重点在于，要锁定你想面试的设计公司，也要了解你为之设计的客户，这是准备工作或进入工作场所的第一步。设计日志作为一个创意载体，在传达概念、颜色、纱线和线圈结构设计方面可为设计师提供信息。毛衫系列的季节性展示，如何组织插图、工艺设计，以及类似嵌花的布局等辅助展示，都将增强作品集的专业性。

本章为设计师开始面试做准备。设计师需要不断更新他们的作品集，扩展他们的技能。本章将帮助你成为最理想的应聘者。

作品集制作

制作作品集的目的是能清楚地展示你的技能并突出你工作的亮点。在面试中，个人简历说明了你的资历，作品集说明了你对工作技能的掌握程度。作品集中的内容要有重点且简洁，不要展示大量的作品，只展示最好的作品。

选择作品集样式

选择作品集的样式，这样可以根据需要，调整设计图以适应作品集的尺寸。首先，在最知名的绘画用品商店进行在线研究。然后，访问附近的绘画用品商店，评估各种作品集风格、质量、价格范围、通用性和可供选择的规格大小。最后才可以做出一个明智的决定，选择最符合需求的作品集。在进行实际评估后，可以在网上找到最好的买家。

质量和风格

皮质封面、内侧可拆卸的活页夹是一个非常不错的作品集。它们允许你根据展示的要求，插入、旋转或移除作品。可拆卸活页夹能够使你将作品集按照季节、选择不同的作品板进行系列的自由组合。环绕式拉链作品集非常适合保护作品集内的所有材料，并能进行有组织的展示。

请记住，作品集是向面试官介绍你和你的作品。高品质的作品集将确保你的作品能够保存长久，质量可信。你如果愿意在教育和事业上投入较多的时间和金钱，就不应该降低作品集的成本。在你的职业生涯中，高品质的作品集能够使用很多年。

作品集的尺寸

对于初学设计的人来说，14×15英寸是展示作品的一个非常适合的尺寸。当你获得更多的经验后，你的作品集将继续展示你技能的多样性，所以你将需要额外的作品集。经验丰富的设计师希望在他们的服装照片中带有杂志评论。这能证明你在这个行业中的经验和被认可度，务必在工作中收集这些资料！

选择作品集时不要太小也不要太大，否则会影响你的作品。一般来说，14×18英寸的作品集太大，无法在面试时简明扼要地展示你的作品。选择的作品集尺寸应当方便且便于携带。最终，选择作品集应根据自己的研究和具体需要而定。

针织服装设计说明

在着手制作作品集之前，有必要根据季节和目标客户选择纱线类型，呈现设计毛衫的最佳针织物组织结构。目前市场上使用的是手绘和电脑绘图。图8.1~图8.8是通过手工渲染的方法绘制纱线和针织组织结构毛衫效果的不同示例。通过使用记号笔和彩色纱线，你可以模拟大多数纱线效果。使用铅笔的边缘有助于展现针织的柔软特征，还有助于传达多种纱线的羊毛质感。为了表现金属线的效果，你可以使用金属质感的铅笔或记号笔来突出你的绘画。如图8.1~图8.8所示可作为绘制各种针织组织结构的参考图。

市场调研

在构建作品集之前需要做市场调研，最好提前对工作市场和设计师进行了解，确定你想为之工作的设计师。请记录不同价格层次以及各级别的设计市场，例如，高级成衣、奢侈品牌、中档品牌、自由设计师品牌、休闲装和运动装品牌、低端零售或大众市场。从而为你打算应聘的服装公司准备作品集。例如，当你在美国鹰牌牛仔服饰公司（American Eagle Jeans）和黛安·冯·芙丝汀宝公司面试时，两家呈现的作品集看上去应该大不相同。在网上获取这些信息很容易。在开始设计一个系列之前，要先对公司做一些调查，根据调查结果选择公司产品价格范围内的纱线和针织物。选择与年轻客户相关的前卫纱线色彩以及流行色纱线，这将告知面试官你了解他们公司的设计美学。

通过访问主要购物中心或城市继续进行市场调研来研究你将要面试的公司。观察商店里所出售的毛衣和服装，以确定你的作品集中应当包括哪些关键的服装。

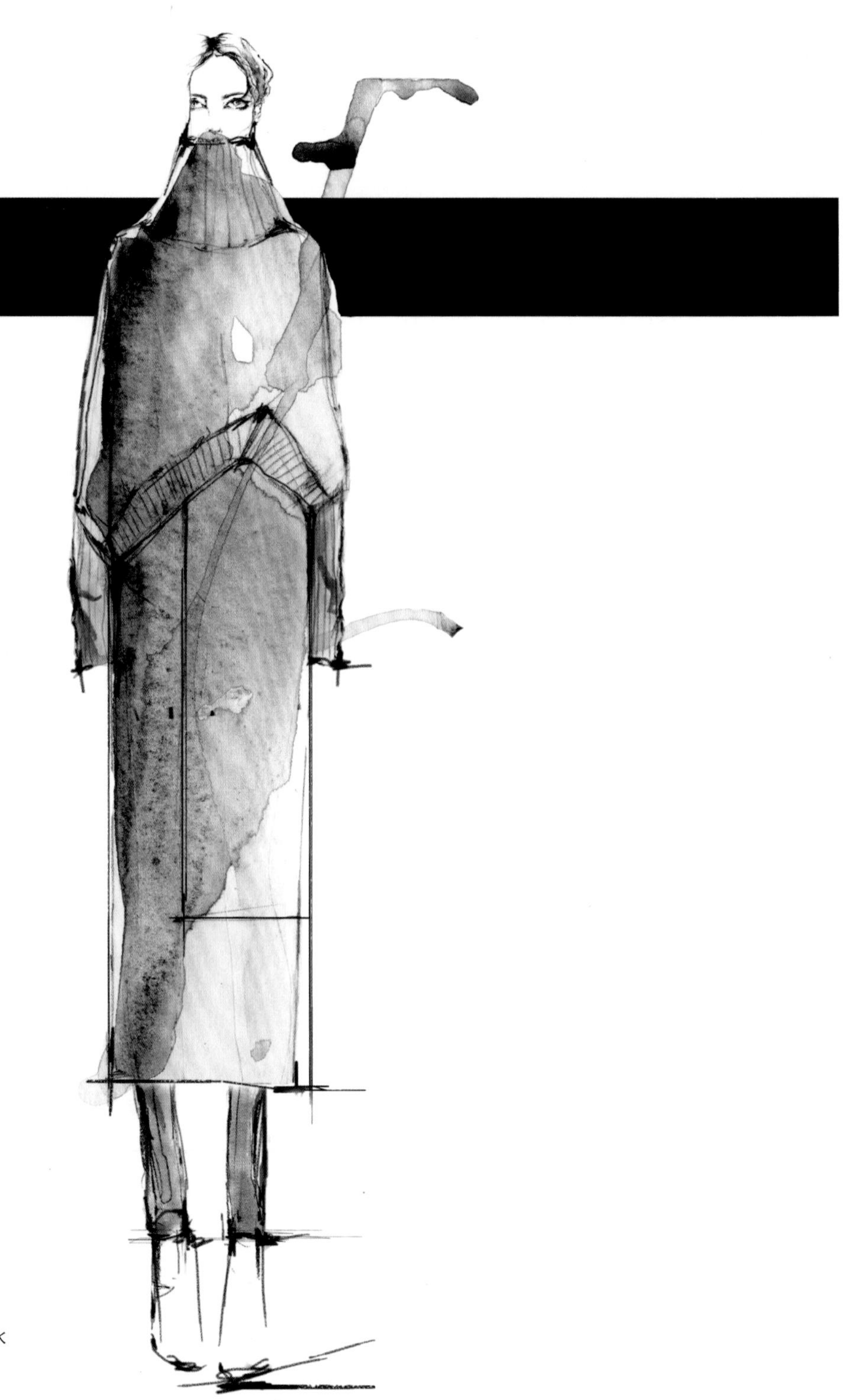

图8.1
诺米克·沙希赫用钢笔和墨水绘制的纬平针和罗纹组织

图8.2
杰西卡·朱丽叶·维拉斯奎兹用计算机绘制的罗纹组织

图8.3
亚历山德拉·鲁索用记号笔、铅笔以及多种材料绘制的绞花组织

图8.4
玛丽莲·赫弗伦手工绘制的费尔岛图案的厚重美利奴羊毛针织衫

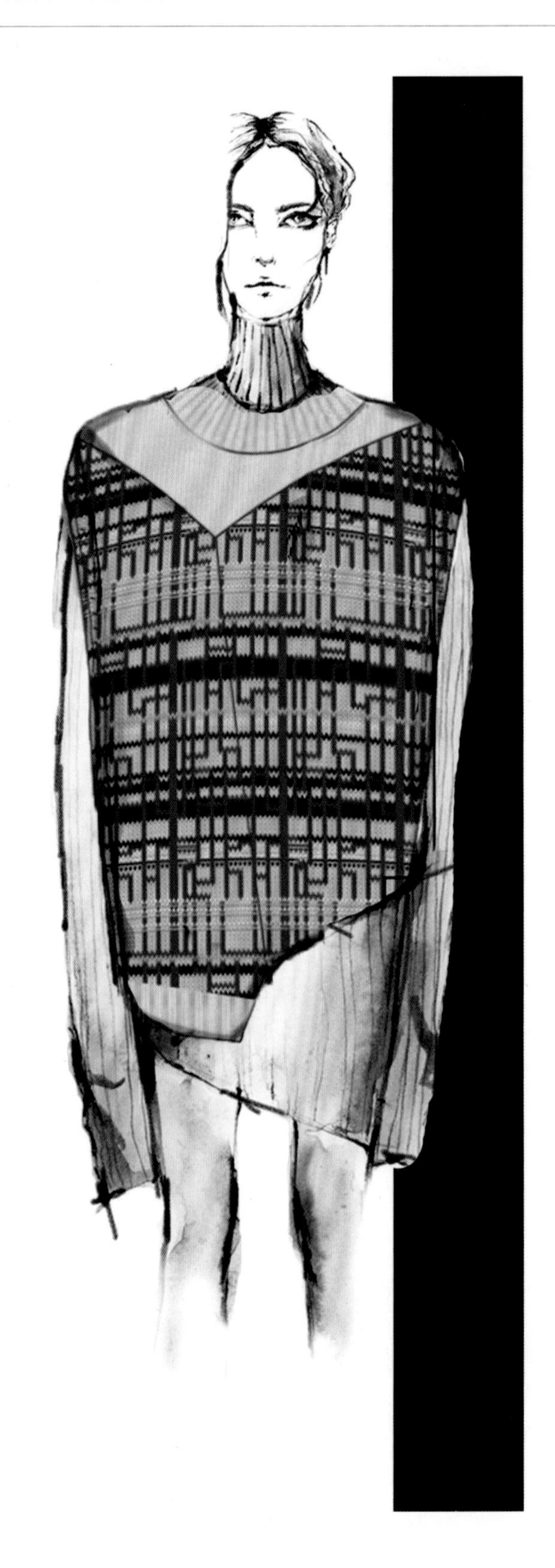

图8.5
诺米克·沙希赫采用多种材料绘制的
电脑生成的嵌花图案

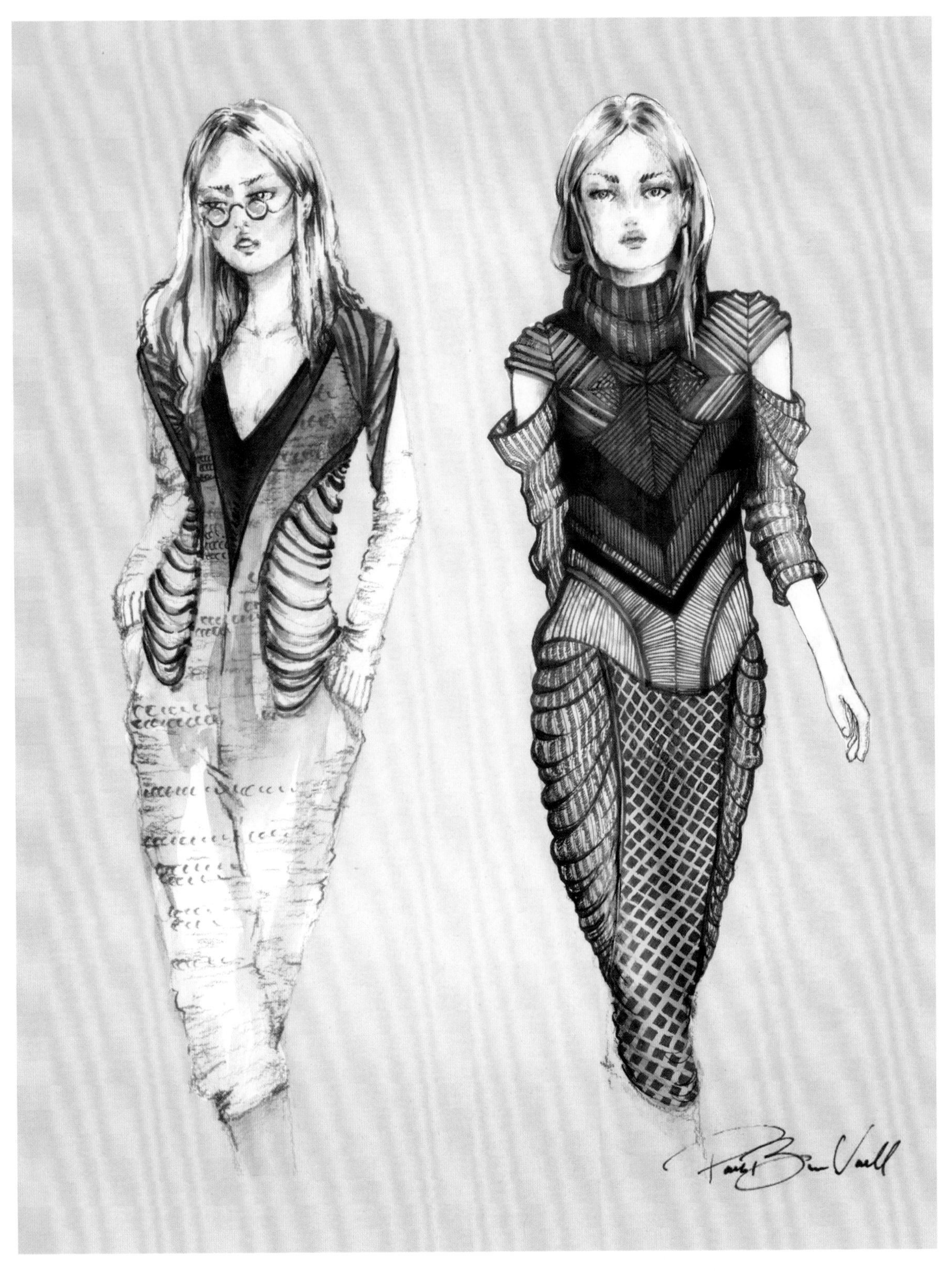

图8.6
保拉·布埃索·瓦德尔绘制的多组织针织服装

图8.7
康妮·利姆（Connie Lim）绘制的米索尼2016款设计

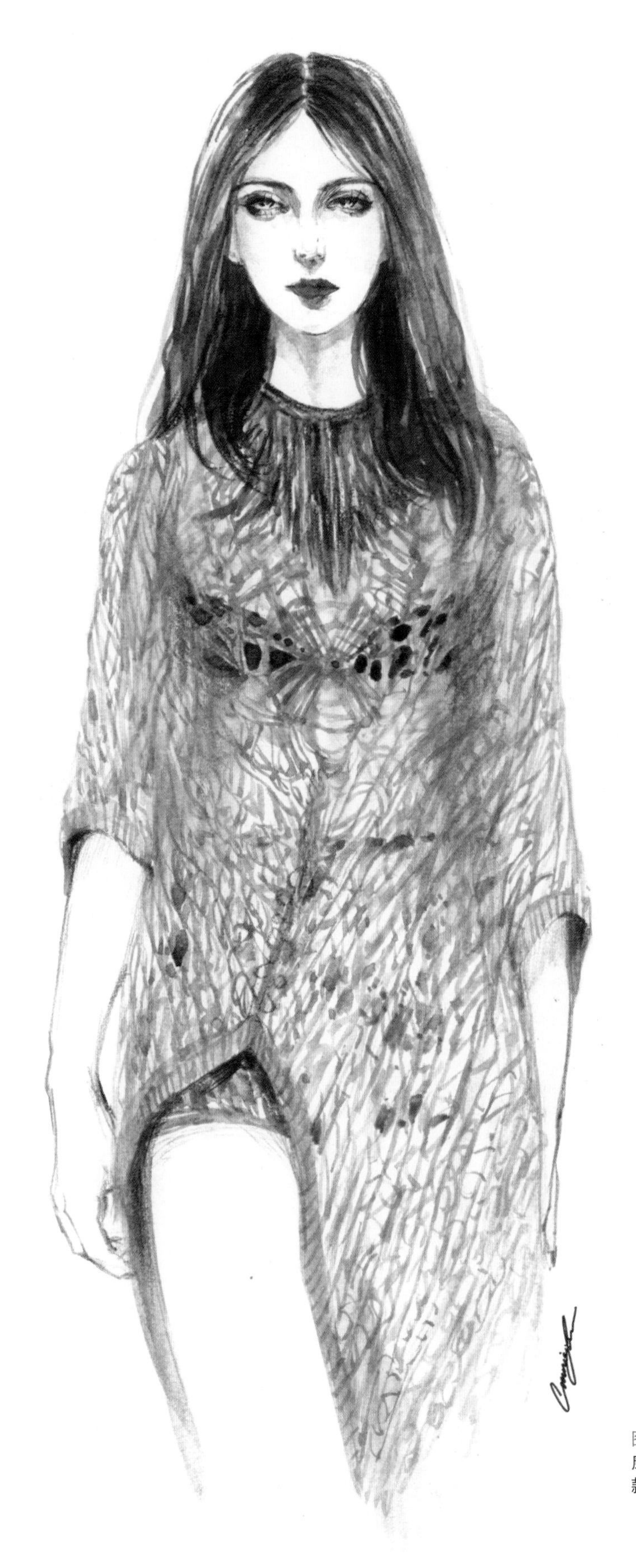

图8.8
康妮·利姆绘制的安娜苏2016款设计

开发设计日志

如第五章“设计研发系列文稿”所述，在面试设计职位时，经常需要进行日志开发。在研发中可以洞察你的品味、美感、系列概念的发展过程，以及色彩故事、纱线选择、针织物组织和嵌花花型的开发情况。最终，你研究的深度将决定这个系列的统一性。设计师特蕾西·里德从她的日志中摘录了几页，作为她的秋/冬系列设计的介绍（图8.9）。她的设计过程，她对目标客户主题的研究能力，以及系列整合的能力，都在这几页中得到了验证。

INSPIRATION

HOME SWEET HOME

（a）关于概念和构思的日志开发

（b）关于组织结构和廓型的日志开发

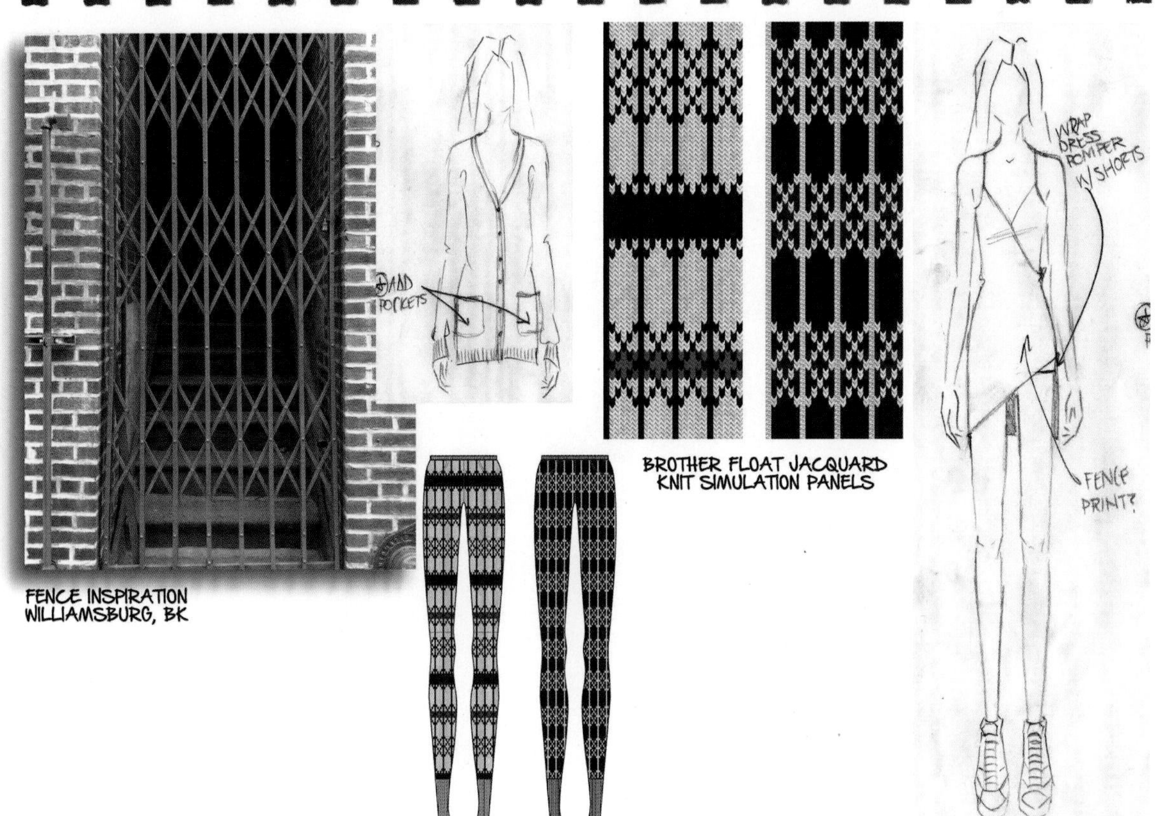

（c）关于花型创意的日志开发

图8.9 特蕾西·里德的秋/冬系列设计日志

设计师在他们的系列开发中创建了纱线板、编织小样、面料，并参考他们的情绪板开发了色彩故事。作为一名学生，你可以按照系列中所呈现的编织样片访问当地的纱线商店以构建自己的纱线故事。这样便可在作品集中更好地体现出你对针织设计和工艺的深入理解。实际的纱线和织物能够传达出你的设计美感和设计能力。设计师宋熙邦从她精心研究的纱线板中挑选纱线，为她的秋/冬系列毛衫设计选择适合的纱线（图8.10）。

（a）纱线灵感和创意板

（b）根据创意板设计的毛衫

图8.10
宋熙邦的秋/冬系列毛衫纱线板

季节性系列展示与布局

为了制作一份完整的季节性设计作品集，包括秋/冬、假日、度假和春/夏系列。需在每个系列中，展示设计理念、色彩故事、纱线和织物版面，以及全身外观的插图设计，包括技术草图和细节表。正如本章所述，作品集中每个系列的布局和展示格式可能有所不同。

特殊作品，如电脑设计、刺绣设计，或插画，可以放在你设计的季节性系列设计之后。

在理想情况下，你应该以纵向或横向格式展示你的作品，而不是将两者混合使用。这样可以创建一致的展示文稿，减少面试官的困扰。

介绍页

在介绍系列设计时，你可以附上设计说明（图8.11）。这个说明概括了该系列的意图，解释了指导你选择纱线和色彩故事的理念，影响系列设计的选择方法。这段简短的文字，有时也被称为“摘要”，赋予了系列设计的意义，并使服装具有了浪漫主义色彩。想想拉夫·劳伦为每一季服装创作的主题吧，这些主题往往会把一件简单的开衫变成一种生活方式。

旅行者
（游牧者+飞行员）

宋熙邦的2011年秋/冬系列以游牧者与飞行员作为共同点和对比点，探寻旅行者和他们的运动理念。

宋熙邦的22件作品坚持了她标志性的对比面料和纹理审美，既体现了飞行员的阳刚之气又兼顾了游牧者的女性美学。

结构感的皮夹克和厚重的羊毛外套既有力又自信；而针织打底裤和T恤又给整个系列增添了柔和的色彩。带有鲜艳色彩的毛衣是刚性的；长及脚踝的裙子和外套配上层叠的翻领可以增加动感。

这个系列的另一亮点是用混色粗纱手工编织的配件。针织纹理巧妙地结合了游牧者和飞行员的感觉，并暗示没有两次旅行是一模一样的。

图8.11
宋熙邦介绍她的秋/冬系列设计说明

系列展示

系列插图的页面可以用多种格式呈现，从而能最好地突出你的技能。在整理你的系列时，请注意以下几点：

- 在你的作品集中展示四个季节系列。通过展示秋/冬、假日、度假和春/秋系列，从你对概念、颜色、纱线的选择和实际毛衣的设计中，展示出你对针织服装设计的深刻理解。对于毛衣设计师来说，秋/冬是最重要的季节，其次是假日。通常，毛衣在这两个季节卖得最多。秋/冬系列是针织服装作品集中呈现的第一个系列，随后是季节性交付周期。

考虑适合每个季节的纱线。秋/冬季使用羊毛或羊毛混纺纱，春/夏季使用棉、人造丝、亚麻和/或这些纱线的混纺纱。这些被认为是适合这个季节的纱线。如图8.12所示节日毛衫通常

（a）用于特定交货的使用亮片装饰和饰物点缀的假日系列

（b）具有经典外观的春季系列

图8.12 系列毛衫设计示例

都带有装饰点缀，而且色调柔和；度假毛衫通常是春季“胶囊组合”。然而，冬季滑雪衫可以根据特定公司的市场要求设计成假日或度假系列。

• 不要按年份给你的系列标注日期。应标记季节而不是年份，否则你将需要不断更新你的作品集。作品集中的每个系列都要专注于设计质量、色感、插图技巧和创造力。在你的系列中衣服可以混搭，上装可以和不同的下装搭配。这样精心创建的设计，可以增加该系列的经济价值。

• 考虑作品集中每个系列的展示格式。为了使作品在面试官面前一鸣惊人。作品集的最初几页需要很精致，并一直贯彻始终。

• 从概念页开始。也可称为情绪页或主题页，如第五章“设计研发系列文稿”中所述。概念页面通常呈现源于艺术领域的参考，如流行电影或书籍、历史时期或街头文化的灵感来源图片，这些图片都来自设计日志。

• 通过合成图片可对系列设计、颜色以及纱线如何演变的思想过程进行深入了解，为动态呈现提供了条件。平面设计增加了演示文稿的凝聚力。务必为你的系列起个名字，并要选择支撑概念的图像。每个系列可以有一个统一的图形字体，与每个季节系列的概念相关，或者可以选择一个元素传达所有系列的一致性。在演示文稿中做标签，以便清晰地说明该系列的标题、季节和版面，如概念、颜色、纱线和针织组织结构、插图、细节表或技术平台。

• 用你的色彩故事呈现真实纱线。你可以用Adobe Photoshop或Illustrator等计算机软件中的色样轻松地创建色彩故事，并在呈现面料和色彩故事方面发挥创造性。不要过度选择纱线和颜色。采用了3~4根不同重量的纱线，其中一根是新纱，这是一个均衡的选择方法。太多的纱线和颜色会让人感到迷惑，干扰你在系列中所要表现的主要内容。

• 不同的展示方式。在整个作品集中，最好使用不同的展示方式，例如，手绘和计算机生成的插图。在第一个系列中，你可以考虑展示手工渲染的插图和计算机生成的技术草图。在你的作品集中表现的方法越多样化，你的能力就表现得越有活力。

系列 I

毛衫设计师通常会先展示秋/冬系列，秋/冬系列通常最成熟。

• 概念页作为系列介绍的第一版面。

• 色彩故事占两个版面，纱线故事在对面的版面上。如果可能的话，可使用与主题相关的名称标记每种颜色。这将能进一步定义系列的概念，展示此系列中所用的纱线。

• 插图的图形集合以6~12幅插图的形式呈现在两版或四版的页面上。最好将系列视为一个连续的扩展，而不是分开来看，这样才能最好地查看整体的设计思路。通过创建一个折页，所有的插图都可以一次性看到，这将产生非常有价值的影响。以这种格式，可以看出系列的销售方式，以及系列的连续性。

• 在细节表中，每个从头到脚的完整外观都在一个版面内显示，突出显示特定服装的设计细节。这描绘了独特的编织细节和服装构造的特殊工艺技术。如图8.13所示。

（a）标题页，展示了特蕾西·里德的系列概念

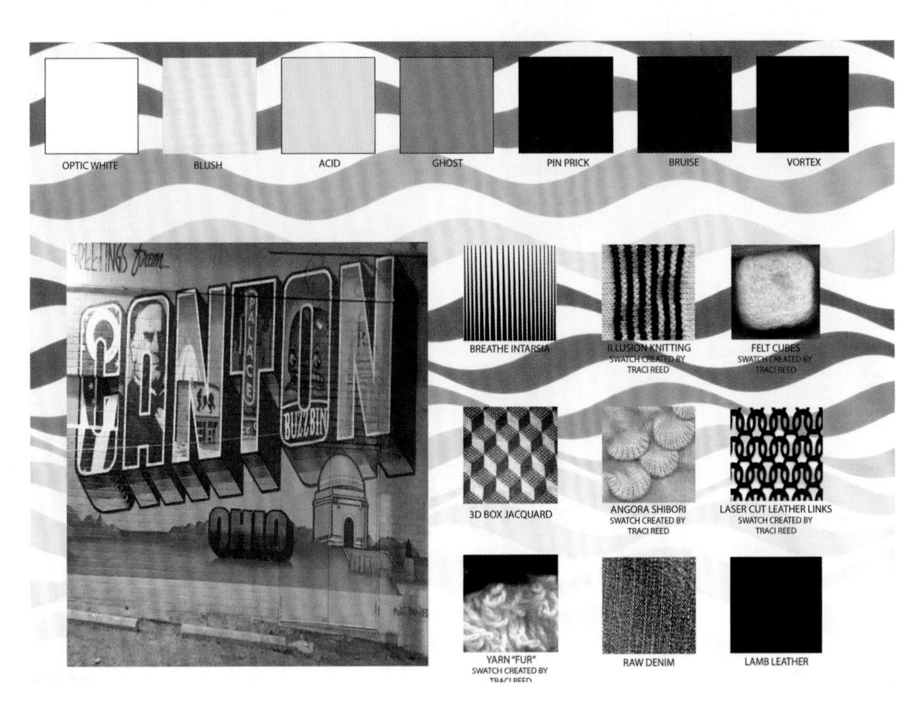

（b）色彩故事和针织组织展示

图8.13

（c）为当代客户设计的完整系列展示

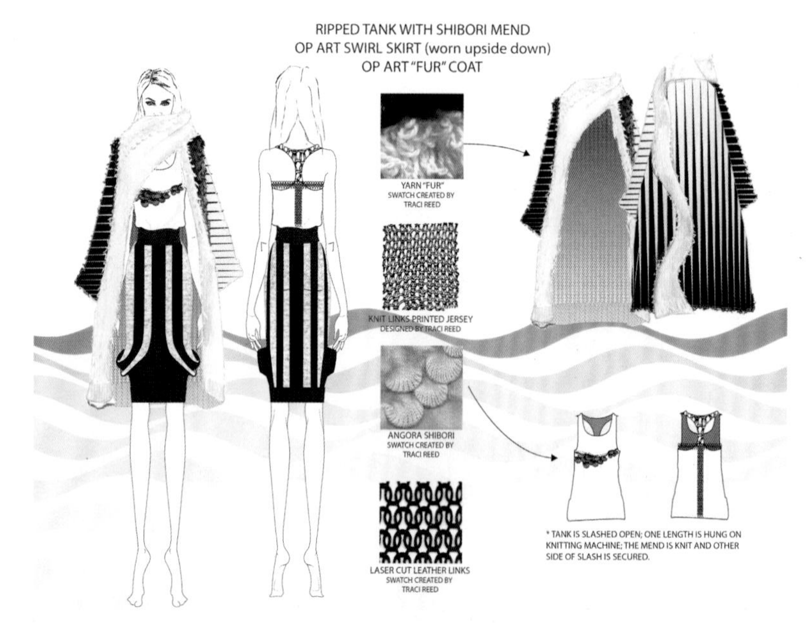

（d）细节表

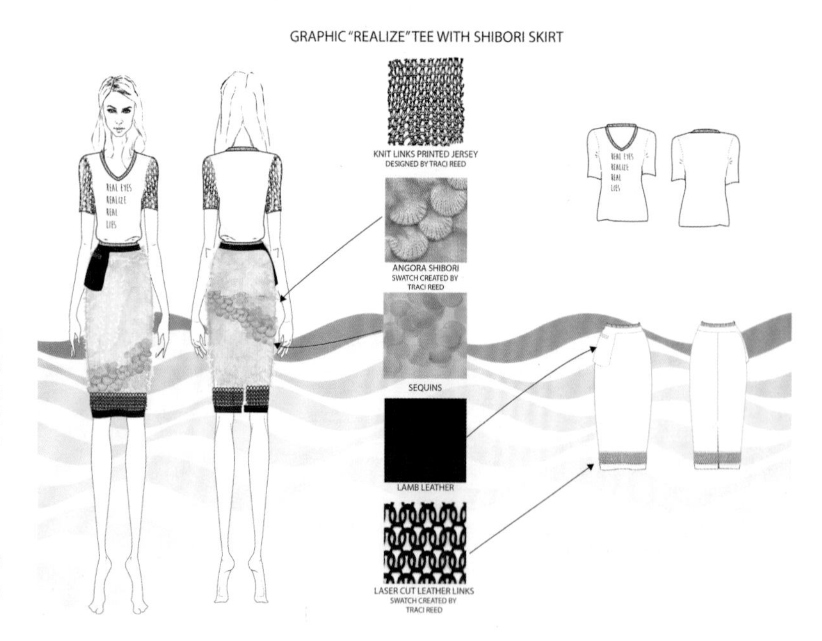

（e）展示裙子中所用到的局部编织和密度放松技术细节，以及上衣和裙子中所有的设计元素

图8.13
特蕾西·里德的秋/冬系列设计展示示例

系列Ⅱ

秋/冬系列之后第二个系列是假日系列。这可能是一个比较小的系列展示，仍围绕概念页和色彩故事展开。对于较小的系列，如假日系列，概念、颜色和纱线可用两版的页面展示，然后是全套的系列展示。可以考虑使用动态插图或平面草图，在两版页面上展示。第二个系列有可能比较简洁。

计算机生成的技术草图是作品集的重要组成部分。设计师与制作团队之间的沟通需要技术草图。对于大多数时装设计专业的学生来说，他们的第一份工作可能是在技术设计领域。

着装效果图是一种技术草图，其呈现的效果如同实际的人穿着服装一样。计算机生成的针织面料可以贴在服装上，以获得逼真的外观效果。在没有身体曲线的情况下，呈现平面技术草图并清晰地表现出衣服的精确轮廓，其效果如同将衣服平放在桌子上。一般技术草图主要用于生产，可以使用黑色的线条表示，而不需要用彩色填充草图。可以通过改变线条的宽度，在外轮廓使用较粗的线条，用较细的线条呈现针织物组织的效果。这些草图通常显示服装的构造、组织细节以及所有成衣的细节（图8.14、图8.15）。

图8.14
由金妍儿设计并手绘，展示了服装如何贴合人身体的技术

图8.15
莎妮娅·刘易斯使用计算机设计生成的技术草图，展示了服装上图案的布置，以及领口、袖口和底边的针织处理

系列Ⅲ

这个系列可以在两版页面上展示。第一版是概念页和纱线色彩故事。第二版是以3~4个插图的形式展示系列。这两版页面并排出现在作品集中。你可以考虑以这种版式展示小巧简洁的度假系列。通过这种方式改变版式布局，将会增强作品集的感染力。谨记，面试时间是有限的。两页的版式允许你通过作品集中多件作品快速传递出你的设计感和技能。这将使面试官有时间领会你在秋/冬系列和春/夏系列中呈现的所有信息。

系列Ⅳ

为了给面试官留下一个持久的、积极的印象，你需要以一个强有力的结尾来结束面试。最后的系列最好按照第一个系列的版式呈现。在最后的系列中，你可以插入一些嵌花草图，综合表现你的设计能力。这可以加强面试官对细节的注意（图8.16）。

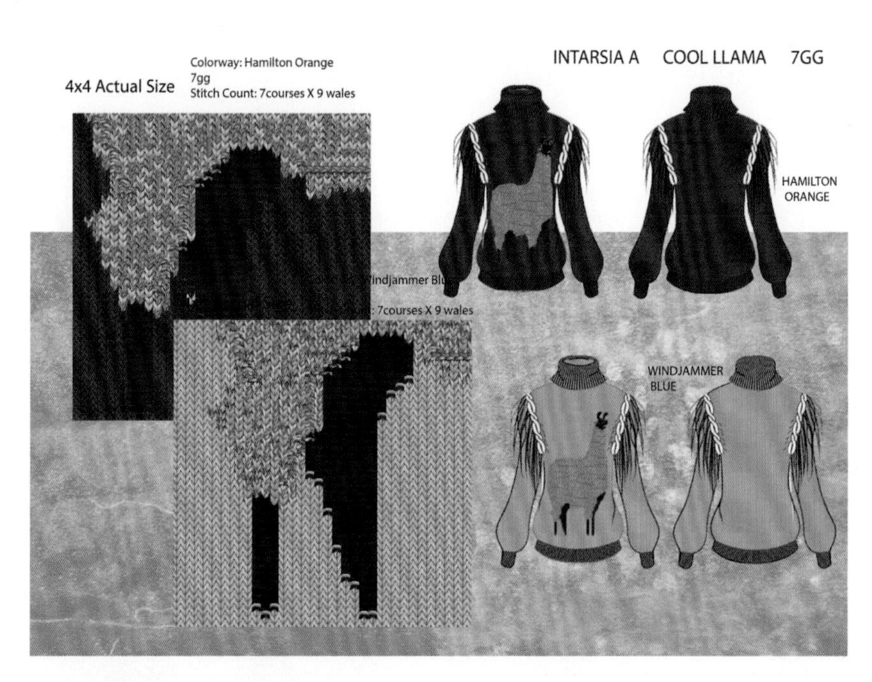

INTARSIA A
COOL LLAMA
7GG
HAMILTON ORANGE
WINDJAMMER BLUE

图8.16
罗尼·哈洛伦用计算机生成的嵌花细节图，呈现了毛衫的正面和反面图，以及两色嵌花图案在服装上的准确位置

作品支撑

展示了四个精心设计的系列之后，请在作品集中纳入获奖奖项或展示其他技能和优势的设计作品作为能力支撑。编辑方法通常遵循你的设计作品。

可能包含的项目有：

- 获奖情况。新闻稿、展会目录、获奖服装的照片，或者使用纱线的服装插图，这些都适合放在你的作品集中。
- 日志草图。作品集中放置设计开发思路和设计草图以展示你的日志。你的速写本显示了设计工作的自发性。如果绘制插画是你的一项特长，日志是你的一项资本，那么你需要在面试中把这些展示出来，包括你的手绘素描。以此表现出自己是一个优秀的速写艺术家。
- 呈现额外技能的设计作品。如果可以，在你的系列设计之后还能添加平面设计、刺绣设计和专业的自由职业者的工作作品。但仅当这些作品经过润色，且在作品集中没有展示出来时，才可以把它包括进来。
- 明信卡片。这些材料可以作为营销广告，以展示你的设计工作，并在你离开后使面试官对你的设计能力留有印象。使用明信片或折页的方式展现你的最好作品，包括插图、电脑生成的平面素描图，这些都是让面试官注意到你的好方法。请确保其中包含你的联系方式，如手机号码、电子邮件地址、链接地址和网站（如果适用的话）（图8.17）。

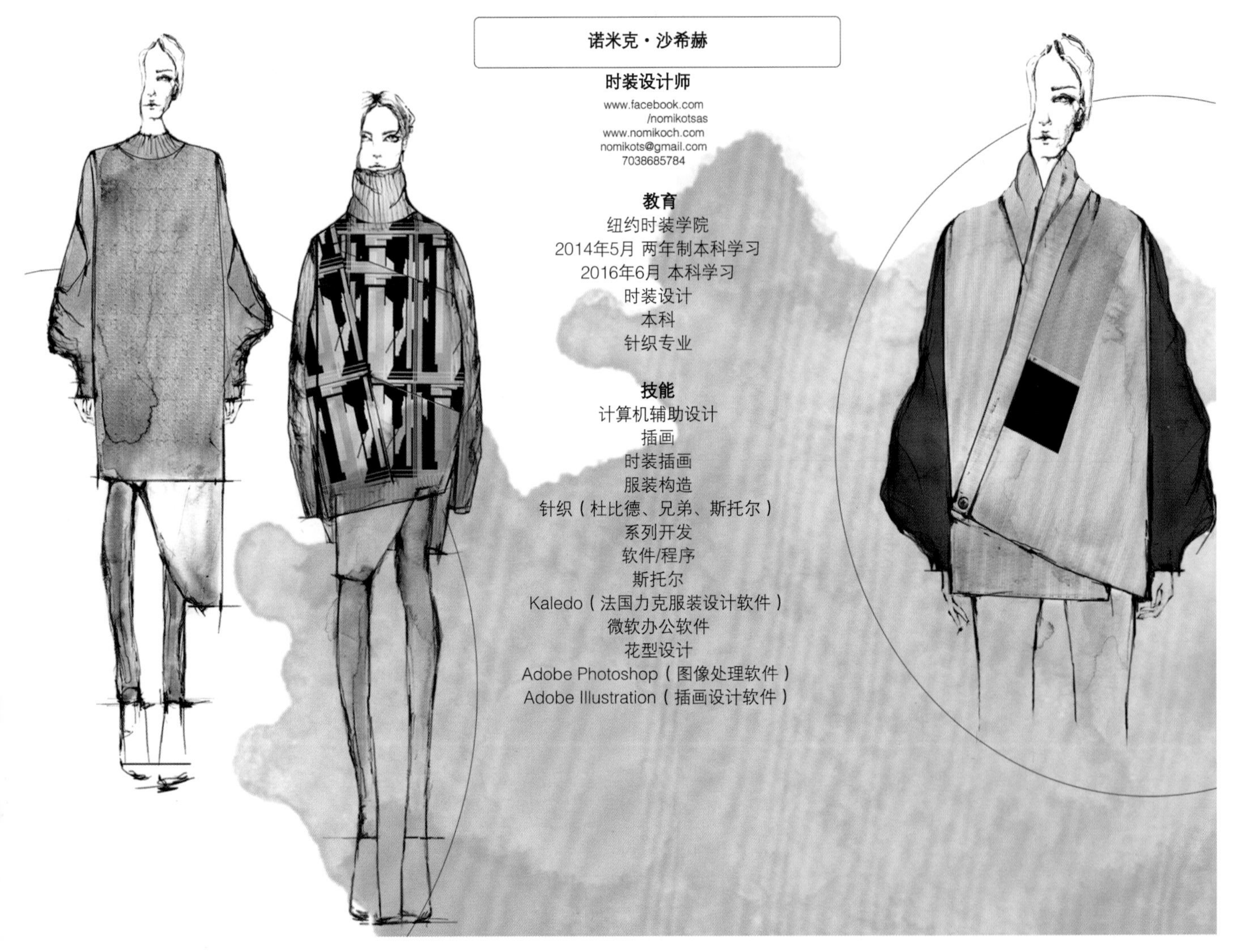

图8.17
由诺米克·沙希赫设计的明信卡片

• 名片。将你的名片附在简历中，以确保面试官能够很方便地获取你的联系方式，并在卡片上附上一张你想要推广的设计技能。

为面试准备作品集的技巧

请记住以下关于创建专业作品集的重要技巧：

• 展示精心设计的作品，让每个系列讲述一个完整的故事。

• 咨询印刷商人，试打作品集样板。根据你的喜好，选择亚光或光面的纸张，并考虑纸张克重。

• 当使用黏合剂时，应确保你的作品集上绝对没有明显的印迹。建议使用橡胶水和喷雾黏合剂，这类黏合剂用“Pick-Up”橡皮擦可以很容易地从版面上被擦掉。双面胶是一种易清洁的黏合剂。魔术贴背面带有黏合剂，可用于固定可移动元件。关注细节意味着追求完美，尤其是在展示材料方面。

• 使用醋酯纤维材料覆盖作品，用以保护你的作品，在面试的时候将它取下。因为针织品具有良好的触感，可以通过邀请面试官触摸纱线的互动形式，使谈话过程变得轻松，这在面试期间是很有必要的。一旦使用醋酯材料包装作品，一定要确保它们不会以任何方式被损坏，否则会有损你的作品集形象。

• 在作品集中不要展示半成品。

• 在作品集里仅放入最好的成品，撤出不完整的作品。

• 在面试过程中，不要为你的作品集里有什么或没有什么找借口。展现你最好的一面，并为你的作品感到自豪，因为你是来推销自己的。

• 无论你在哪里面试，面试官的时间都可能会安排得很紧张。作品集的结构设计，重点在于展示你的能力。

• 面试官对你的作品印象深刻，但有可能对你未来在他/她公司的设计理念还不确定，通常会请你为公司做一个项目计划。

• 面试结束后，给面试官发一封手写的感谢信和电子邮件。

记住，每次你拜访一个潜在的雇主时，都要重新检查一下你的作品集，并重新为那个公司定做，最好在作品集中只包含与公司相关的作品。

在面试中展示自己

参加面试类似于试镜。试着在整个面试过程中保持一种轻松而专业的形象。记住，面试的目的是推销你自己，而不仅仅是推销你的技能。

• 着装代表你的个人风格喜好；然而，如果你能针对面试公司的风格着装的话，这确实表明你了解他们。一般情况下，要穿戴整洁、雅致，但不要太过分。

• 当你在介绍自己时，要向面试官展示你的专业和礼貌。

• 当你遇见面试官时，应口头表达你的谢意，感谢他们花费时间审视你的作品集并与你会面。

• 在面试中表现出你的热情和活力。沟通清晰且简洁，友好且自信。

• 要对你自己和你的作品充满信心！

准备数字作品集

在时装行业中，通常是用电脑来做最终的展板。如第七章“针织服装计算机辅助设计”中所述，计算机软件可用来创建概念、色彩和纱线故事板，以及绘制时装插图和技术图纸。计算机生成的图像用多媒体格式展示。Adobe软件程序，如Illustrator和Photoshop以及针织服装专用设计软件，用于针织服装的展示，满足设计、销售、营销和生产的需求。

在这一章中，手绘展板和计算机生成展板作为制作时尚展板的案例可供您参考。这两种格式都是用于展示的方法，因公司不同，展示的方法有所差异。手绘和计算机这两种方法必须都得精通，这样才能满足时尚领域的多元化需求。计算机展示易于编辑和整理，可以发送给世界上任何地方的买家和制造商。计算机生成的格式简单、快捷，是最常见的发送信息的方式。作为当今市场的设计师，必须精通这项技术。

创建自己的网站

建立自己的网站是提升技能和设计工作的最佳工具，同时能使你成为一名时尚专业人士。网站在线服务可以帮助你通过模板系统建立你的网页。你可以在你的网页上发布简历和设计，帮助你找工作或建立一个自由职业者的业务。

陈列室展示设计工具

展示样品服装、插图板、书籍和印刷目录都是针织服装系列的营销和销售方法。在整个时装行业的陈列室里，大多数卖家是通过展示实际的针织样衣向买家呈现他们的时装系列，这些样衣与他们将要投入生产的系列一致。此外，他们还使用诸如陈列室展板等营销支持工具，来促进销售，最终确定季节性购买。

陈列室展板

展板的形式因公司而异。一般来说，它代表了某一特定季节或交付时出售的所有服装款式。展板上包括款式编号、交货日期和每件衣服所用的配色。这些展板可用于销售、设计和营销部门之间的交流。由于陈列室展板是以销售为目的的，因而优先考虑视觉创意、专业化程度以及成本。这些展板代表了公司的品牌形象和品质，最终的展板必须是完美的。一个有经验的销售人员可以很容易地卖掉展板上陈列的服装。

有凝聚力的展板具有与设计理念相关的统一元素，并标有季节和店内交货日期。通常，同一时间卖家会向买家提供多个系列的交付展板。因此，设计师必须清楚地将每一季度的交货加以识别和标记。陈列室展板是用来让买家在实际样品准备好之前预览下一季度的系列产品。对于设计师来说，这是一个很好的工具，可以让他们在即将到来的季节前收到关于设计理念的反馈。设计师可以探讨未来几个季度买家想要购买的设计方向和主题。

正如一个作品集可以有多种形式和用途一样，陈列室展板也是如此。这些展板可以用于多种用途，例如，精心设计的系列展示或者一个系列的简述，其中主题、色彩、草图被呈现在一个独立的展板上。

展板的尺寸取决于它们的用途。尺寸规格因公司而异。有些展板会做成折叠的形式以便运输。因而，尺寸也是便于运输的考虑因素。在设计这样的展板时也要考虑它的耐用性。

创建陈列室展板与创建作品集、大学设计课程一样关注设计元素。一个专业的设计师除了要在制作着装效果图展板的工艺和执行上做到完美外，还要意识到平衡、比例和风格的重要性。

样品图册

样品图册是全景展示与T台一致的服装风格的图册，主要用照片的形式来展示。图册中包括系列中展示的，以及在特定季或出货时将要销售的所有毛衫和饰品。这是一个非常专业的营销工具。系列样品需要编织成衣后才能入册。时装模特在专业摄影和时装秀中所拍摄的照片会放入其中，并编排成画册。款式信息和价格会展示在书中或在线展示。样品图册的制作成本很高，通常适用于大型公司。它可用于陈列室和零售店，也可以直接送给设计公司的重要客户（图8.18）。

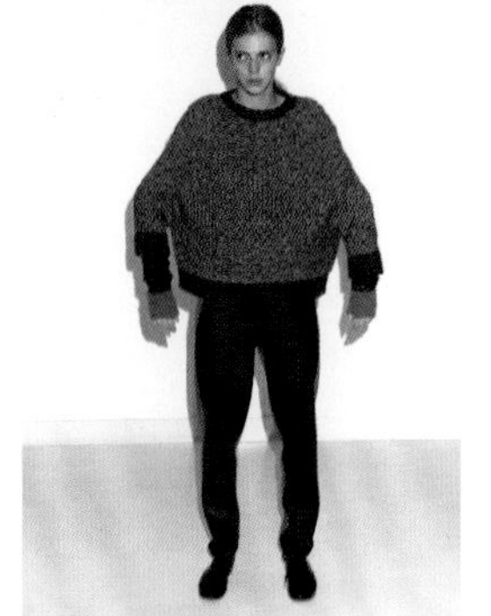

TOM SCOTT women's autumn/winter collection

图8.18
汤姆・斯科特（Tom Scott）通过照片向买手展示系列中的毛衫

产品目录

产品目录如同许多展室一样可以用于系列产品的直接营销以促进销售。这些小册子通过专业的服装照片、插图或两者结合的方式来展示系列产品。产品目录通常用较夸张的动态形式加以强化，由此增强设计公司的品牌形象。

毛衫的虚拟仿真

由日本针织机制造商岛精公司开发的毛衫虚拟仿真展示，是当今针织服装设计师和生产商可以获得的最新展示形式。其利用计算机模拟编织针织线圈的工艺技术，开发了一种图形化线圈展示形式。这些图形打印后，犹如真实的样片或毛衫。这种方法能够逼真地模拟针织线圈的结构和大小，不需要实际编织样片和成衣。并且可以将这些针织物组织结构的图片模拟到计算机的款式图或毛衫插图上。从本质上说，虚拟仿真不需要编织毛衫成衣就可以在纸面上呈现出整个系列的毛衫组合，并能以二维形式逼真地模拟出实际的设计效果。

在生产中，编织出的样衣必须符合尺寸要求。此外，尽管这项技术很先进，但它无法将实际服装的手感传递给买家。要评估衣服的品质，必须用实际的纱线编织，因为每种纱线编织出来的实际效果是有差异的，因此，编织出的毛衫最终尺寸与合身程度也会有所不同。然而，与实际的编织样品相比，毛衫的虚拟仿真可以节省制作样品的时间和成本。

针织服装设计的其他市场

女款毛衫在针织品市场中占有的份额最大，也是本文的重点。然而，你也可以选择设计其他市场的针织品，如男装、童装、针织饰品和宠物饰品市场。本文中所有的信息都能直接适用于这些市场。

男装市场

与女装类似，男款针织服装也有许多种类，以适合目标客户的价位销售。从传统、经典到时尚前卫（如现代都市男装风格），男装设计随风格不同而有所变化。宽松针织毛衣，如带有费尔岛花纹的特大号阿迪朗达克（Adirondack）滑雪毛衣，以及细线开衫和V领毛衫，都是男装中流行的款式（图8.19）。请参见第一章中提到的针织服装的示例，这是获得男装风格和灵感的第一步。

剪裁缝制的针织服装在男装市场中占有很大份额，主要用于运动服和休闲服。城市市场针对特定的目标客户，他们具有鲜明的穿着风格。在这一利润丰厚的市场中，男装成形毛衫和剪裁缝制的产品占有很大比重。要确保你的作品集是为你面试公司的目标市场而设计的。

童装市场

童装是一个充满活力且利润丰厚的市场，为针织服装设计师提供了许多设计机会。在准备展板时，需要考虑这个行业的独特性。

By Chanwong Kang
Un Uomo in Gotica
By Chanwong Kang
Sweater & knit Collection

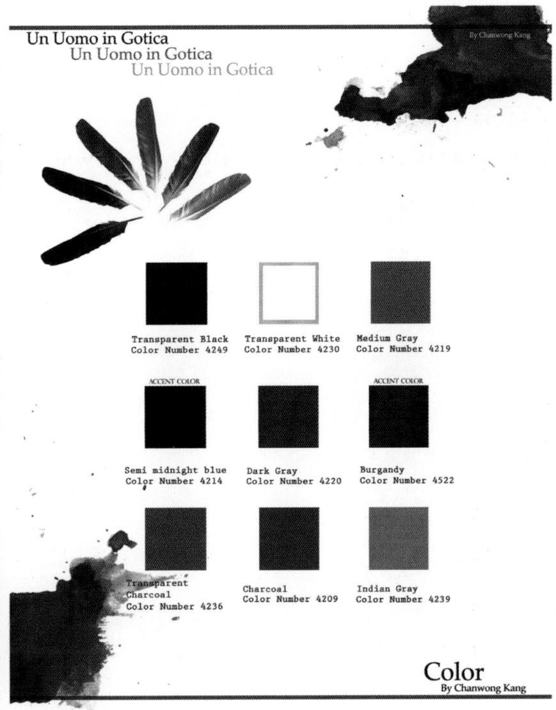
Un Uomo in Gotica
Un Uomo in Gotica
Un Uomo in Gotica
By Chanwong Kang
Transparent Black
Color Number 4249
Transparent White
Color Number 4230
Medium Gray
Color Number 4219
ACCENT COLOR
ACCENT COLOR
Semi midnight blue
Color Number 4214
Dark Gray
Color Number 4220
Burgandy
Color Number 4522
Transparent
Charcoal
Color Number 4236
Charcoal
Color Number 4209
Indian Gray
Color Number 4239
Color
By Chanwong Kang

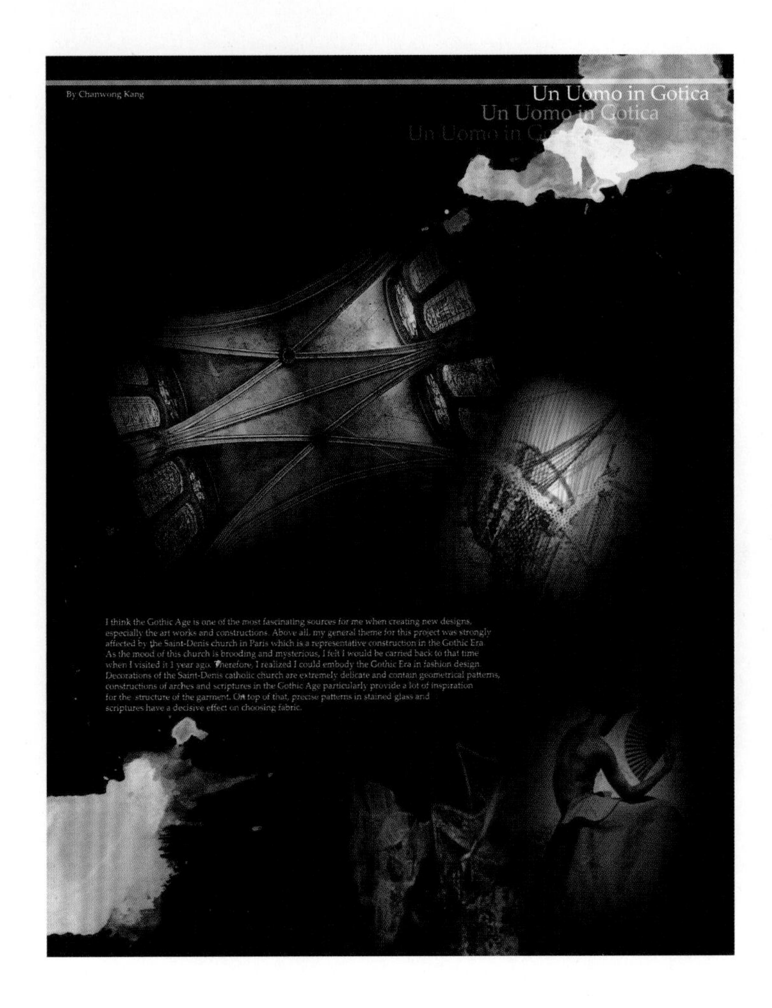
By Chanwong Kang
Un Uomo in Gotica
Un Uomo in Gotica
I think the Gothic Age is one of the most fascinating sources for me when creating new designs, especially the art works and constructions. Above all, my general theme for this project was strongly affected by the Saint-Denis church in Paris which is a representative construction in the Gothic Era. As the mood of this church is brooding and mysterious, I felt I would be carried back to that time when I visited it 1 year ago. Therefore, I realized I could embody the Gothic Era in fashion design. Decorations of the Saint-Denis catholic church are extremely delicate and contain geometrical patterns, constructions of arches and scriptures in the Gothic Age particularly provide a lot of inspiration for the structure of the garment. On top of that, precise patterns in stained glass and scriptures have a decisive effect on choosing fabric.

图8.19

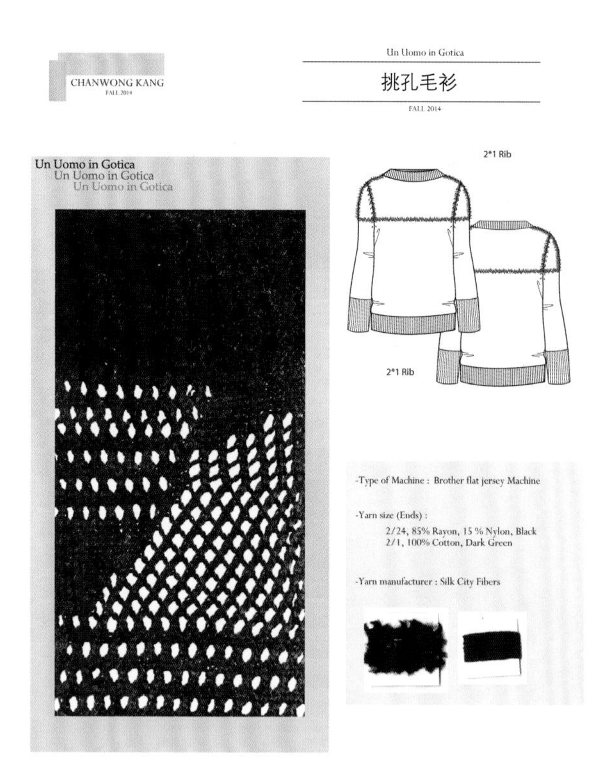
CHANWONG KANG
FALL 2014
Un Uomo in Gotica
挑孔毛衫
FALL 2014
Un Uomo in Gotica
Un Uomo in Gotica
Un Uomo in Gotica
2*1 Rib
2*1 Rib
-Type of Machine : Brother flat jersey Machine
-Yarn size (Ends) :
2/24, 85% Rayon, 15 % Nylon, Black
2/1, 100% Cotton, Dark Green
-Yarn manufacturer : Silk City Fibers

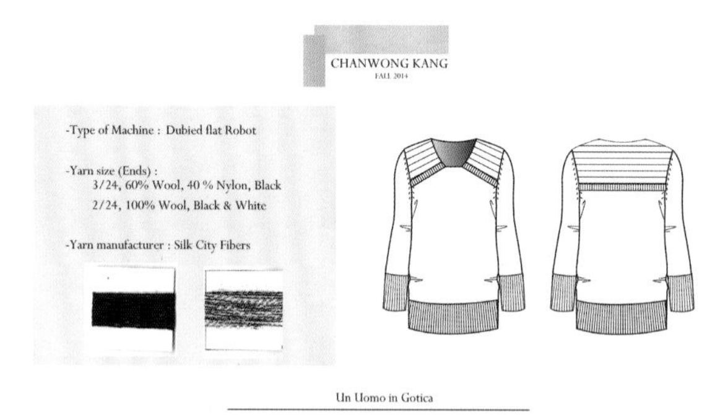
CHANWONG KANG
FALL 2014
-Type of Machine : Dubied flat Robot
-Yarn size (Ends) :
3/24, 60% Wool, 40 % Nylon, Black
2/24, 100% Wool, Black & White
-Yarn manufacturer : Silk City Fibers
Un Uomo in Gotica
肩部带罗纹的毛衫
FALL 2014

Un Uomo in Gotica
Un Uomo in Gotica
Un Uomo in Gotica

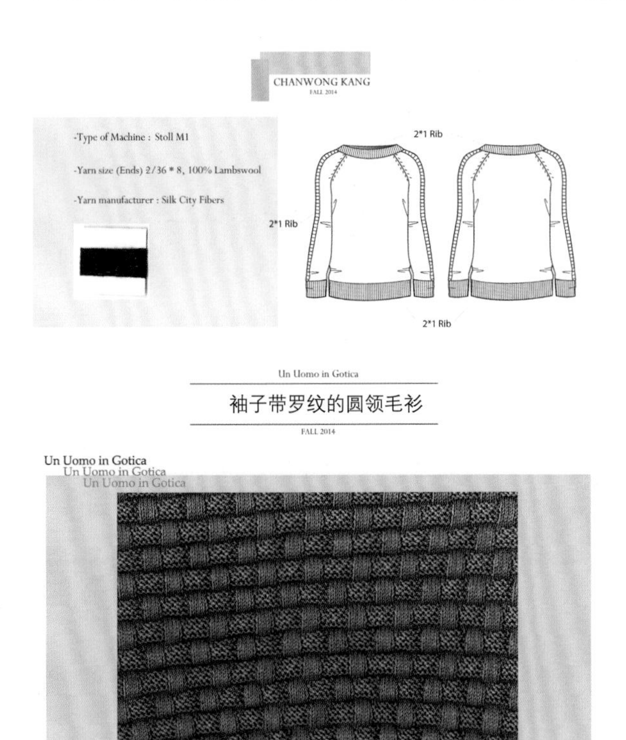

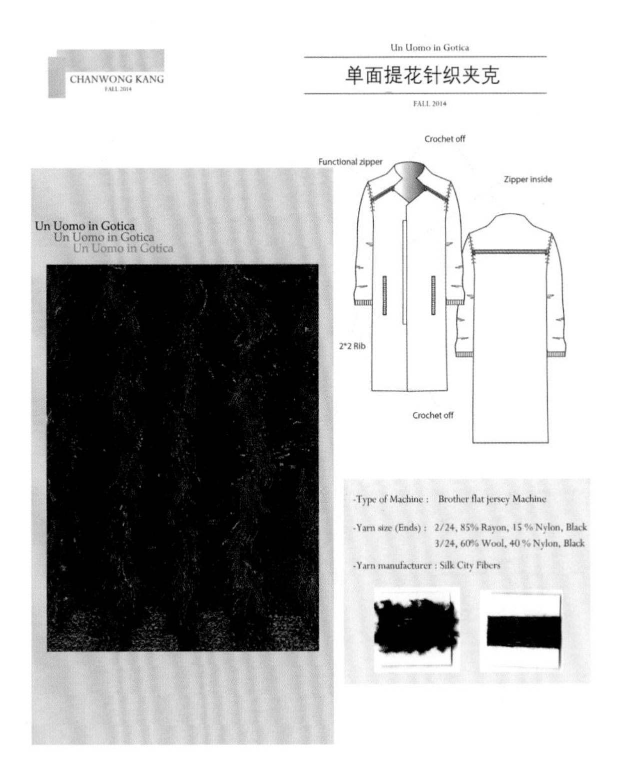

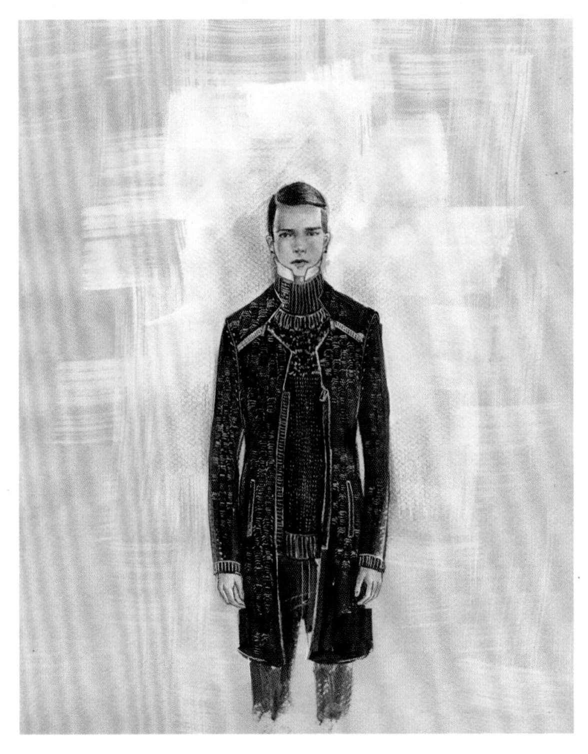

图8.19
康振旺的男装毛衫系列，展示了标题页、色彩故事、概念页、细节表和插图

儿童喜欢色彩明亮、有趣的衣服，为了满足他们日常活动的需要，服装设计还要考虑其功能性。当今童装市场紧随女装的流行趋势。作为一名童装设计师，在设计中呈现出异想天开的特质，能使你的设计非常有创意。具有表面趣味的刺绣图案、图形设计和动画卡通人物都能够吸引儿童。这些都是展示你童装市场设计技巧的绝佳主题（图8.20、图8.21）。

图8.20
埃里卡·舒斯特的奇趣童装水彩插画设计

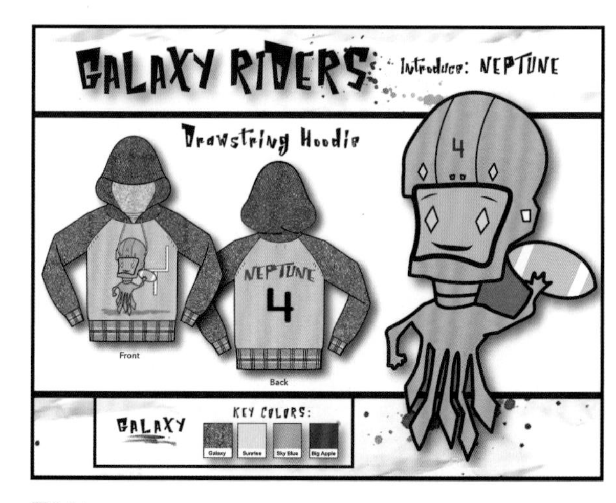

图8.21
杰西卡·朱丽叶·维拉斯奎兹设计的男童服装展板

配饰市场

在过去的几年里，配饰市场已经从袜子、围巾、帽子扩展到其他领域，包括针织手袋和腰带。针织饰品设计运用于最新的科技，如手机、MP3播放器和数字平板电脑，如图8.22所示的采用针织方式编织的手提袋和背包，这些产品利润颇为丰厚。

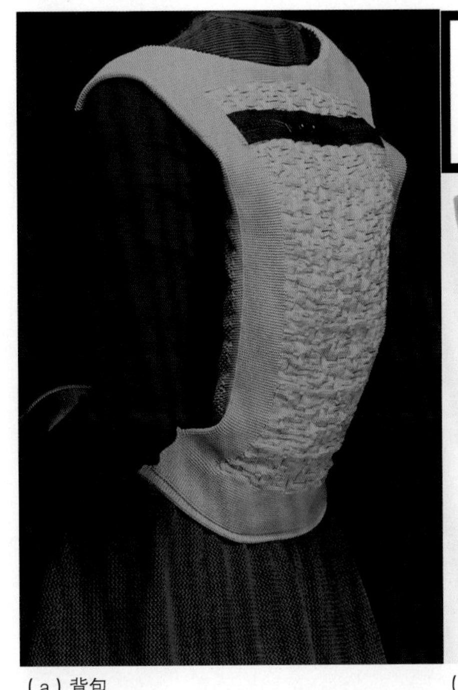

（a）背包

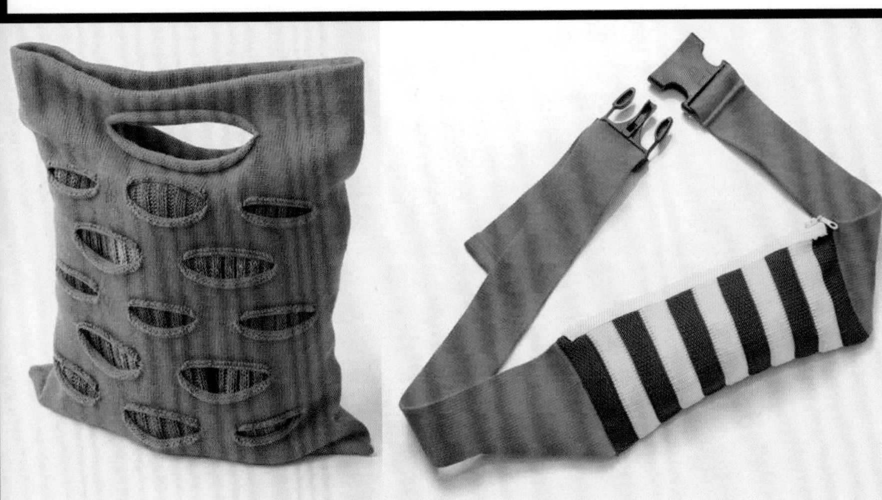

（b）手提袋

图8.22
岛精针织机编织的针织配饰

宠物配饰市场

随着人们对狗的喜爱的与日俱增，针织品市场也逐年扩大以满足对狗毛衣的需求[图8.23（a）和（b）]。许多配件系列，从高档时装（如古驰）到低端零售（如塔吉特Target），都包含宠物配饰。你可以很方便地将自己的配饰与宠物的配饰搭配在一起。如帽子、围巾和手提袋都可以与狗狗毛衣搭配。这个市场有可能很小，但作为一个设计师，你可以增加一些简洁的宠物服装系列以提高你的市场占有率。

（a）喜欢狗和针织衫的目标客户丽贝卡·比兰特（Rebecca Billante）

（b）1998年最初进入宠物市场的设计师之一迈克尔·西蒙设计的宠物毛衣

图8.23
宠物配饰市场的目标客户和配饰

设计师简介：拉夫·劳伦（Ralph Lauren）

b. 1939年，出生于纽约的布鲁克斯

www.ralphlauren.com

“我们的设得兰毛衫卖得比任何人都多，因为它是拉夫设计的，从肩部、大身、手到领口都没有接缝。我们曾两次去苏格兰确定生产标准，但只是获悉这种接缝的毛衫他们做不了。于是，我们去香港找人帮我们来做这个生意。”拉夫·劳伦的服装低调、美丽、奢华。劳伦服装呈现了一种特定的生活方式，将所有的细节架构在这个愿景之上。在他的设计中，不管是常青藤联盟、英国贵族、20世纪30年代的好莱坞，还是60年代的流行艺术，都流露出理想化的富人生活方式（图8.24）。拉夫·劳伦认为时装设计应当是永恒的，不应受时间和地点的影响。他通过一系列营销活动推广他的服装、配饰和家具装饰品，这些活动的主题总能让人联想到驶离罗德岛纽波特海岸的帆船、肯尼亚的狩猎之旅、富人的马球场，或是怀念弗雷德·阿斯泰尔（Fred Astaire）和金格尔·罗杰斯（Ginger Rogers）优雅的20年代。在他的女装、男装和童装的系列设计中，毛衣和针织品总是占有一席之地，涵盖于高级定制服装、休闲服、运动服、内衣和睡衣服饰系列中。

拉夫·劳伦从来没有接受过时装设计的训练，他的职业生涯是从布鲁明戴尔百货店（Bloomingdale）销售毛衣开始的。后来他到布克兄弟公司（Brooks Brothers）卖男士领带，同时在纽约商业学院完成了他的商业学习。劳伦在美国陆军服役六个月后，找到一份销售手套的工作。从那时起，拉夫·劳伦以“拉夫·劳伦企业”的名义创造了最成功的生活品牌，打造了一个价值70亿美元的时尚帝国。1992年，他获得了终身成就奖。2015年9月，劳伦辞去CEO一职，担任首席创意总监和董事会执行主席。他获得的荣誉有很多，这里仅列出他获得的最杰出的奖项。*

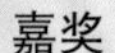

嘉奖

获得9项科蒂美国时尚评论家奖

1984年，获得美国时装设计师协会设计特别奖

1992年，获得美国时装设计师协会终身成就奖

2010年，获得法国总统尼古拉·萨科齐授予的荣誉军团勋章

图8.24
2012年纽约梅赛德斯·奔驰时装周期间，拉夫·劳伦在2013秋/冬时装秀上展示的一件经典的费尔岛花纹毛背心

* 拉夫·劳伦，玛丽·伦道夫·卡特（Mary Randolph Carter）著，《拉夫·劳伦》，(*Ralph Lauren*)，纽约：里佐利出版社，2007年。

设计师简介：唐纳·卡兰（Donna Karan）

唐纳·卡兰

b. 1948年，出生于纽约皇后区森林小丘

www.urbanzen.com

www.donnakaran.com

> “对女性体形、精神和身体比例的感知是我设计的出发点。”
>
> ——《女装日报》（*WWD*）

唐纳·卡兰在纽约的服装界长大，她的父亲是一名裁缝，在她3岁时去世，她的母亲是一名展厅模特兼销售员。18岁时，她在美国著名的时装品牌安妮克莱因公司（Anne Klein & Company）做暑期工。她被解雇了，但后来又回到公司当了一名设计师。1975年安妮·克莱因去世后，卡兰和路易斯·德拉·欧蕾（Louis Dell' Olio）一起成为联合创意总监，直到1985年卡兰创办了自己的公司。

唐纳·卡兰推出了“简洁5件”的理念，并将其融入日常和晚间互换式的套装，简化了女性的着装方式。卡兰的职业装赋予了女性自信，这一点从卡兰优美、富有智慧的设计中得到体现。她将毛衫和由羊毛、羊绒制作的针织上衣搭配在一起，形成了经典考究的外观。这种易于分层被视为唐纳·卡兰设计的独特之处（图8.25）。

2015年，唐纳·卡兰正式卸任卡兰公司首席设计师职位，创立了“都市禅意”（Urban Zen）品牌和基金会。这家公司的目的是通过将指定比例的销售额投入到世界各地，以促进当地（如海地）医疗保健、教育和文化保护的发展（图8.26）。*

嘉奖

1977年、1981年，获得科蒂美国时尚评论家奖

1984年，入选科蒂名人堂

1990年、1996年，获得美国时装设计师协会年度女装设计师奖

1992年，获得美国时装设计师协会年度男装设计师奖；1985年、1986年、1987年，获得美国时装设计师协会设计特别奖

2004年，获得美国时装设计师协会终身成就奖

2010年，获得美国时装设计师协会年度女装设计师

2016年，获得美国时装设计师协会创始人奖

* 唐纳·卡兰著，《我的旅程》（*My Journey*），纽约：企鹅兰登书屋（Penguin Random House），2015年。

图8.25
梅赛德斯·奔驰在2012年春季纽约时装周上，美国设计师唐纳·卡兰走上T台

图8.26
梅赛德斯·奔驰2015年秋季纽约时装周上，唐纳·卡兰设计的针织裙在T台上亮相

设计师简介：亚历山大·麦昆（Alexander McQueen）

b. 1969年，出生于英国伦敦的刘易舍姆
d. 2010年于英国伦敦去世
www.alexandermcqueen.com

"时尚界的坏孩子"
"将优雅与现代融合在一起"
——美国时尚杂志
1999年9月

亚历山大·麦昆在伦敦长大，是个有着苏格兰血统的工薪阶层的孩子。年轻时，麦昆在伦敦萨维尔街定制裁缝店当学徒。后来他在中央圣马丁时装艺术设计学院攻读硕士学位。他的才华、干劲和所受的教育促使他在高级时装的职业道路上迈向成功。1992年，他创建了自己的同名品牌。作为一名设计师，他以其奢华、富有争议和挑衅性的T台作品而闻名，这些作品展示了麦昆非凡的创造性和他的叛逆精神。

1996年，麦昆成为久负盛名的巴黎奢侈品牌纪梵希的创意总监，隶属于古驰集团。1996年到2001年间，麦昆继续在伦敦为自己的品牌做设计。2000年，亚历山大·麦昆品牌和古驰集团合作，古驰集团拥有麦昆公司51%的股权。2010年2月麦昆意外去世后，古驰集团任命莎拉·伯顿（Sarah Burton）为该品牌的创意设计总监。她曾是麦昆的得力助手，是亚历山大·麦昆品牌的设计师。

2011年，纽约大都会艺术博物馆举办了一场令人印象深刻的回顾展——"野性之美"（Savage Beauty），观众数量空前。随后在2015年，伦敦的维多利亚和阿尔伯特艺术博物馆（Victoria & Albert Museum of Art）举办了麦昆作品的大型回顾展。麦昆的天赋、艺术才华和洞察力在这次展览中从多个方面得到体现，并获得惊人的国际赞誉（图8.27、图8.28）。*

嘉奖

1996年、1997年，获得年度最佳英国设计师

2003年，获得美国时装设计师协会年度国际设计师奖

2003年，获得大英帝国司令勋章（CBE）

2004年，获得英国年度男装设计师

* 克里斯汀·诺克斯（Kristin Knox）著，《亚历山大·麦昆：一代天才》（*Alexander McQueen: A Genius of a Generation*），伦敦：A&C 黑人出版商有限公司（A&C Black Publishers Limited），2010年。

图8.27
2007年，亚历山大·麦昆在巴黎走秀，展示他的2008年春/夏系列

图8.28
2009年秋/冬系列展，英国设计师亚历山大·麦昆的前卫毛衣亮相巴黎

本章总结

本章我们从购买作品集开始探讨了如何开启你的设计生涯。用设计日志呈现市场调研和创意设计，这将展示你在概念研发、色彩、纱线、组织结构和设计草图方面的能力，从而提高你的面试成功率。提供服装系列款式图的视觉样式，作为季节性系列着装效果图的灵感。为了拓展你的职业生涯，文中额外展示了针织品的其他市场及其独特的设计特征。最后，一旦你开始工作，可以参考本章中专业的市场营销方法。

关键词和概念

着装效果图
概念页或情绪页或主题页
设计说明
平面技术草图
明信卡片
样品图册

工作室活动

访问针织服装设计工作室网址www.bloomsburyfashioncentral.com。关键要素是：

- 多项选择
- 带有关键词和定义的抽认卡

项目

1. 选择目标客户、季节和主题，准备市场调研报告。根据这些信息，开发一个完整的毛衫设计系列，包括概念板或情绪板，颜色板和纱线板，为每款针织服装准备带有设计效果图的6款插图。

2. 选择三家你将面试的时装设计公司。在网上调查每家公司，确定每家公司销售其服装的市场或商店。确定你研究的每家公司的市场水平，如奢侈品牌、中档品牌、自由设计师品牌、低端或大众市场。参观三家设计师品牌服装的实体零售店。对于你计划面试的几家公司，写一篇250字的短文，附上支撑性图片，列出目标客户、服装款式、服装制作质量、生产地点和价格点位。

3. 为你选择的市场设计一个10件式的着装效果图，并用计算机展示。每件服装应以其将要出售的特定颜色和图案来表现。展示中包括色标，并将图形设计与你的标题、季节及所有标注统一起来。

4. 为你的作品集创建一个引言页，并设计自己的徽标。确保这个页面包括你的联系信息、手机号码、e-mail、网址。

5. 设计一个可以折叠的明信片，上面有你的徽标、设计插图、联系方式（手机号码、email、网址）。通过访问平面设计网站或访问本地印刷商，了解其他市场模式，并为你的留言板考虑其他打印选项。

附录A

文稿模板

<table>
<tr><td rowspan="4" colspan="2">针织上衣基本款规格</td><td>参考：</td><td>款式编号 #：</td></tr>
<tr><td colspan="2">描述：</td></tr>
<tr><td>制造商：</td><td>日期：</td></tr>
<tr><td>规格：</td><td>组织/机号：</td></tr>
<tr><td>1</td><td>衣长：从侧颈点向下直量</td><td></td><td rowspan="2">纱线信息/纤维含量：</td></tr>
<tr><td>2</td><td>下胸宽：挂肩向下 1英寸横量</td><td></td></tr>
<tr><td>3</td><td>胸宽：腋下点到点</td><td></td><td rowspan="3">装饰：</td></tr>
<tr><td>4</td><td>肩宽：肩端点横量</td><td></td></tr>
<tr><td>5</td><td>肩斜</td><td></td></tr>
<tr><td>6</td><td>挂肩：直量</td><td></td><td rowspan="4">特殊说明：</td></tr>
<tr><td>7</td><td>前插肩袖</td><td></td></tr>
<tr><td>8</td><td>后插肩袖</td><td></td></tr>
<tr><td>9</td><td>上臂袖宽</td><td></td></tr>
<tr><td>10</td><td>前臂袖宽（从袖口向上量___英寸）</td><td></td><td rowspan="2">客户对象：</td></tr>
<tr><td>11</td><td>袖口宽</td><td></td></tr>
<tr><td>12</td><td>袖口罗纹高</td><td></td><td>重量：</td></tr>
<tr><td>13</td><td>袖长：从后领中量起</td><td></td><td rowspan="11"></td></tr>
<tr><td>14</td><td>袖底缝</td><td></td></tr>
<tr><td>15</td><td>领口宽（缝对缝）</td><td></td></tr>
<tr><td>16</td><td>前领深：衣长参照线到前中领口线</td><td></td></tr>
<tr><td>17</td><td>后领深：衣长参照线到后中领口线</td><td></td></tr>
<tr><td>18</td><td>领口边</td><td></td></tr>
<tr><td>19</td><td>腰宽（从侧颈点量___英寸）</td><td></td></tr>
<tr><td>20</td><td>下摆宽</td><td></td></tr>
<tr><td>21</td><td>下摆边高</td><td></td></tr>
<tr><td>22</td><td>上胸宽：从侧颈点向下5英寸横量</td><td></td></tr>
<tr><td>23</td><td>后背宽：从侧颈点向下5英寸横量</td><td></td></tr>
</table>

<table>
<tr><td colspan="2" rowspan="4">针织裤基本款规格</td><td colspan="2">参考：</td><td colspan="2">原型/款式编号#：</td></tr>
<tr><td colspan="4">描述：</td></tr>
<tr><td colspan="3">制造商：</td><td>日期：</td></tr>
<tr><td>规格：</td><td colspan="3">织物：</td></tr>
<tr><td>1</td><td>裤侧缝长（腰部以下）</td><td></td><td colspan="3" rowspan="2">纤维含量：</td></tr>
<tr><td>2</td><td>腰宽：自然量（边对边）</td><td></td></tr>
<tr><td>3</td><td>最大拉伸腰宽（边对边）</td><td></td><td colspan="3"></td></tr>
<tr><td>4</td><td>腰头高</td><td></td><td colspan="3"></td></tr>
<tr><td>5</td><td>上臀宽（腰下4英寸）</td><td></td><td colspan="3"></td></tr>
<tr><td>6</td><td>下臀宽（腰下9英寸）</td><td></td><td colspan="3"></td></tr>
<tr><td>7</td><td>前/后裆长</td><td></td><td colspan="3" rowspan="3">辅料：</td></tr>
<tr><td>8</td><td>大腿根宽</td><td></td></tr>
<tr><td>9</td><td>裤下裆缝长（裆缝到底边）</td><td></td></tr>
<tr><td>10</td><td>裤脚宽：横量</td><td></td><td colspan="3" rowspan="4">特殊说明：</td></tr>
<tr><td>11</td><td>裤脚边高</td><td></td></tr>
<tr><td>12</td><td>拉链长：腰下</td><td></td></tr>
<tr><td>13</td><td>裤腰头搭门宽</td><td></td></tr>
<tr><td>14</td><td>口袋（长/宽）</td><td></td><td colspan="3" rowspan="2">客户：</td></tr>
<tr><td>15</td><td>口袋细节（袋盖/开口）</td><td></td></tr>
<tr><td>16</td><td>内衬信息</td><td></td><td colspan="3">重量：</td></tr>
</table>

<table>
<tr><td colspan="3" rowspan="4">针织裙基本款规格</td><td>参考：</td><td colspan="2">原型/款式编号#：</td></tr>
<tr><td colspan="3">描述：</td></tr>
<tr><td colspan="2">制造商：</td><td>日期：</td></tr>
<tr><td>规格：</td><td colspan="2">织物：</td></tr>
<tr><td>1</td><td colspan="2">侧缝长（腰部以下）</td><td></td><td colspan="2" rowspan="2">纤维含量：</td></tr>
<tr><td>2</td><td colspan="2">腰宽：自然量（边对边）</td><td></td></tr>
<tr><td>3</td><td colspan="2">最大拉伸腰宽（边对边）</td><td></td><td colspan="2"></td></tr>
<tr><td>4</td><td colspan="2">腰头高（空气层/白色或配色橡筋带）</td><td></td><td colspan="2"></td></tr>
<tr><td>5</td><td colspan="2">上臀宽（腰下4英寸）</td><td></td><td colspan="2"></td></tr>
<tr><td>6</td><td colspan="2">下臀宽（腰下9英寸）</td><td></td><td colspan="2"></td></tr>
<tr><td>7</td><td colspan="2">裙摆宽：横量</td><td></td><td colspan="2" rowspan="3">装饰：</td></tr>
<tr><td>8</td><td colspan="2">裙摆边高</td><td></td></tr>
<tr><td>9</td><td colspan="2">口袋（长/宽）</td><td></td></tr>
<tr><td>10</td><td colspan="2">口袋细节（袋盖/开口）</td><td></td><td colspan="2" rowspan="2">特殊说明：</td></tr>
<tr><td>11</td><td colspan="2">内衬信息</td><td></td></tr>
<tr><td colspan="4"></td><td colspan="2">客户：</td></tr>
<tr><td colspan="4"></td><td colspan="2">重量：</td></tr>
</table>

针织上衣工艺单							款式编号 #：
		描述：					
		制造商：					日期：
							款式图
1	衣长：从侧颈点向下直量						
2	下胸宽：挂肩向下 1英寸横量						
3	胸宽：腋下点到点						
4	肩宽：肩端点横量						
5	肩斜						
6	挂肩：直量						
7	前插肩袖						
8	后插肩袖						
9	上臂袖宽						
10	前臂袖宽（从袖口向上量____英寸）						
11	袖口宽						
12	袖口罗纹高						
13	袖长：从后领中量起						
14	袖底缝						
15	领口宽（缝对缝）						
16	前领深：衣长参照线到前中领口线						
17	后领深：衣长参照线到后中领口线						
18	领口边						
19	腰宽（从侧颈点量____英寸）						
20	下摆宽						
21	下摆边高						
22	上胸宽：从侧颈点向下5英寸横量						
23	后背宽：从侧颈点向下5英寸横量						
组织/机号：		特殊说明：					
纱线信息 / 纤维含量：							
装饰：		客户：					
		重量：					

<table>
<tr><td rowspan="3">组织结构信息表</td><td>参考：</td><td colspan="2">款式编号 #：</td></tr>
<tr><td colspan="3">描述：</td></tr>
<tr><td colspan="2">制造商：</td><td>日期：</td></tr>
<tr><td colspan="2">纱线信息 / 纤维含量：</td><td colspan="2">规格：</td></tr>
<tr><td colspan="4"></td></tr>
</table>

颜色信息表

<table>
<tr><td colspan="2">款式编号 #：</td><td colspan="5">纱线/ 纤维信息：</td></tr>
<tr><td>样品</td><td>组合1</td><td>组合2</td><td>组合3</td><td>组合4</td><td>组合 5</td><td>组合6</td></tr>
<tr><td>颜色 A</td><td></td><td></td><td></td><td></td><td></td><td></td></tr>
<tr><td>颜色B</td><td></td><td></td><td></td><td></td><td></td><td></td></tr>
<tr><td>颜色C</td><td></td><td></td><td></td><td></td><td></td><td></td></tr>
<tr><td>颜色D</td><td></td><td></td><td></td><td></td><td></td><td></td></tr>
<tr><td>颜色E</td><td></td><td></td><td></td><td></td><td></td><td></td></tr>
<tr><td>颜色F</td><td></td><td></td><td></td><td></td><td></td><td></td></tr>
<tr><td>颜色G</td><td></td><td></td><td></td><td></td><td></td><td></td></tr>
</table>

系列款式图

季节：		组：
款式编号#：	款式编号#：	款式编号#：
颜色组合：	颜色组合：	颜色组合：
描述：	描述：	描述：
织物/组织：	织物/组织：	织物/组织：
纤维含量：	纤维含量：	纤维含量：

3×5绘图纸

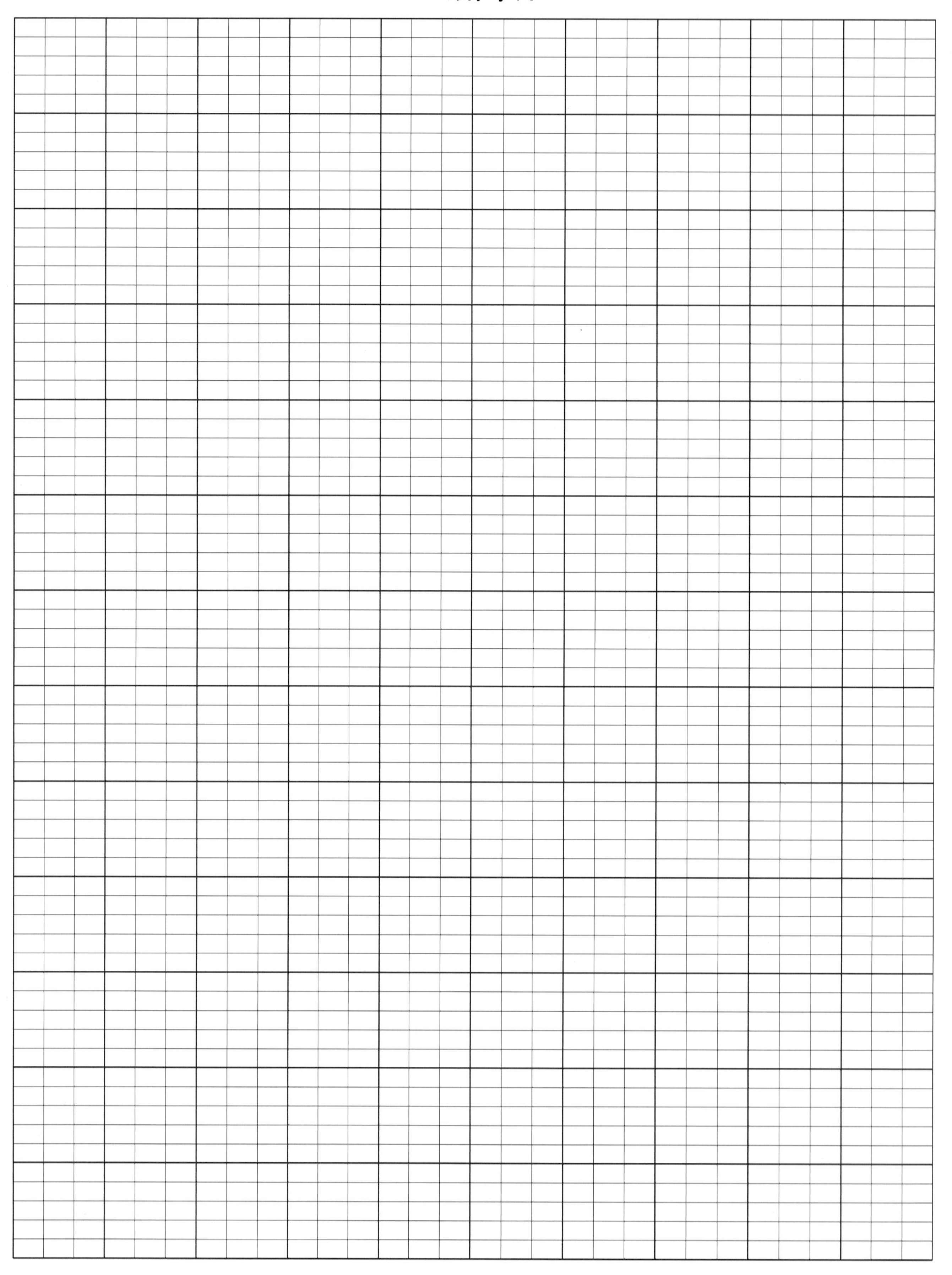

4×6绘图纸

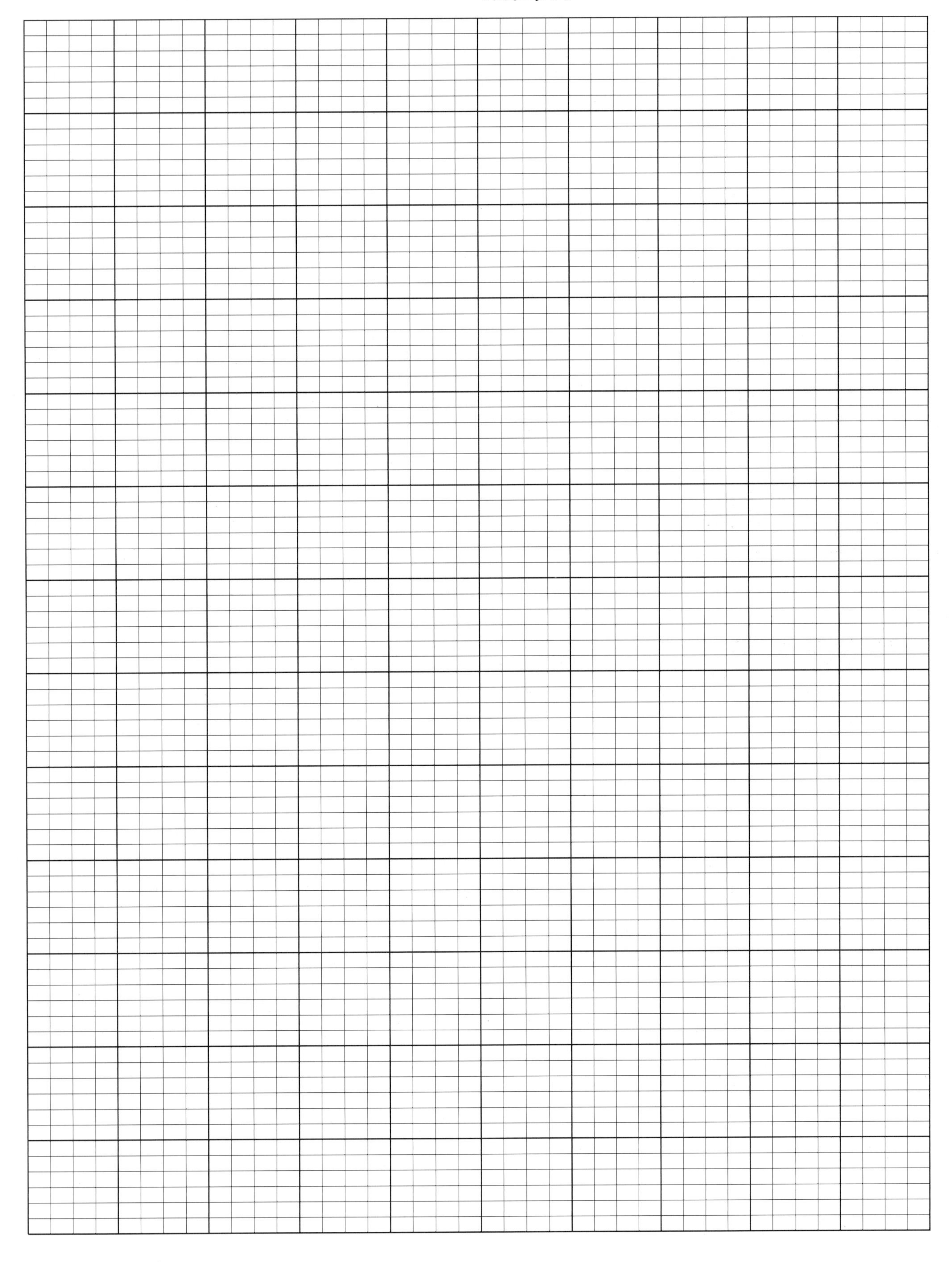

6×8 绘图纸

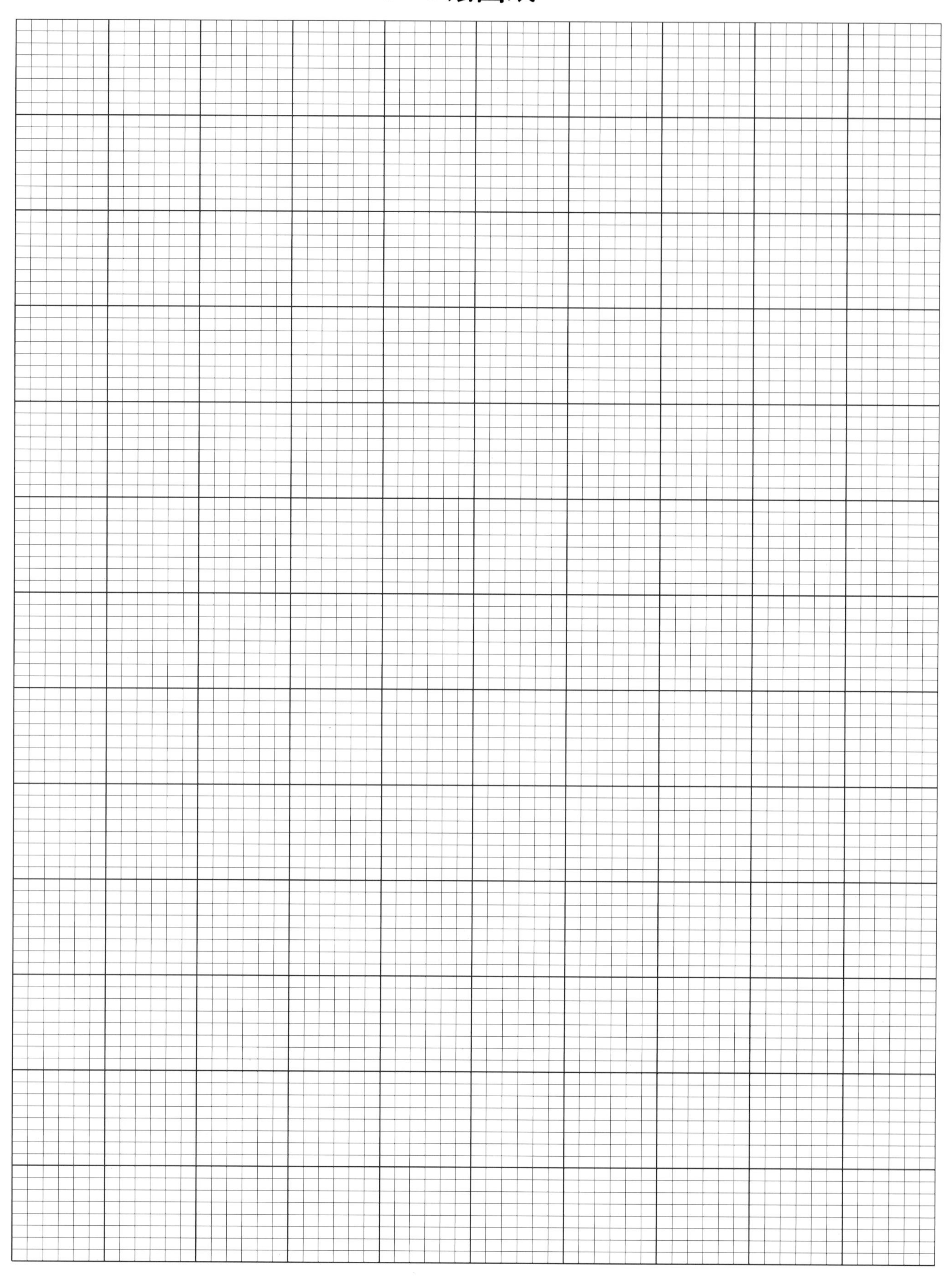

7×10绘图纸

9×12绘图纸

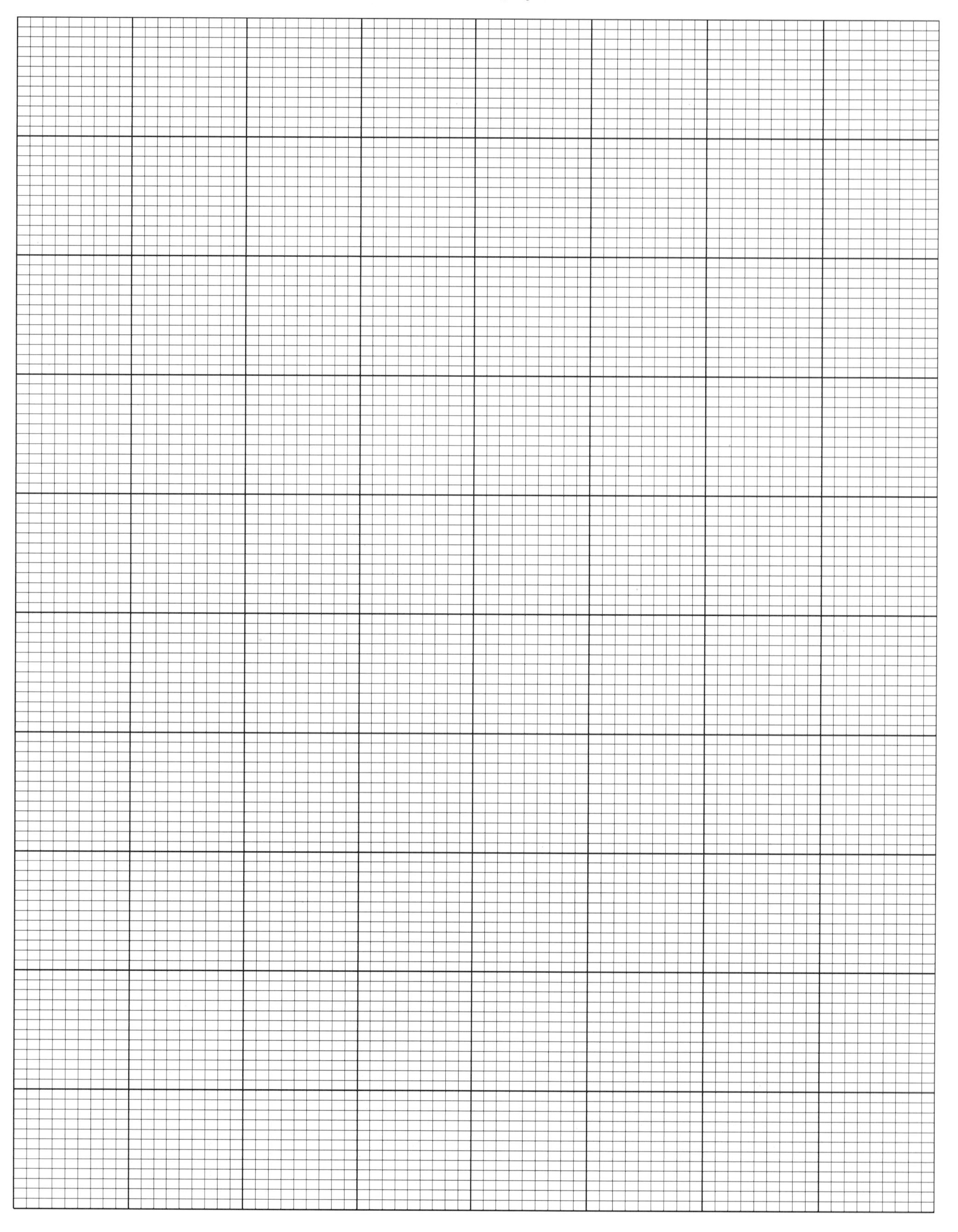

附录B

资源和参考文献

书籍

Armstrong, Jemi, Lorrie Ivas, and Wynn Armstrong (2006), *From Pencil to Pen Tool: Understanding and Creating the Digital Fashion Image*, New York: Fairchild.

Bebbow-Pfalzgraf, Taryn, ed (2002), *Contemporary Fashion*, 2nd edn, Farmington Hills, Mich.: St. James.

Black, Sandy (2002), *Knitwear in Fashion*, New York: Thames & Hudson.

Black, Sandy (2006), *Fashioning Fabrics, Contemporary Textiles in Fashion*, London: Black Dog.

Brackenbury, Terry (1992), *Knitted Clothing Technology*, New York: Blackwell Science.

Brown, Carol (2013), *Knitwear Design*, London: Laurence King.

Casadio, Mariuccia (1997), *Missoni*, London: Thames & Hudson.

Celanese Acetate (2001), *Complete Textile Glossary*, Celanese Acetate LLC.

Chamberlain, John, and J. H. Quilter (1930), *Pitman's Common Commodities and Industries: Knitted Fabrics*, London: Pitman & Sons.

Charles-Roux, Edmonde (1975), *Chanel: Her Life, Her World and the Woman Behind the Legend She Herself Created*, trans. Nancy Amphoux, New York: Knopf.

Cole, Daniel James, and Nancy Deihl (2015), *The History of Modern Fashion: From 1850*, London: Laurence King Publishing.

Downey, Gail, and Henry Conway (2008), *Knit Couture*, New York: St. Martin's Press.

Dior, Christian (1957), *Christian Dior and I*, trans. Antonia Fraser, New York: Dutton.

The Elizabeth Sage Historic Costume Collection (2002), Bloomington, Ind.: Indiana University.

Epstein, Nicky (2005), *Knitting over the Edge: The Second Essential Collection of over 350 Decorative Borders*, New York: Sixth & Spring.

Epstein, Nicky (2006), *Knitting Beyond the Edge: Cuff and Collars, Necklines, Hems, Closures: The Essential Collection of Decorative Finishes*, New York: Sixth & Spring.

Epstein, Nicky (2006), *Nicky Epstein's Knitted Flowers*, New York: Sixth & Spring.

Etherington-Smith, Meredith (1983), *Patou*, New York: St. Martin's/Marek.

Fleming, Muriel (1991), *Sonia Rykiel*, Master's thesis, SUNY Fashion Institute of Technology.

Flew, Janine, Diana Crossing, Amanda Ducker, Sarah Durrant, and Liz Gemmell (2006), *Knit*, NY: Advanced Global Distribution.

Fogg, Marnie (2010), *Vintage Fashion Knitwear.*, New York: Lark Crafts/ Sterling Publishing Company.

Gartshore, Linda, and Nicholas Leggett (1990), *The Machine Knitter's Dictionary*, reprint edn, London: Batsford.

Ghelerter, Donna (1989), *Knitting in America During the First World War*, Master's thesis, SUNY Fashion Institute of Technology.

Guagliumi, Susan (1990), *Hand-Manipulated Stitches for Machine Knitters*, Newtown, Conn.: Taunton.

Hubbell, Leesa (2002), "The Anatomy of Emotion, Liz Collins Knits a New Body of Ideas." *Surface Design Journal* 26 (3): 12–17.

Iiyama, Genji, Tamatsu Yagi, Emiko Kaji, Hiroshi Shoji, and Benetton (1993), *Global Vision: United Colors of Benetton*, Tokyo: Robundo.

Jones, Terry, and Avril Mair, eds (2005), *Fashion Now: I-D Selects The World's 150 Most Important Designers*, New York: Taschen.

Jouve, Marie-Andree (1989), *Balenciaga*, New York: Rizzoli.

Knitted Outer-Wear: Its Manufacture and Its Sale (1930), Delavan, Wisc.: Bradley Knitting Co.

Koide, Kazuko, and Ikko Tanaka (1978), *Issey Miyake: East Meets West, Book I*, Tokyo: Bodyworks.
Lewis, Susanna E., and Julia Weissman (1986), *A Machine Knitter's Guide to Creating Fabrics: Jacquard, Lace, Intarsia, Ripple, and More*, Asheville, N.C.: Lark.
Malcolm, Trisha (2006), *Vogue Knitting on the Go: Knits for Pets*, New York: Sixth & Spring.
Miyake, Issey, Dai Fujiwara, and Mateo Kries, eds (2001), *A-POC Making: Issey Miyake and Dai Fujiwara*, Weil am Rhein, Germany: Vitra Design Museum.
Miyake, Issey, Kazuko Sato, Herve Chandes, and Raymond Meier (1999), *Issey Miyake: Making Things*, Paris: Foundation Cartier.
Moffit, Peggy (1991), *The Rudi Gernreich Book*, New York: Rizzoli.
O'Hagen, Helen (2002), *Bill Blass: An American Designer*, New York: Abrams.
100 Fashion Designers—100 Curators—Cuttings from Contemporary Fashion (2006), London: Phaidon.
Patrick, Carla S., Joni Coniglio, Nancy J. Thomas, and Lola Ehrlich, eds (1989), *Vogue Knitting*, New York: Pantheon.
Peterson, Jay P., ed (2005), *International Directory of Company Histories*, vol. 8: 67. Farmington Hills, Mich.: St. James.
Price, Arthur, Allen C. Cohen, Ingrid Johnson, and Joseph J. Pizzuto (2005), *Fabric Science*, 8th edn, New York: Fairchild.
Sainderichin, Ginette (1999), *Kenzo*, New York: Universe/Rizzoli.
Schiaparelli, Elsa (1954), *Shocking Life*, New York: Dutton.
Spencer, David J. (1983), *Knitting Technology*, New York: Elsevier
Stegemeyer, Anne (2004), *Who's Who in Fashion*, 4th edn, New York: Fairchild.
Tellier-Loumagne, Françoise (2005), *The Art of Knitting: Inspirational Stitches, Textures and Surfaces*, London /New York: Thames & Hudson.
Vogue Knitting Magazine (1989), *Vogue Knitting*, New York: Pantheon.
Walker, Barbara G. (1981), *A Treasury of Knitting Patterns*, New York: Macmillan.
Waller, Jane , and Susan Crawford, Susan (2008), *Period Knits: A Stitch in Time, Vogue Knitting & Crochet Patterns 1020–1949 Vol. 1*, Southport, UK: Arbor House Publishing.
Walsh, Penny (2006), *The Yarn Book*, Philadelphia: Univ. of Pennsylvania Press.
Wilcox, Claire (2004), *Vivienne Westwood*, London: V & A Publications.
Yohannan, Kohle, and Nancy Nolf (1998), *Claire McCardell: Redefining Modernism*, New York: Abrams.

杂志

Around the World Fashion Publications
148 West 37th Street
New York, NY 10018
www.aroundtheworldnyc.com

OPR (Overseas Publishers Representatives)
545 8th Avenue, Suite 1020
New York NY 10018
www.oprny.com

数字新闻和行业出版物

The Business of Fashion
www.businessoffashion.com

Digital knit magazine
www.Knitty.com

Fashion Times
www.fashiontimes.com

Knitting Industry
www.knittingindustry.com

La Spola
www.laspola.com

Textile Innovation Knowledge Platform
www.tikp.co.uk

趋势杂志

Collezioni Trends
www.logos.info
Italy

IN-Fashion
www.instyle-fashion.com.tw
Japan

Interweave Knits, Knitting International
www.wtin.com/e-store-products
/knitting-international
United Kingdom

Knitting Trade Journal
www.knittingtradejournal.com
United Kingdom

Maglieria Italiana
www.maglieriaitaliana.com
Italy
View Textile
www.view-publications.com
Amsterdam

Vogue Knitting
Vogueknitting.com
USA

预测出版物和趋势服务商

Bloom
www.edelkoort.com/editions

Close-Up: Fashion Textile (print only)

Close-Up: Knit & Tricot: Women (print only)

Color Association of the Untied States
www.colorassociation.com

Cotton Inc.
www.cottoninc.com

Craft Yarn Council of America
www.craftyarncouncil.com

Doneger Creative Services
www.doneger.com

I Knit London
www.iknit.org.uk

Fashion Snoops
www.fashionsnoops.com

Future of Fashion
futureoffashion.nl/topics/fastaesthetics

Material World Blog
www.materialworldblog.com

Nelly Rodi
www.nellyrodilab.com/en

Pantone
www.pantone.com

Perclars Paris
www.peclersparis.com

Promostyl
www.promostyl.com

Textile View Magazine
textile-view.com

Tobe and Tobe Evolve
www.tobereport.com

Trend Council
trendcouncil.com

Trend Union
www.trendtablet.com

Trendstop
www.trendstop.com

View2
2som.com

WGSN
www.wgsn.com

计算机辅助设计软件来源

Illustrator
www.adobe.com

Photoshop
www.adobe.com

Stitch Painter & Garment Designer
www.cochenille.com

Pointcarré
www.pointcarre.com

Kaledo
www.lectra.com

M1 and M1 Knit & Wear
www.stoll.com

SDS-ONE
www.shimaseiki.co.jp

纤维协会

Campaign for Wool
info@campaignforwool.org
P O Box 1213
Bradford, UK
BD1 9XA
woolteam@thisismission.com
Tel.: +44 (0) 20 7845 7800
www.campaignforwool.org

Cotton Incorporated
488 Madison Avenue
New York, NY 10022
Tel: (212) 413-8300
Fax: (212) 413-8377
www.cottoninc.com

Supima Cotton
New York Office
100 W 57th Street, Suite 11-H
New York, NY 10019-3327 USA
Tel: 212.965.8030
Fax: 212.965.8032
www.supima.com

Wool Bureau Inc.
330 Madison Avenue
New York, NY 10017
Tel: (212) 986-6222
Fax: (212) 953-1888
www.wool.com

The Woolmark Company
1230 Avenue of the Americas, 7th Floor
New York, NY 10020
Tel: (646) 756-2535
www.woolmark.com

纱线公司

Avia SpA
Via per Pollone 64
13900 Biella, Italy
Tel: +39 (015) 2596211
Fax: +39 (015) 2593197
www.avia.it

Binicocchi SpA
Via dei Fossi 12
59100 Prato, Italy
Tel: +39 (0574) 621251
Fax: +39 (0574) 620520
www.binicocchi.com

Blue Sky Alpacas, Inc.
P.O. Box 88
Cedar, MN 55011
Tel: (763) 73-5815; (888) 460-8862
www.blueskyalpacas.com

Cascade Yarns
1224 Andover Park East
Tukwila, WA 98188
Tel: (206) 574-0440
www.cascadeyarns.com

Colinette
Tel: (UK) 01938 810128,
(US) 1-502-365-5671
www.colinette.com

DuPont de Nemours International SA
Apparel & Textile Sciences
Chemin du Pavillion, 2
1218 Le Grand Saconnex
Geneva, Switzerland
Tel: +41 (022) 717-51-11
Fax: +41 (022) 717-51-09
www.dupont.com

Filati BE. MI. VA. SpA
Via Mugellese 115
50010 Capalle (FI), Italy
Tel: +39 (055) 898261
Fax: +39 (055) 898084
www.bemiva.it

Filatura Di Grignasco SpA
Grignasco Group
Via Dante Alighieri, 2
50041 Grignasco (NO), Italy
Tel: +39 (0163) 4101
Fax: +39 (0163) 410258
E-mail: info@grignasco1894.it
www.grignascoknits.it

Ilaria Srl
Via Paganelle sn
50041 Calenzano (FI), Italy
Tel: +39 (0558) 876693-4-5
Fax: +39 (0558) 879354
E-mail: info@ilaria.it
www.ilaria.it

Jagger Spun Yarns
Water Street, Springvale, Maine
Tel.: (207) 324-4455 ext 26
www.jaggeryarn.com

Karabella Yarns, Inc.
1201 Broadway
New York, NY 10001
Tel: (800) 550-0898
E-mail: inquiry@karabellayarns.com
www.karabellayarns.com

Lineapiù italia
Lineapiù Group USA ,Inc.
1384 Broadway
Suite 301
New York, NY 10018 (U.S.A.)
Tel.: 646 358 4581
www.lineapiu.com

Lion Brand Yarn
135 Kero Road
Carlstadt, NJ 07072
www.lionbrand.com

Lucci Yarn, Inc.
202-91 Rocky Hill Road
Bayside, NY 11361
Tel: (718) 281-0119
Fax: (718) 281-0137
www.lucciyarn.com

Martex Fiber
6924 Orr Road
Charlotte, NC 28213
www.martexfiber.com

Manifattura Igea Spa
Via Pollative 119/L
59100 Prato
Tel.: +39 0574 5181 – fax +39 0574 621749
E-mail: igea@igeayarn.it
www.igeayarn.it

National Spinning Co., Inc.
111 West 40th Street
New York, NY 10018
Tel: (212) 382-6400; (800) 868-7104
www.natspin.com

Nylstar CD SpA
Headquarter New York City
Nylstar Inc.
379 West Broadway, 2nd floor
New York, NY 10012
www.nylstar.com

Silk City Fibers
155 Oxford Street
Paterson NJ 07522
Tel: (800) 899-7455
www.silkcityfibers.com

针织供应商

Cara Web Shopping
Phone: (215) 598-7070
www.cara4webshopping.com

The Knit Knack Shop
www.knitknackshop.com

Patternworks
PO Box 1618
Center Harbor, N.H. 03226
Tel: (800) 438-5464
www.patternworks.com

Purl
137 Sullivan Street
New York, NY 10012
Tel: (212) 420-8796
www.purlsoho.com

全球贸易展

Printsource
www.printsourcenewyork.com

Magic Online
www.magiconline.com

Knitting and Stitches Show, London
www.twistedthread.com

Pitti Immagine Filati Yarn Fair
www.pittimmagine.com

Première Vision Paris
www.premierevision.com

Première Vision New York & PV/Indigo New York
www.premierevision-newyork.com

SPINEXPO, New York
www.spinexpo.com/new-york

SPINEXPO, Shanghi
www.spinexpo.com/shanghai

Texworld, France
www.texworld.messefrankfurt.com

Texworld, USA
www.TexworldUSA.com

有用的网址

时尚资讯

www.couturefashionweek.com
fashionreverie.com
www.infomat.com
www.instyle.com/fashion
lostinknit.org
www.ravelry.com
www.vogue.com

针织历史

www.fashion-era.com
www.museumofcostume.co.uk
www.oldpatterns.com
www.vintageknits.com

设计和技术创新资源

Fab Designs Inc.
fabdesigns.com

The Knitting Guild Association
www.tkga.com

Stoll Knit Resource Center
knitresource.com

博物馆

澳大利亚
Powerhouse Museum
Sydney, Australia
Website: www.powerhousemuseum.com

比利时
ModeMuseum MoMu
Nationalestraat 28, 2000
Antwerp, Belgium
E-mail: info@momu.be
www.momu.be

加拿大

Ontario
BATT Museum
Toronto, Ontario
Costume Museum of Canada
Winnepeg, Canada
Website: www.costumemuseum.com

Quebec
Museum of Costume and Textile of Québec
Montreal, Quebec
www.mctq.org

法国

Musee de la Mode et du Textile
Paris, France
Website: www.lesartsdecoratifs.fr
Paris, France

意大利

Galleria Carla Sozzani
Milan, Italy
Website: www.galleriacarlasozzani.org

Musei Provinciali di Gorzia
Gorzia, Italy
Website: www.provincia.gorizia.it

英国

Great Britain
Fashion Museum
Bath, England
Website: www.museumofcostume.co.uk

The Fashion and Textile Museum
London, England
Website: www.ftmlondon.org

Gallery of Costume
Manchester, England
Website: www.manchestergalleries.org

National Museum of Costume
Dumfries, Scotland
Website: www.nms.ac.uk

Victoria and Albert Museum
London, England
Website: www.vam.ac.uk

美国

Brooklyn Museum of Art
Brooklyn, NY
Website: www.brooklynmuseum.org

Cornell Costume and Textile Collection / Ithaca, New York
Website: www.human.cornell.edu/che/fsad/cctc.cfm

The Costume Institute
The Metropolitan Museum of Art / New York City, NY
Website: www.metmuseum.org

De Young Museum
San Francisco, CA
Website: www.deyoung.famsf.org

The Kent State University Museum
Kent, OH
Website: www.kent.edu/museum

Los Angeles County Museum of Art
Los Angeles, CA
Website: www.lacma.org

The Museum at FTT
New York City, NY
Website: www.fitnyc.edu/museum

图片来源

第一章

Title page image: Courtesy of Stoll Knit Resource
Figure 1.0: Ben Hider/Getty Images
Figure 1.1: Courtesy of Fairchild Books
Figure 1.2: SSPL via Getty Images
Figure 1.3: Catwalking/Getty Images
Figure 1.4: DeAgostini/Getty Images
Figure 1.5: Universal History Archive/UIG via Getty Images
Figure 1.6: Courtesy of Fairchild Books
Figure 1.7: Universal History Archive/UIG via Getty Image
Figure 1.8: Archive Photos/Getty Images
Figure 1.9: Hulton Archive/Getty Images
p. 12 (Patou, bottom left): APIC/Getty Images
p. 12 (Patou, bottom right): Seeberger Freres/Hulton Archives/Getty Images
p. 13 (Chanel): Photo by Unidentified Author/Alinari Archives, Florence/Alinari via Getty Images
Figure 1.10: Edward Steichen/Conde Nast via Getty Images
Figure 1.11: P. Feldscharek/Hulton Archives/Getty Images
Figure 1.12: Hulton Archive/Getty Images
p. 16 (Schiaparelli, bottom left): The LIFE Picture Collection/Getty Images
p. 16 (Schiaparelli, bottom right): Sasha/Hulton Archive/Getty Images
p. 17 (Grès): JACQUES DEMARTHON/AFP/Getty Images
Figure 1.13: Nina Leen/The LIFE Picture Collection/Getty Images
p. 19 (McCardell): Serge Balkin/Condé Nast via Getty Images
p. 20 (Mainbocher): Walter Sanders/The LIFE Images Collection/Getty Images
Figure 1.14: SSPL via Getty Images
Figure 1.15: Chaloner Woods/Hulton Archives/Getty Images
Figure 1.16: Bettmann Archive/Getty Images
p. 23 (Cashin): Eliot Elisofon/The LIFE Picture Collection/Getty Images
Figure 1.17: Robert W. Kelley/The LIFE Images Collection/Getty
Figure 1.18: Roger Viollet Collection/Getty Images
Figure 1.19: Popperfoto/Getty Images
p. 27 (Rykiel, top left and bottom left): Courtesy of Sonia Rykiel
p. 27 (Rykiel, right): Daniel SIMON/Gamma-Rapho via Getty Images
p. 28 (Quant, left): Hulton Archive/Getty Images
p. 28 (Quant, right): Frank Barratt/Hulton Archive/Getty Images
Figure 1.20: Ernst Haas/Getty Images
Figure 1.21: ullstein bild via Getty Images
Figure 1.22: Hulton Archive/Getty Images
p. 32 (Burrows, left): Allison Joyce/Getty Images
p. 32 (Burrows, right): Eugene Gologursky/Getty Images
p. 33 (Johnson, left): STAN HONDA/AFP/Getty Images
p. 33 (Johnson, right): Scott Gries/Getty Images
Figure 1.23: Harry Langdon/Getty Images
Figure 1.24: Hulton Archive/Getty Images
Figure 1.25: Chris Morphet/Getty Images
Figure 1.26: MONDADORI PORTFOLIO/Nino Leto/Getty Images
Figure 1.27: Courtesy of Michael Simon
p. 38 (Westwood, left): Chris Moore/Catwalking/Getty Images
p. 38 (Westwood, right): Gareth Cattermole/Getty Images
p. 39 (Kawakubo): Guy Marineau/Conde Nast via Getty Images
p. 40 (Kenzo): Bettmann Archive/Getty Images
Figure 1.28: Hulton Archive/Getty Images
Figure 1.29: Bertrand Rindoff Petroff/Getty Images
Figure 1.30: Image Press/Getty Images
Figure 1.31: TIMOTHY CLARY/AFP/Getty Images90s
p. 45 (Sui, left): Courtesy of Anna Sui; photography by Joshua Jordan
p. 45 (Sui, middle): Designed by James Coviello for Anna Sui; photography by Thomas Lau
p. 45 (Sui, right): Designed by James Coviello for Anna Sui; photography by Thomas Lau
Figure 1.32: Dave Hogan/Getty Images
Figure 1.33: Tim Roney/Getty Image
Figure 1.34: Nathalie Lagneau/Catwalking/Getty Images
Figure 1.35: Mark Mainz/Getty Images
p. 48 (Missoni, top): GIUSEPPE CACACE/AFP/Getty Images
p. 48 (Missoni, bottom): Stefania D'Alessandro/Getty Images
Figure 1.36: Paul Hawthorne/Getty Image
p. 50 (Ghesquière): Chris Moore/Catwalking/Getty Images
p. 51 (von Furstenberg, left): Bryan Bedder/Getty Images for American Express
p. 51 (von Furstenberg, right): Charley Gallay/Getty Images for Diane Von Furstenberg
Figure 1.37: Catwalking/Getty Images
p. 54 (Ku): Ben Hider/Getty Images
p. 55 (Scott, left): Wendell Teodoro/WireImage/Getty Images
p. 55 (Scott, right): Victor VIRGILE/Gamma-Rapho via Getty Images
Figure 1.38: Courtesy of DeganNY
p. 57 (Roche): Joe Kohen/Getty Image
Figure 1.39: Mike Lawrie/Getty Images
Figure 1.40: Tim Clayton/Corbis via Getty Images
p. 60 (McCartney): Chris Moore/Catwalking/Getty Images

Figure 1.41: MAURICIO DUENAS/AFP/Getty Images

第二章

Figure 2.0: Pinori Group swatch/Pitti Filati 2016
Figure 2.1–2.10: Courtesy of Lisa Donofrio-Ferrezza and Supima NY.
Figure 2.11: Courtesy of Silk City Fibers, Blue Sky Aplaca and Jagger Spun Yarn
Figure 2.12: Courtesy of Susan Bates Knit Chek
Figure 2.13: Dress by Kana Khaimug 2015; photo by Lisa Donofrio-Ferrezza
Figure 2.14: www.martexfiber.com/
p. 77 (Gernreich): Heini Mayr/ullstein bild via Getty Images
p. 78 (Alaïa): PL Gould/IMAGES/Getty Images
p. 79 (Halston): John Beard/*The Denver Post* via Getty Images
p. 80 (Halston): Courtesy of Lisa Donofrio-Ferrezza

第三章

Figure 3.0: Courtesy of Stoll Knit Resource
Figures 3.1–3.20: Lisa Donofrio-Ferrezza
p. 106 (Mandelli, left): Photo by Adriano Alecchi/Mondadori Portfolio via Getty Images
p. 106 (Mandelli, right): FRANCOIS GUILLOT/AFP/Getty Image
p. 107 (Van Noten): Chris Moore/Catwalking/Getty Images
p. 108 (Backlund): Don Arnold/WireImage

第四章

Figure 4.0: Sinfonia/Pitti Filati
Figure 4.17 and 4.18a: Courtesy of Monarch
Figure 4.19: Courtesy of Mayer & Cie
Figure 4.20 and 4.21: Courtesy of Shima Seiki
Figure 4.22: Courtesy of Stoll
Figure 4.23: Courtesy of Santoni, Italy and Shanghai
Figure 4.24: TORU YAMANAKA/AFP/Getty Images
p. 127 (Missoni): Hulton Archive/Getty Images
p. 128 (Missoni): Enzo Signorelli/Getty Images
p. 129 (Miyake): Daniel SIMON/Gamma-Rapho via Getty Images
p. 130 (Mgxokolo, left): Andreas Rentz/Getty Images for *Vogue* and *The Dubai Mall*
p. 130 (Mgxokolo, right): Frazer Harrison/Getty Images for Mercedes-Benz

第五章

Figure 5.0: Courtesy of Shane Thompson
Figure 5.2–5.4: Courtesy of Roni Halloren
Figure 5.5: Courtesy of Joe Soto
Figure 5.6: Courtesy of Traci Reed
Figures 5.7 and 5.8: Courtesy of Lisa Donofrio-Ferrezza
Figure 5.9: Courtesy of Chanwong Kang
Figure 5.10 and 5.11: Courtesy of Lisa Donofrio-Ferrezza
Figure 5.12: Courtesy of Shannon King
Figure 5.13a: Courtesy of SML SPORT
Figure 5.13b: Courtesy of Shannon King
Figure 5.14a: Courtesy of SML SPORT
Figure 5.14b: Courtesy of Shannon King
Figure 5.15: Courtesy of Lisa Donofrio-Ferrezza
Figure 5.19: Courtesy of Shannon King
Figure 5.20: Courtesy of Chanwong Kang and Roni Halloren
Figure 5.21: Roni Halloren
Figure 5.23: Knit designer: Gerre Heron. Courtesy of Ann Denton, Milford Design Studio. Scans provided by Artcraft Digital, Inc., New York City
Figure 5.24: Courtesy of Lisa Donofrio-Ferrezza
Figure 5.25: Courtesy of Shannon King
Figure 5.26: Courtesy of Lisa Donofrio-Ferrezza
Figure 5.29: Courtesy of SML SPORT
Figure 5.30: Spec by Lisa Donofrio-Ferrezza; Flats by Joe Soto
p. 168 (Jacobs, left): Bruce Glikas/FilmMagic/Getty Images
p. 168 (Jacobs, right): Antonio de Moraes Barros Filho/FilmMagic/Getty Images
p. 169 (Rodarte): Edward James/WireImage/Getty Images
p. 170 (Fast): Antonio de Moraes Barros Filho/FilmMagic/Getty Images

第六章

Figure 6.0: Courtesy of Stoll Knit Resource
Figure 6.1: Courtesy of Joe Soto
Figure 6.2: Courtesy of Lisa Donofrio-Ferrezza
Figure 6.3: Courtesy of Fairchild Books
Figure 6.4: Courtesy of Lisa Donofrio-Ferrezza
Figure 6.5: Courtesy of Lisa Donofrio-Ferrezza using Cochenille Design Studio Software
Figure 6.6a–c: Courtesy of Shane Thompson
Figure 6.6d: Courtesy of W. Branson Kommalan
Figure 6.12: Courtesy of Cochenille Design Studio
Figure 6.13: Student work from (b) Geum Young Kim, (c) Kendall Figueiredo, (d) Melissa Duncan, (e) Tessa Callaghan, (f) Laura Tanzil : photos by Lisa Donofrio-Ferrezza
Figure 6.14: Knit Resource images provided by Daija Simpson
p. 191 (Benetton): Daniele Venturelli/WireImage/Getty Images
p. 192 (Ohne Titel): Courtesy of Ohne Titel
p. 193 (Ohne Titel, top right): Courtesy of Ohne Titel
p. 193 (Ohne Titel, bottom left): Courtesy of Ohne Titel
p. 194 (Cucinelli): Yves Forestier/Getty Images for Style.Uz Art Week 2013

第七章

Figure 7.0: Courtesy of Shane Thompson
Figures 7.1 and 7.2: Courtesy of Roni Halloren
Figure 7.6: Courtesy of Cochenille
Figure 7.7: Courtesy of Karen Stevens
Figure 7.8: Courtesy of Roni Halloren and Yuliya Artemova
Figure 7.9a–c: Courtesy of Traci Reed
Figure 7.9d: Courtesy of Shane Thompson

Figure 7.10: Courtesy of Shima Seiki
Figure 7.11: Courtesy of Slaven Vlasic/Getty Images
p. 209 (Pilotto): Victor VIRGILE/Gamma-Rapho via Getty Images
p. 210 (Sibling): Rob Ball/WireImage/Getty Images
p. 211 (Camps): Donald Michael Chambers
p. 212 (Camps, top left): Donald Michael Chambers
p. 212 (Camps, bottom right): Donald Michael Chambers

第八章

Figure 8.0: Courtesy of Stoll Knit Resource
Figure 8.1: Courtesy of Nomiko Tsaschikher
Figure 8.2: Courtesy of Jessica Juliet Velasquez
Figure 8.3: Courtesy of Allesandra Russo
Figure 8.4: Courtesy of Marilyn Hefferen
Figure 8.5: Courtesy of Nomiko Tsaschikher
Figure 8.6: Courtesy of Paola Bueso Vadell
Figure 8.7: Courtesy of Connie Lim
Figure 8.8: Courtesy of Connie Lim
Figure 8.9: Courtesy of Traci Reed
Figure 8.10: Courtesy of Sunghee Bang
Figure 8.11: Courtesy of Sunghee Bang
Figure 8.12a: Courtesy of Michael Simon
Figure 8.12b: Courtesy of Sung Woo Lee
Figure 8.13a: Photography by Tudor Vasilescu; courtesy of Traci Reed
Figure 8.13b–e: Courtesy of Traci Reed
Figure 8.14: Courtesy of Yena Kim
Figure 8.15: Courtesy of Shanya Lewis
Figure 8.16: Courtesy of Roni Halloran
Figure 8.17: Courtesy of Nomiko Tsaschikher
Figure 8.18: Photography by Steven Rose; courtesy of Tom Scott
Figure 8.19: Courtesy of Chanwong Kang
Figure 8.20: Designs by Erika Schuster; photos by Marie Triller
Figure 8.21: Courtesy of Jessica Juliet Velasquez
Figure 8.22: Courtesy of Shima Seiki
Figure 8.23: Courtesy of Michael Simon
p. 249 (Lauren): Frazer Harrison/Getty Images for Mercedes-Benz Fashion Week
p. 250 (Karan, left): Thomas Concordia/WireImage/Getty Images
p. 250 (Karan, right): Victor VIRGILE/Gamma-Rapho via Getty Images
p. 251 (McQueen, left): Lorenzo Santini/WireImage/Getty Images
p. 251 (McQueen, right): FRANCOIS GUILLOT/AFP/Getty Images